육조법보단경

(몽산덕이 본)

조계혜능

김 호 귀 역주

생각의 바른 길잡이 ──────
TOPAMIN

본 『단경』은 고산(鼓山)의 환산정응(皖山正凝)의 법사로서 송강 전산 고균비구 덕이(松江澱山古筠比丘德異)가 편집하여 간행한 것으로, 통칭 『육조대사법보단경(六祖大師法寶壇經)』, 『덕이본단경(德異本壇經)』이라고 한다.

원나라 지원 27년(1290) 몽산덕이(蒙山德異: 1231-1308)는 「서문」에서 말한다.

참으로 안타깝다. 이와 같은 『단경』이 후인들에 의하여 많은 내용이 삭제되고 요약되어 육조대사가 설해준 온전한 가르침[大全之旨]을 볼 수는 없게 되어버렸다. 나 덕이는 어려서부터 일찍이 고본(古本)의 『단경』을 읽었기 때문에 이후로 평생토록 널리 『단경』을 구하였다. 다행스럽게도 근래에 통상인(通上人)이 나한테 그 전문(全文)을 찾아서 갖다 주었다. 그 때문에 마침내 오중(吳中)의 휴휴선암(休休禪菴)에서 간행하여 많은 대덕과 더불어 수용하였다. 이에 오직 바라는 것이 있다면 『단경』을 펼치고 읽는 자는 곧바로 대원각해(大圓覺海)에 들어가 무궁토록 불조의 혜명을 계승하는 것이다. 이것이야말로 나 덕이가 뜻하는 소원이 성취되는 것이다.

지원 27년 경인년 중춘(음력 2월 15일)에 쓰다.

이 말은 통상인이 지니고 있었던 고본 『단경』 전문을 얻어서 자신이 주지하고 있던 강소성 오중(吳中)의 휴휴선암(休休禪庵)에서 간행하여 유통시킨 것에 해당한다. 이것은 권두에 법해(法海)의 「약서(略序)」를 붙여서 오법전의제일(悟法傳衣第一)부터 부촉유통제십(付囑流通第十)에 이르기까지 10장으로 나눈 1권본이다.

덕이가 활용한 텍스트가 어떤 계통이었는지는 추측할 수밖에 없지만, 강희 42년(1703) 및 광서 9년(1883)에 간행된 조선본에는 태화 7년(1207) 고려의 사문 보조국사(普照國師) 지눌(知訥: 1158-1210)의 중각(重刻)에 즈음하여 붙인 발문(跋文)이 있는 것으로 보아, 한국에서 간행된 모든 『단경』은 이 지눌의 중각본을 계승한 것으로 보인다. 그러나 덕이가 『단경』을 편집하고 간행한 것은 태화 7년보다 83년이 늦은 1290년이므로, 지눌의 중각본과 덕이본 사이에 직접적인 관련의 여부는 분명하지 않다.

덕이본 계통의 『단경』이 중국에서 개판된 판본으로는 지원 27년(1290) 판본에 이어서, 홍무 6년(1373) 간행본, 정통 4년(1439) 간행본 등이 있다. 또한 조계원본(曹溪原本)으로 간주되는 일본의 보영 3년(1706) 간행본은 권말에 왕기륭(王起隆)의 「중록조계원본법보단경연기(重錄曹溪原本法寶壇經緣起)」, 천정묵(譚貞黙)의 「중정조계법보단경원본발(重訂曹溪法寶壇經原本跋)」, 도락도인엄대삼(轆轆道人嚴大參)의 「독단경원본송(讀壇經原本頌)」 등에 의하면, 순치 9년(1652)에 왕기륭이 천정묵·엄대삼과 의견을 수렴하여 간행한 것을 복각(覆刻)한 것임을 알 수가 있다.

또한 이 보영본의 권두에 붙어있는 명나라 헌종(憲宗)의 「어제육조법보단경서(御製六祖法寶壇經敍)」에서 말한다.

선화자(禪和子) 노혜능(盧慧能)이 있었는데, 신주 출신이다. 스승 황매(黃梅)한테 의발(衣鉢)을 받아 심성의 종지[性宗, 선종]의 수행[學]을 궁구하여 조계에 숨었다. 입멸한 후에 그 문도들이 법어를 모아 전승하여 『단경법보(壇經法寶)』라고 하였다. (중략) 이에 틈을 내어 서(敍)를 지어 연신 조옥지(延臣 趙玉芝)에게 명하여, 다시 편록(編錄)하여 상재에 붙이도록 하여 전승함으로써 견성으로 깨침에 나아감[見性入善]에 있어서 지남(指南)으로 삼으라고 일러두었다.

성화 7년 3월 일

여기에서 성화 7년(1481)에 조옥지에게 명하여 중편간행(重編刊行)했음을 알 수가 있다. 또한 어제서(御製敍)에 이어 붙어있는 「각법보단경서(刻法寶壇經序)」에 의하면, 명나라 만력 원년(1573)에 견라산(見羅山)의 이재(李材)가 중각했음도 알 수가 있다. 또한 천정묵은 「중정발(重訂跋)」에서 말한다.

만력 44년 병진년에 본사(本師)이신 감조(憨祖, 憨山德淸)께서는 조계(曹溪)로부터 광려(匡廬, 廬山)에 이르기까지, 거듭하여 법운사(法雲寺)에서 판각하셨다. 그리하여 지금에 이르기까지 광산(匡山, 중국 사천성 江油縣 서쪽에 있는 산 이름)에서 송습(誦習)하게 된 것도 모두 조계원본을 따라서 종보(宗寶)가 개판본을 냈기 때문이다.

이에 「발문」에 의하면, 만력 44년(1616)에 정묵의 스승인 감산덕청(憨山德淸: 1546-1623)이 여산 법운사에서 조계원본을 판각했음을 알 수가 있다.

또한 덕이본 계통으로 한국에서 간행된 제본(諸本)에 대해서는 이미 구로다 료(黑田亮) 씨의 『朝鮮流通壇經の形式に就いて』(『朝鮮舊書考』 pp.93-111)가 있다. 또한 연우 3년 고려각본(高麗刻本)에 대해서도 오야 토쿠시로(大屋德城)씨의 소개 및 번각(翻刻)이 있지만(『禪學硏究』 제23호), 한국에서 간행 및 유포된 제본은 태화 7년본을 제외하면 모두 덕이본 계통으로 보인다.

먼저 태화 7년(1207) 지눌이 중간(重刊)한 『단경』에 대해서는 그 「발문」만 남아있기 때문에 본문이 어떤 체재의 텍스트였는지 알 수가 없다. 또 지눌의 「발문」에 이어서 회당안기(晦堂安基)의 「유조집서숙월청명이일(柔兆執徐宿月淸明二日)1)」 곧 병진년 3월 2일에 『단경』을 목판으로 판각하고 인쇄하여 배부했다는 글이 있다.

그 때문에, 병진(丙辰)의 연호가 분명하지 않지만 글 가운데서 지눌이 언급하고 있는 점을 고려해보면, 안기는 지눌 이후의 사람인 것이 분명하고, 또 안기가 『단경』을 인쇄하여 보급한 것이 지눌의 중간을 전제로 했음을 고려해보면, 서명(書名)도 「법보기단경(法寶記壇經)」이므로 덕이본 성립 이전의 병진(丙辰) 곧 연우 4년(1256)으로 보는 것이 타당할 수도 있다. 안기의 글에서 말한다.

---

1) 柔兆執徐宿月淸明二日에서 柔兆는 丙, 執徐는 辰, 宿月은 去月, 淸明은 3월이므로 풀이하면 '병진년(1256) 지난 3월 2일'의 의미이다.

『법보기단경』은 바로 조계육조가 견성성불에 대하여 결정코 의심이 없는 법을 설한 것이다. 그러므로 이 『단경』에 의거하면 집안에 부처님이 계신 것이지만, 이 『단경』을 등지면 집안에 마구니가 깃든 것과 같다.(法寶記壇經 是曹溪六祖說 見性成佛決定無疑法 依此經者佛在堂 背此經者魔在舍)

이 글에 의하면, 이 『단경』의 서명은 원인(圓仁)이 승화 14년(847)에 상진(上進)한 『입당신구성교목록(入唐新求聖教目錄)』에 보이는 「조계산제육조혜능대사설견성돈교직료성불결정무의법보기단경일권 사문인법역(曹溪山第六祖惠能大師說見性頓教直了成佛決定無疑法寶記壇經一卷 沙門人法譯)」과 근사한 점도 덕이본 성립 이전의 텍스트라는 증거가 될 것이다. 어쨌든 지눌 중간본의 체제가 분명하지 않기 때문에 이것과 덕이본의 관계를 명확하게 단정할 수는 없지만, 대덕 4년(1300)에 간행한 덕이본은 덕이가 직접 고려의 만항(萬恒: 1249-1319. 수선사 제10세 혜감국사)에게 간본(刊本)을 부탁하여 유통을 부촉함으로써 거듭 간행된 것이다. 이에 몽산덕이는 고려에서 간행된 『단경』을 알고 있었을 가능성도 있다. 그러나 통상인(通上人)에게서 얻었다는 『단경』과 관련하여 그 실태는 분명하지 않다.

덕이본이 한국에서 초간된 것은 가정(嘉靖) 37년(1558) 판본에 붙어있는 화산만항(花山萬恒)의 「발문」에 의하면, 그것은 대덕 4년(1300)으로서(『朝鮮舊書考』 p.95) 덕이본 성립 이후 10년째에 해당한다. 이어서 연우 3년(1316), 소남옹(所南翁) 및 서광경첨(瑞光景瞻)

이 「발문」을 붙여서 간행한 것이 고려각본(高麗刻本)이라고 통칭하는 텍스트인데, 일찍이 오오야 토쿠시로(大屋德城)씨에 의해 소개되었다. 그 서체로 추정해보면, 텍스트 그 자체는 연우 무렵보다 늦은 시기의 것으로 간주되는데, 연우 3년 판본을 전제로 한 것에는 변함이 없다. 다만 현재 원본의 소재는 분명하지 않다.

또한 강희 42년(1703) 간행본은 성화 15년(1497)의 백운산 병풍암(白雲山 屛風菴) 개판본을 중각한 것이다. 그 밖에 지환당 무주자 행사(知幻堂 無住子 行思)의 「발문」에 의하면, 만력 2년(1574)의 중간본이 있었음을 알 수가 있다.[2]

---

2) 『慧能硏究』, (東京: 大修館書店. 1978) pp.409-411. 「덕이본단경」 해제에서 전재함.

차 례

[해 제]

1. 육조대사법보단경원서 -- 고균비구덕이 찬   8
2. 육조대사법보단경약서 -- 법해 찬   16
3.- 1) 오법전의   21
3.- 2) 석공덕정토   74
3.- 3) 정혜일체   87
3.- 4) 교수좌선   95
3.- 5) 전향참회   99
3.- 6) 참청기연   117
3.- 7) 남돈북점   172
3.- 8) 당조선조   198
3.- 9) 법문대시   208
3.-10) 부촉유통   217

[부 록]

1. 영도록 - 영도   247
2. 육조법보단경발 - 지눌   252

[색 인]   258

六祖大師法寶壇經序
古筠比丘　德異　撰

妙道虛玄不可思議　忘言得旨端可悟明　故世尊分座於多子
塔前　拈華於靈山會上　似火與火以心印心　西傳四七至菩提
達磨　東來此土直指人心見性成佛　有可大師者　首於言下悟
入　末上三拜得髓　受衣紹祖開闡正宗　三傳而至黃梅　會中
高僧七百　惟負舂居士　一偈傳衣爲六代祖　南遯十餘年　一
旦以非風旛動之機　觸開印宗正眼　居士由是祝髮登壇　應跋
陀羅懸記　開東山法門　韋使君命海禪者錄其語　目之曰法寶
壇經　大師始於五羊終至曹溪　說法三十七年　霑甘露味入聖
超凡者莫記其數　悟佛心宗行解相應爲大知識者　名載傳燈
惟南嶽靑原執侍最久　盡得無巴<把?>鼻　故出馬祖石頭　機
智圓明玄風大震　乃有臨濟潙仰曹洞雲門法眼諸公巍然而出
道德超群門庭險峻　啓迪英靈衲子奮志衝關　一門深入五派
同源　歷遍爐錘規模廣大　原其五家綱要盡出壇經　夫壇經者
言簡義豐理明事備　具足諸佛無量法門　一一法門具足無量
妙義　一一妙義發揮諸佛無量妙理　卽彌勒樓閣中　卽普賢毛
孔中　善入者　卽同善財於一念間圓滿功德　與普賢等與諸佛
等　惜乎壇經爲後人節略太多　不見六祖大全之旨　德異幼年
嘗見古本　自後遍求三十餘載　近得通上人尋到全文　遂刊于
吳中休休禪庵　與諸勝士同一受用　惟願開卷舉目直入大圓
覺海　續佛祖慧命無窮　斯余志願滿矣
至元二十七年庚寅歲中春日敘

1. 「육조대사법보단경3)서」
   고균4)의 비구 덕이5)가 찬술하다.

불조가 전승한 대도[妙道]는 적정하고 미묘하여 불가사의하다. 그러므로 언설을 초월하여 종지를 터득해야 있는 그대로 깨칠 수가 있다.6)

그 때문에 세존의 경우는 가섭에게 다자탑이 있었던 터에서는 자리를 나누어 앉았고,7) 영취산의 법회에서는

---

3) 본 텍스트는 蒙山德異(1231-1308)가 1290년에 개판한 것을 延祐3年刊本覆刻(1316)에 의거한다. 『慧能硏究』, (東京: 大修館書店. 1978) pp.253-390.

4) 古筠은 사찰의 명칭 혹은 休休菴이 있던 산의 명칭인데, 실은 國名이다.

5) 蒙山德異(1231-?) 임제종 양기파의 제10세의 선자로서 古筠比丘라 일컬어졌다. 강서성 高安 출신으로 속성은 盧씨이다. 蘇州承天의 孤蟾如瑩에게 참문하고, 徑山에서 虛堂智愚를 참문하였으며, 福州 鼓山에서 皖山正凝한테서 깨침을 터득하고 嗣法하였다. 江蘇省 松江의 澱山에서 출세하였다. 至元 27년(1290)에 『六祖壇經』(德異本)을 再編하고 그 유포에 노력하였다. 『蒙山法語』, 『佛祖三經序』, 『蒙山和尙六道普說』 등이 있다. 법계는 다음과 같다. 楊岐方會 - 白雲守端 - 五祖法演 - 開福道寧 - 月庵善果 - 大洪祖證 - 月林師觀 - 孤峰德秀 - 皖山正凝 - 蒙山德異

6) 덕이의 「서문」은 다섯 단락으로 구분되는데, 그 가운데 위의 단락은 첫째로 선의 종지에 대하여 설명하는 대목에 해당한다.

7) 『祖庭事苑』 卷5, (卍新續藏64, pp.387下-388上) "雜阿含四十一云 尊者迦葉 長須髮 著弊衲衣 來詣佛所 爾時 世尊無數大衆圍繞說法 時諸比丘起輕慢心言 此何等比丘 衣服麤陋 無有容儀 佯佯而來 爾時 世尊知諸比丘心之所念 告摩訶迦葉 善來迦葉 於此半坐 我今竟 知誰先出家 汝邪 我邪 彼諸比丘心生恐怖 身毛皆竪 並相謂言 奇哉 尊者迦葉 大德大力 大師弟子 請以半座 爾時 迦葉合掌白佛 佛是我師 我是弟子 佛告迦葉 如是如是 我爲大師 汝是弟子 今且坐 隨其所安 迦葉 此云飮光 以身光隱伏諸天故" 『別譯雜阿含經』 卷6, (大正藏2, p.416下) ; 『傳法正宗記』 卷1 ; 『宗門統要續集』 卷1 참조. 多子塔은 중인도 吠舍釐城 동북쪽에 있던 탑으로 千子塔이라고도 한다.

금바라꽃을 들어 보임으로써8) 등불과 등불을 당겨주듯 이 하여 마음으로써 마음에 인가해 주었다. 서천의 제 28대 조사인 보리달마에 이르러 동토인 이 땅에 전승되 어 비로소 직지인심하고 견성성불할 수 있게 되었다.9)

혜가대사가 보리달마 밑에서 먼저 말을 듣자마자 깨 우치고 마침내 삼배의 예를 드리고 나서10) 가사11)를 받고 달마조사를 이어서 정법안장의 종지를 열어 퍼뜨 렸다.12) 이후에 세 차례 전승되어 황매에 이르렀다.13)

---

8) 『大梵天王問佛決疑經』 拈華品 第二, (卍新續藏1, pp.442上-442 中) ;『天聖廣燈錄』 卷1 ;『人天眼目』 卷5 ;『無門關』 제6칙 ;『 五燈會元』 卷1. 祖師禪의 가풍에서는 拈花微笑의 일화, 分半座의 일화, 槨示雙趺의 일화를 三處傳心으로서 세존이 가섭에게 以心傳 心 以法印法으로 正法眼藏을 부촉한 일화로 전승되었다. 槨示雙趺 의 일화는 『祖庭事苑』 卷1, (卍新續藏64, p.317中) 참조.

9) 세존의 正法眼藏은 인도의 제28대 조사인 보리달마에 의하여 6세 기 초에 중국에 도래한다. 이로써 정법안장의 종지가 중국에서 直 指人心 見性成佛이 가능하게 되었다. 直指人心은 개개인의 自心을 돈오하는 것이고, 見性成佛은 自性을 터득하여 성불한다는 것으로 결국 똑같은 의미이다. 이후 宋나라 때는 敎外別傳 不立文字와 더 불어 四句로서 선종의 종지를 일컫는 말로 일반화되었다.

10) 『傳燈錄』 卷3 ;『圓悟心要』 卷上 참조. 首於言下悟入은 달마의 安心法門을 통하여 自心이 空한 줄을 깨친 경험이고, 末上三拜得 髓는 皮肉骨髓의 법문을 통하여 正法眼藏을 傳法한 경험이다. 末 上은 본래 최초의 뜻이었지만 최후라는 뜻으로 轉義되었다.

11) 袈裟는 범어 加羅沙曳로서 潤色이라 하며 僧衣를 가리킨다. 본래 는 糞掃衣 내지 不正色의 여러 조각을 補綴한 것이다. 선종에서는 부처님의 鉢盂와 더불어 正法眼藏의 信標로서 一代一祖師一袈裟 一鉢盂의 전통으로 전승되다가 혜능 이후로 그 전통이 一代多祖師 로 변화되었다.

12) 혜가가 正法眼藏의 信標로서 제시된 衣鉢을 받고 중국에 달마가 전래한 대승의 선법을 전승하게 되었음을 가리킨다. 인도의 선법이 처음으로 중국에 전파된 의의는 이후에 전개되는 선종의 맹아가 되었다.

13) 黃梅는 大滿弘忍이 주석했던 黃梅山이다. 太祖慧可로부터 鑑智僧 璨 - 大醫道信 - 大滿弘忍으로 세 차례 전승되어 황매산을 중심

황매산의 법회에는 700명의 고승이 있었는데, 오직 부용거사14) 한 사람에게만 한 게송을 통하여 가사를 전수하고 제육대의 조사로 삼았다.15) 남방에서 16년 동안 도피 생활한 끝에 어느 날 바람과 깃발[非風動非幡動]의 일화를 통하여 인종(印宗) 법사의 정안(正眼)을 열어주었다.16) 이로 말미암아 혜능거사는 삭발을 하고 계를 받아 제육대 조사로 등극하였다. 이로써 일찍이 구나발타라(求那跋陀羅)의 현기(懸記)에 부응한 것으로17) 동산법문이 활짝 열렸다. 이에 사군(使君) 위거(韋據)는 혜능의 제자인 법해(法海) 선자로 하여금 육조대사의 법어를 기록하게 하고 그것을 『법보단경』이라는 제목을 붙였다.18)

으로 東山法門으로 전개된 것을 가리킨다.

14) 홍인의 문하에 700명의 고승이 있었다는 기록은 『祖堂集』卷18 仰山章 및 『黃龍慧南禪師語錄』同安崇勝院 부분 참조. 혜능이 수계를 받기 이전의 행자시절에 방앗간에서 8개월 동안 절구질하는 소임을 맡았던 적이 있었는데 負春이란 당시에 돌을 등에 짊어지고 방아를 찧었던 행위이다.

15) 頓漸의 대결을 가상한 게송을 통하여 혜능은 홍인으로부터 깨침을 인가받고 衣鉢을 전수하여 16년 후에 제육대 조사가 된 일화를 가리킨다.

16) 혜능은 16년에 걸친 도피생활을 마치고 廣州의 法性寺(制旨寺)에 나아가 風動幡動의 문답을 통하여 인종법사에게 자신의 신분을 밝히게 되었다.

17) 혜능의 나이 39세 때 비로소 法性寺의 戒壇에서 계를 받고 제육대 조사로 등극하였다. 이 戒壇은 일찍이 宋 文帝 元嘉 6년(429)에 중국에 도래한 求那跋陀羅(功德賢)가 戒壇을 창건하고 그곳에서 미래에 육신보살이 출현할 땅이라는 未來記(懸記)를 돌에다 새겼다는 전설이 있었다.

18) 둘째 단락으로 33조사가 전승한 대의를 설명한다. 그리고 여기에서는 『法寶壇經』이라는 명칭이 붙게 된 연유를 설명한 대목이다. 韋使君은 韶州의 刺史였던 使君 韋據이다. 위거는 혜능을 소주의 성내에 있는 大梵寺로 초청하여 법문을 청하고 그 법어를 기록하

육조대사가 처음에 오양(五羊)의 법문으로부터 마지막 조계의 법문에 이르기까지 무려 37년 동안 설법하여[19] 감로법을 적셔주었는데, 이로 말미암아 성인의 지위에 들어가고 범부의 지위를 초월한 사람이 그 수를 헤아릴 수 없을 정도였다.[20] 곧 불심의 종지[21]를 깨치고 해(解)와 행(行)이 상응하여 대선지식이 된 사람들의 이름은 『전등록』[22]에 수록되어 있다. 그 가운데서도 남악회양(南嶽懷讓:677-744)과 청원행사(靑原行思:?-740)는 육조대사를 가장 오랫동안 모시면서 남김없이 무파비(無把鼻)를 터득하였다.[23] 그 때문에 그로부터 마조도일(馬祖道一:709-788)과 석두희천(石頭希遷:700-790)이 출현하여 조사선법의 기지(機智)를 원명(圓明)하였고 현풍(玄風)을 크게 떨쳤다.[24] 내지 마조

였는데 그 법어는 『단경』의 주요한 부분을 형성하게 되었다.

19) 五羊은 廣東省의 별명인데 구체적으로는 廣州의 五羊譯이 있던 지역으로서 法性寺이고, 조계는 曹溪山의 寶林寺를 가리킨다. 혜능은 儀鳳 원년(677)년 39세에 출세하여 先天 2년(713)년 76세에 입적하였는데 입적한 해를 제외하고 37년에 걸쳐 설법하였다.

20) 혜능으로부터 선법을 계승한 사람은 43명이었고, 그 가르침을 받은 사람은 부지기수였다.

21) 佛心宗은 보리달마가 전승한 부처님이 깨친 종지[正法眼藏]를 가리키는 것으로 달마의 선법을 가리킨다. 달리 達摩宗 내지 楞伽宗이라고도 일컫는데, 여기에서는 禪宗의 정법안장을 의미하는 佛心의 종지로 해석한다. 『寶林傳』 卷8 달마의 게송 참조.

22) 북송시대(1004년)에 法眼宗의 道原이 『寶林傳』(801년 智炬 찬술)과 『祖堂集』(952년 靜과 筠의 찬술)의 남종의 계보를 계승하여 편찬한 『景德傳燈錄』 30권이다.

23) 無把鼻는 자유인을 뜻하는데 沒把鼻라고도 한다. 혜능의 법계 가운데 靑原行思와 南嶽懷讓의 계통이 가장 번성하였다. 청원행사는 沒蹤跡의 선법을 터득하고, 남악회양은 無一物의 도리를 터득하여 각각 혜능의 一角(一麟足) 및 嫡子로서 전승되었다.

24) 남악회양의 법사인 馬祖道一(709-788)과 청원행사의 법사인 石頭希遷(700-790)을 가리킨다. 江西 洪州宗은 마조도일의 雜貨鋪이

로부터 임제의현(臨濟義玄:?-867), 위산영우(潙山靈祐: 771-853)·앙산혜적(仰山慧寂: 803-887)이 출현하였고, 석두희천(石頭希遷: 700-790)로부터 동산양개(洞山良价:807-869)·조산본적(曹山本寂: 840-901), 운문문언(雲門文偃:864-949), 법안문익(法眼文益:885-958) 등 많은 선사가 우뚝 출현하였다.25)

이 선지식들은 도덕이 남들보다 뛰어났으며 그 선풍[門庭]은 훤칠하게 우뚝하였다. 이처럼 안목이 뛰어난 납자들26)이 배출됨으로써 육조의 뜻을 드날려 깨침의 관문을 열어주었다. 이로써 어느 선풍이든지 깊이 궁구해보면 선종오가(禪宗五家)의 근원은 동일하였는데, 곧 풀무[爐]와 망치[錘]27)를 거쳐서 선종오가처럼 광대한 규모가 되었다. 그러나 그 오가의 강요를 근원부터 찾아보면 모두가 『단경』으로부터 유출되었다.28)

이 『단경』은 언설은 간단해도 뜻이 풍부하고, 이치는 분명해도 사실이 빠짐없이 들어있어서 제불의 무량한 법문을 갖추고 있고, 낱낱의 법문마다 무량한 묘의(妙義)를 갖추고 있으며, 낱낱의 오묘한 뜻[妙義]마다 제

고, 湖南의 石頭宗은 석두희천의 眞金鋪로서 아울러 江湖라는 명칭으로 알려졌다.
25) 마조와 석두의 계통에서 9세기부터 10세기 동안 100여 년에 걸쳐 소위 禪宗五家인 臨濟宗·潙仰宗(이상 마조 계통)·曹洞宗·雲門宗·法眼宗(이상 석두 계통)의 선종이 출현하여 혜능의 종지가 크게 번성하였다.
26) 英靈衲子·個儻禪和·碧眼禪者·掣電之機 등은 영리한 납자를 가리키는 말이다.
27) 爐錘는 풀무와 망치로서 쇠를 달구어 쇠망치로 내려침으로써 필요한 물건을 만들어내듯이 스승이 제자를 단련시키는 것이다.
28) 셋째 단락으로 중국의 선종오가에 대하여 설명한다. 禪宗五家는 모두 혜능의 선풍을 담고 있는 『壇經』에 바탕하고 있다.

불의 무량한 오묘한 이치[妙理]를 발휘하고 있다. 이렇게 되면 곧 미륵보살(彌勒菩薩)의 누각에 들어간 것이고,29) 곧 보현보살(普賢菩薩)의 털구멍에 들어간 것이다.30) 따라서 그 경지에 잘 들어간 사람은 선재(善財)의 경우처럼 찰나에 공덕을 원만하게 성취하여 보현 등의 제보살과 같고 제불과 동등해진다.31)

참으로 안타깝다. 이와 같은 『단경』이 후인들에 의하여 많은 내용이 삭제되고 요약되어 육조대사가 설해준 온전한 가르침[大全之旨]을 볼 수는 없게 되어버렸다. 나 덕이32)는 어려서부터 일찍이 고본(古本)의 『단경』을 읽었기 때문에 이후로 평생토록 널리 『단경』을 구하였다. 다행스럽게도 근래에 통상인(通上人)33)이 나한테 그 전문(全文)을 찾아서 갖다 주었다. 그 때문에 마침내 오중(吳中)의 휴휴암(休休菴)34)에서 간행하여 많은 대덕과 더불어 수용하였다. 이에 오직 바라는 것이 있

---

29) 『華嚴經』 卷79에서 선재동자가 문수보살의 가르침으로 발심하고 53명의 선지식을 遍參하였다. 마지막에 미륵보살의 처소에서 누각 안으로 들어가서 普賢行願을 듣고 찰나에 妙果를 터득하여 妙用을 드러내었다.

30) 『華嚴經』 卷80, (大正藏10, p.440上-下) 보현보살의 팔만사천의 털구멍이 그대로 불국토이고 佛身으로서, 무량한 화신불 자체와 화신보살의 무량한 설법을 펼치는 妙用을 보였다.

31) 넷째 단락으로 『단경』의 대의에 대하여 설명한다. 참선하는 납자 모두가 직접 선재동자처럼 청정하고 순수한 마음으로 發心을 하고 頓悟見性하여 일상생활에서 그것을 실천함으로써 깨침[一大事]을 해결하는 것으로 비로소 불보살과 동일해진다.

32) 본 서문을 쓴 蒙山德異를 가리킨다.

33) 通上人은 不明하다. 上人은 출가자에 대한 존칭어이다.

34) 江蘇省의 靑浦縣의 서쪽 松江의 澱山에 있다. 素軒 蔡公은 蓮湖橋에 암자를 지어 休休菴이라 명칭하고 德異에게 보시하였다. 休休禪菴이라고도 불린다.

다면 『단경』을 펼치고 읽는 자는 곧바로 대원각해(大圓覺海)에 들어가 무궁토록 불조의 혜명을 계승하는 것이다.35) 이것이야말로 나 덕이가 뜻하는 소원이 성취되는 것이다.36)

지원 27년 경인년37) 중춘(음력 2월 15일)에 쓰다.

---

35) 佛祖의 慧明을 계승하는 것은 곧 불조의 正法眼藏을 전승하는 것으로서 보리달마를 통하여 육조혜능으로 계승된 佛心印이다.
36) 다섯째 단락으로 『단경』의 간행과 유통에 대하여 설명한다.
37) 元 世祖 至元 27년(1290)으로 고려 충렬왕 16년에 해당한다.

六祖大師法寶壇經略序
法海撰[38]

次年春　師辭衆歸寶林　印宗與緇白送者千餘人　直至曹溪
時荊州通應律師　與學者數百人依師而住　師至曹溪寶林　睹
堂宇湫隘不足容衆　欲廣之　遂謁里人陳亞仙＜儒＝＞曰　老
僧欲就檀越求坐具地　得不　仙曰　和尚坐具幾許闊　祖出坐
具示之　亞仙唯然　祖以坐具一展盡罩曹溪四境　四天王現身
坐鎮四方　今寺境有天王嶺　因茲而名　仙曰　知和尚法力廣
大　但吾高祖墳墓並在此地　他日造塔　幸望存留　餘願盡捨
永爲寶坊　然此地乃生龍白象來脈　只可平天　不可平地　寺
後營建　一依其言　師遊境內山水勝處　輒憩止　遂成蘭若一
十三所　今曰華果院　隷籍寺門

2. 「육조대사법보단경약서」[39]
　　법해가 찬술하다

　이듬해(의봉 2년, 677) 봄에 대사는 법성사의 대중을
떠나 보림사[40]로 돌아갔는데, 인종법사를 비롯하여 출
가 및 재가인 천여 명이 함께 조계를 찾아갔다. 그때
형주의 통응율사도 대중 수백 명과 함께 육조대사에 의
지하여 그곳에 머물렀다. 대사가 조계의 보림사에 도착
하여 보니 사찰이 협소하여 대중을 수용할 수가 없었

---

38) 제명은 번역자가 보입하였다.
39) 이 「육조대사법보단경약서」가 종보본 『단경』에서는 「六祖大師緣
　　起外記」로 개편되어 있다.
40) 寶林寺의 유래는 본 「六祖大師緣起外記」 이외에 『曹溪大師別傳』,
　　『天聖廣燈錄』 卷7 등에 기록이 보인다.

다.

이에 사찰을 확장하려고 진아선[41]이라는 마을 사람을 만나서 말하였다.

"노승이 그대한테 좌구를 펼만한 땅을 얻고자 하는데 도와주시겠습니까."

진아선이 말씀드렸다.

"화상께서 좌구를 펴는데 필요한 땅은 어느 정도입니까."

조사가 좌구를 꺼내어 보여주었다. 그러자 진아선이 말씀드렸다.

"예, 그렇게 하겠습니다."

조사가 그 좌구를 한번 펼치자 조계의 사방을 뒤덮었다. 그러자 사천왕[42]이 몸을 나타내어 좌구로 뒤덮인 사방을 진호하였다. 오늘날 경내에 있는 천왕령(天王嶺)은 이로 말미암아 그렇게 불린 것이다. 진아선이 말씀드렸다.

"화상의 법력이 광대한 줄을 알겠습니다. 다만 저희 고조할아버지까지 모든 묘지가 그 땅 안에 모셔져 있어서 훗날 탑을 만들려고 하는데 모쪼록 그대로 두도록 허락해주시길 바랍니다. 그 밖의 모든 것은 보시하니 길이 사찰로 삼아주시길 바랍니다. 그런데 이 땅은 생룡과 백상의 지맥에 해당합니다. 그러므로 다만 하늘만 평평하게 해야지 땅은 평평하게 해서는 안 됩니다.[43]"

---

41) 陳亞仙은 陳亞僊이라고도 하는데 이 사람에 대해서는 전혀 알려진 바가 없다. 본 『壇經』에만 보인다.

42) 욕계의 첫째에 해당하는 세계로서 수미산의 중턱에 해당하는데, 동쪽은 持國天王, 남쪽은 增長天王, 서쪽은 廣目天王, 북쪽은 多聞天王(毘沙門天王)이다.

후에 사찰을 건립하는 데 있어 진아선의 말에 그대로
의지하였다. 대사는 경내의 산수가 빼어난 곳을 만나면
그곳에 머물렀는데 이로써 마침내 13곳의 난야44)가 건
립되었다. 이들은 지금은 화과원(華果院)45)이라는 이름
으로 보림사(寶林寺)에 속하는 암자로 되어 있다.

玆寶林道場　亦先是西國智藥三藏　自南海經曹溪口　掬水而
飮香美　異之　謂其徒曰　此水與西天之水無別　溪源上必有
勝地堪爲蘭若　隨流至源上　四顧山水回環　峰巒奇秀　歎曰
宛如西天寶林山也　乃謂曹侯村居民曰　可於此山建一梵刹
一百七十年後　當有無上法寶於此演化　得道者如林　宜號寶
林　時韶州牧侯敬中　以其言具表聞奏　上可其請　賜寶林爲
額　遂成梵宮　落成於梁天監三年

그 보림사는 또한 일찍이 인도의 지약삼장이 남해를
거쳐서 조계의 입구에 이르러 물맛을 보았는데 향기가
좋고 기이하였다. 이에 함께 온 사람들에게 말하였다.
"이곳의 물맛은 인도의 물맛과 똑같다. 계곡의 수원지에
는 반드시 빼어난 곳이 있을 것이다. 그곳에 난야를 지
으면 안성맞춤일 것이다."
　그리고 물의 근원을 따라서 수원지에 도착하여 사방

---

43) 只可平天　不可平地는 건물의 지붕은 나란하게 만들고 토대는 평
　　평하게 만들지 않는다는 것으로 자연을 그대로 훼손하지 말고 건
　　물을 지세에 맞춘다는 것이다.
44) 蘭若는 阿蘭若로서 閑靜處를 의미한다. 草庵 내지 庵子를 가리킨
　　다.
45) 元祖까지는 華果院은 華花院이라고도 불렸는데, 『大明一統志』에
　　의하면 明祖에는 南華寺라고 불렸다.

을 둘러보니 산과 물이 둘러쳐 있고 봉우리들이 대단히 빼어난 모습에 감탄하여 말했다.

"완연히 인도의 보림산과 똑같구나."

이에 조후촌46)의 주민들에게 말했다.

"이 산에 사찰을 건립하기 바랍니다. 그러면 170년 후에 반드시 이곳에서 무상법보(無上法寶)가 펼쳐져 도를 깨친 자가 수풀의 나무처럼 많이 배출될 것입니다. 따라서 사찰의 이름을 보림사라고 불러야 합니다."

그때 소주의 자사인 후경중47)이 그 말을 믿고 표를 갖추어 주청을 드리자, 황제가 그 청을 받아들여 보림이라는 사액을 내려주었다. 마침내 그곳에 보림사라는 사찰을 지었는데, 낙성된 것은 양나라 천감 3년(504)이었다.

寺殿前有潭一所 龍常出沒其間 觸橈林木 一日現形甚巨 波浪洶湧 雲霧陰翳 徒衆皆懼 師叱之曰 爾只能現大身不能現小身 若爲神龍 當能變化以小現大以大現小也 其龍忽沒 俄頃復現小身躍出潭面 師展鉢試之曰 爾且不敢入老僧鉢盂裏 龍乃游揚至前 師以鉢舀之 龍不能動 師持鉢堂上 與龍說法 龍遂蛻骨而去 其骨長可七寸 首尾角足皆具 留傳寺門 師後以土石堙其潭 今殿前左側有鐵塔鎭處是也

사찰의 대웅전 앞에 연못이 하나 있었다.48) 그곳에서

---

46) 삼국시대 魏나라의 태조인 曹操의 후손들이 거주하고 있던 지역을 말한다. 이후 혜능이 출현했을 때 曹叔良과의 인연으로 曹溪의 명칭이 등장한다.

47) 牧은 지방의 太守 혹은 刺史에 해당한다. 侯敬中에 대한 자세한 전기는 전해지지 않는다.

항상 용이 출몰하여 수풀의 나무를 훼손하였다. 어느
날 용이 큰 몸을 드러내자 물결이 높이 일고 운무가 자
욱하여 대중이 모두 두려워하였다. 이에 대사가 용을
꾸짖어 말했다.

"그대는 큰 몸으로만 나타날 줄 알고 작은 몸으로는 나
타나지 못하는구나. 만약 신령스러운 용이라면 반드시
작은 몸을 변화시켜 큰 몸으로 나타낼 줄도 알 것이고,
큰 몸을 변화시켜 작은 몸으로 나타낼 줄도 알 것이다."

　그러자 그 용이 홀연히 사라지더니 순식간에 다시 작
은 몸으로 변화하여 연못의 물 위에 떠올랐다. 이에 대
사가 발우를 펼치고 용에게 말했다.

"제아무리 그렇다 하더라도 그대는 감히 노승의 발우
속에는 들어가지 못할 것이다."

　용이 헤엄을 쳐서 노승 앞에 다가오자 대사가 발우로
용을 떠서 담고 뚜껑을 딱 덮어서 용이 꼼짝하지 못하
였다. 대사는 그 발우를 가지고 법당에 올려놓고 용에
게 설법을 하였다. 그러자 마침내 용이 태골(蛻骨)[49]하
여 죽었다. 태골한 뼈의 길이는 7촌으로 머리와 꼬리와
뿔과 다리가 온전하게 사찰에 전해져 내려왔다. 대사는
이후에 흙과 돌로 그 연못을 메웠다. 지금 법당 앞의
왼쪽에 건립되어 있는 철탑 자리가 바로 용을 진압한
그곳이다.[50]

---

48) 生龍과 白象의 지맥에 해당한다는 가운데 생룡의 지맥에 대한 실
　　례로서 언급된 내용이다.
49) 蛻骨은 번데기가 탈피하여 나비가 되듯이 용이 천년에 한 번씩
　　몸을 바꾸는 것을 말한다.
50) 이 일화는 地勢의 조건을 극복한 혜능의 법력을 보여주는 예이다.

六祖法寶壇經
門人 法海 撰

悟法傳衣第一
時 大師至寶林 韶州韋刺史(名璩)與官僚入山 請師於大梵
寺講堂 爲衆開緣 說摩訶般若波羅蜜法 師陞座次 刺史官
僚三十餘人 儒宗學士三十餘人 僧尼道俗一千餘人 同時作
禮 願聞法要 大師告衆曰 善知識 總淨心念摩訶般若波羅
蜜 大師良久 復告衆曰 善知識 菩提自性 本來淸淨 但用
此心 直了成佛

육조법보단경
문인 법해가 찬술하다

3.-1) 오법전의

그때 대사가 보림사에 이르렀다. 소주의 위자사[이름
은 거(璩)]51)가 관료들과 함께 보림사가 있는 산에 올
라와 대사에게 성 안에 위치한 대범사 강당에서 대중에
게 개연(開演)52)으로 마하반야바라밀법을 설해달라고
청하였다. 대사가 법좌에 오르자 자사, 관료들 30여 명,
유종학사53) 30여 명, 비구와 비구니 등 출가자와 재가
자 일천여 명이 동시에 예배를 드리고 법요를 듣고자

---

51) 韶州의 刺史 韋據에 대해서는 柳田聖山, 『初期禪宗史書の硏究』
　　참조. 원문에서 ( )의 내용은 明版本의 割註이다.
52) 開演은 처음으로 설법하는 것으로, 여기에서는 대범사를 낙성한
　　후에 처음으로 설법하는 소위 開堂說法을 가리킨다.
53) 儒者 및 學者를 가리킨다.

하였다.

이에 대사가 대중에게 말하였다.

"선지식54)들이여, 모두 마음을 청정하게 하고, 마하반야바라밀을 송념하라."

대사가 양구하고 말했다.

"보리의 자성은 본래 청정하다. 그러므로 무릇 그 청정한 마음을 활용한다면 곧바로 성불할 수가 있다."55)

善知識　且聽　慧能行由得法事意　能嚴父　本貫范陽　左降流
于嶺南　作新州百姓　此身不幸　父又早亡　老母孤遺　移來南
海　艱辛貧乏　於市賣柴　時有一客買柴　使令送至客店　客收
去　慧能得錢　卻出門外　見一客誦經　慧能一聞經語　心卽開
悟　遂問客誦何經　客曰　金剛經　復問　從何所來　持此經典
客云　我從蘄州黃梅縣東禪寺來　其寺是五祖忍大師在彼主
化　門人一千有餘　我到彼中禮拜　聽受此經　大師常勸僧俗
但持金剛經　卽自見性　直了成佛　慧能聞說　宿昔有緣　乃蒙
一客取銀十兩與慧能　令充老母衣糧　教便往黃梅參禮五祖

---

54) 善知識은 道友·善友·道伴 등의 뜻으로 如法하게 설하고 如法하게
듣는 사람이다. 十惡을 떠나 十善을 행하고 발심하여 법문을 듣는
사람을 총칭한다. 敎授善知識·同行善知識·外護善知識으로 분류하
기도 한다. 여기에서는 일반의 대중을 일컫는 말로 해석한다.

55) 이 대목은 『단경』의 성격을 가장 잘 드러내고 있다. 『단경』의 성
격은 本來成佛에 바탕한 祖師禪을 널리 드러낸 것으로 보리달마로
부터 혜능을 거쳐 선종사의 큰 흐름을 형성하고 있다. 보리달마의
深信의 가르침, 혜가의 禪心의 가르침, 승찬의 信心의 가르침, 도
신의 守一不移의 가르침, 홍인의 守本眞心의 가르침, 혜능의 但用
此心의 가르침, 남악회양의 但莫染汚의 가르침, 마조도일의 道不
用修의 가르침 등은 모두 본래청정한 마음이기 때문에 범부가 부
처가 되는 것이 아니라 부처가 그대로 부처가 되는 도리를 설파한
것이다.

慧能安置母畢 卽便辭違 不經三十餘日 便至黃梅 禮拜五
祖

"선지식들이여, 이제 혜능56)의 행장과 득법에 대한
과정을 들어보라. 혜능의 엄부는 본관이 범양57)인데 영
남지방으로 좌천되어 신주58)의 백성이 되었다. 이 몸은
불행하게도 아버지가 일찍 돌아가신 후에는 노모와 한
아들로 남겨졌기 때문에 남해59)로 이주하였다. 가정의
형편이 어려워서 시장에서 나무를 팔아 생계를 꾸렸다.
  어느 때 어떤 손님이 나무를 사서 객점으로 배달해달
라고 하자, 혜능은 손님에게 나무를 배달해주고 손님에
게 돈을 받아서 객점에서 막 나오는 참이었다. 어떤 사
람60)이 독경하는 것을 보았는데, 혜능은 경문의 말씀을
듣는 찰나 곧 마음이 움직였다.61) 그래서 객승에게 독
송하는 경전이 무엇인지 묻자, 객승은 『금강경』이라고
말했다. 그래서 다시 어디에서 그 경전을 받았는지 묻
자, 객승이 말했다.

---

56) 본 「오법전의품제일」의 설법은 혜능이 자신의 과거를 회고하며
   소개하는 내용으로 이루어져 있기 때문에, 자신을 '慧能'이라고 지
   칭하고 있다.
57) 하북성 북부지역의 范陽 盧씨를 가리킨다.
58) 廣東省 新興縣의 동남쪽 지역이다. 관리로 있다가 620년에 좌천
   되어 일반백성의 신분이 되었음을 가리킨다.
59) 廣東省 番禹縣의 동남쪽에 해당한다.
60) 『祖堂集』 卷2, (高麗大藏經45, p.247下)에는 그 사람의 이름을
   安道誠이라 하였다.
61) 이 경험은 혜능에게 發心의 계기였고, 이후에 홍인 밑에서 경문의
   가르침을 듣고는 깨침을 경험한다. 德異本 및 『五燈會元』에 의하
   면 혜능에게는 발심과 깨침의 계기가 모두 『金剛經』과 똑같이 "應
   無所住而生其心"이었다.

'저는 기주 황매현의 동선사62)에서 왔습니다. 동선사에는 오조홍인63) 대사께서 주석하면서 교화를 펴는데 문인이 천 명이 넘습니다. 저도 거기에서 예배를 드리고 이 경전의 가르침을 들었습니다. 대사께서는 항상 승속을 막론하고 『금강경』을 수지하면 곧 자견성(自見性)64) 하여 그대로 성불한다고 권장을 합니다.'65)

혜능은 그 말을 새겨들었다. 그런데 숙세에 맺은 인연이 있었던 탓인지, 이에 어떤 손님이 나 혜능에게 은화 10냥을 주면서 노모의 의복과 양식에 충당하고 곧바로 황매산으로 가서 오조를 참례하라는 지시도 해주었

---

62) 湖北省 黃梅縣 雙峰山(破頭山, 破額山)의 東峰에 있는 사찰이다. 東峰과 西峰으로 이루어진 雙峰山은 大醫道信의 도량이었는데 이후 大滿弘忍 시대는 특히 東峰(憑墓山·憑茂山·憑母山)의 도량이 중시되었다. 이 선풍을 東山法門이라 하였는데 수도 장안을 중심으로 황실과 귀족들에게 널리 보급되었다. 황매현은 호북성의 동남지방으로 揚子江에 가까운 九江에 인접한 곳에서 선종의 종지를 폈다.

63) 속성은 周씨이고 황매현 출신이다. 仁壽 원년(601)에 태어나 大業 3년(607) 7세 때 大醫道信(28세)을 만났다. 이후 30여 년 동안 시봉하였는데 도신 입적(651) 때 홍인은 51세였다. 憑母山 東禪寺에서 선풍을 수립하고 문하에 700명 혹은 1,000명을 거느리면서 소위 慧能, 神秀, 智詵, 玄賾, 慧安, 智德 등 십대제자를 배출함으로써 이후로 선풍이 중국 전역에 전파되는 계기가 되었다. 咸亨 5년(674) 2월 16일 74세로 입적하였다.

64) 自見性은 見自性과 같은 의미로서 본래청정한 자신의 마음을 철견하는 행위이다.

65) 달마로부터 전승되었다는 『楞伽經』과 더불어 홍인은 『金剛經』과 『涅槃經』을 중시하였다. 淨覺의 『楞伽師資記』에 인용된 玄賾의 『楞伽人法志』에 의하면 홍인은 입적하기 이틀 전에 "나는 神秀와 더불어 楞伽經을 논하였는데, 그 玄理는 참으로 통쾌하였다."고 말했다. 앞서 나왔던 法性寺의 인종법사는 홍인으로부터 『涅槃經』을 전수받았다. 이로써 홍인은 『金剛經』·『楞伽經』·『涅槃經』 등 경전을 중시하였는데 이 가운데 『金剛經』·『涅槃經』·『維摩經』 등의 사상은 이후 조사선풍의 근간이 되었다.

다. 나 혜능은 어머니를 모셔두고 하직하는 인사를 드리고 길을 떠났는데, 30여 일이 걸리지 않아 황매에 이르러 오조스님께 예배를 드렸다.”

祖問曰 汝何方人 欲求何物 慧能對曰 弟子是嶺南新州百姓 遠來禮師 惟求作佛 不求餘物 祖言 汝是嶺南人 又是獦獠 若爲堪作佛 慧能曰 人雖有南北 佛性本無南北 獦獠身與和尙不同 佛性有何差別 五祖更欲與語 且見徒衆總在左右 乃令隨衆作務 慧能曰 慧能啓和尙 弟子自心常生智慧 不離自性 卽是福田 末<未?>審和尙敎作何務 祖云 這獦獠根性大利 汝更勿言 著槽廠去 慧能退至後院 有一行者 差慧能破柴踏碓 經八月餘 祖一日忽見慧能曰 吾思汝之見可用 恐有惡人害汝 遂不與汝言 汝知之否 慧能曰 弟子亦知師意 不敢行至堂前 令人不覺

“오조스님이 물었다.
‘그대는 어느 지방 사람인가. 그리고 무엇을 구하려 하는가.’
혜능이 말씀드렸다.
‘제자는 영남의 신주 백성입니다. 먼 곳에서 스님께 예배드린 것은 오직 부처가 되고자 하는 것이지 다른 것을 구하는 것이 아닙니다.’
조사께서 말씀하셨다.
‘그대가 영남 사람이라면 곧 오랑캐66)인데 어찌 부처가

___
66) 獦獠는 남방에 사는 蠻族을 일컫는 말로 獦은 胡虜의 별칭이고, 獠는 戎夷의 별칭이다. 이들 용어는 모두 북방 사람이 남방 사람을 업신여기는 표현이다.

될 수 있다는 것인가.'

혜능이 말씀드렸다.

'사람의 출신은 남방과 북방이 있지만, 불성은 본래 남
방과 북방이 따로 없습니다. 오랑캐의 몸이라 해서 화
상67)의 몸과 어찌 다르겠습니까. 또 오랑캐의 불성이라
고 해서 어찌 화상의 불성과 차별이 있겠습니까.'

오조스님께서 곧 어떤 말씀을 하려다가 말고 주위에
서 모든 대중이 지켜보고 있음을 보고는 대중과 더불어
작무68)나 하라고 말씀하셨다. 혜능이 말씀드렸다.

'제가 감히 화상께 말씀을 여쭙니다. 제자[慧能]의 자심
은 항상 지혜를 발생하여 자성을 벗어난 적이 없는데
그것이 곧 복전69)입니다. 그런데 화상께서는 도대체 저
한테 어떤 작무를 하라는 것인지 모르겠습니다.'

조사께서 말씀하셨다.

'오랑캐의 근성이 아직도 그대로 남아 있구나. 그대는
입을 다물고 방앗간70)에 가서 방아나 찧어라.'

혜능은 물러나서 후원으로 갔다. 그곳에 있는 한 행
자가 혜능한테 장작을 패고 방아를 찧도록 하였다. 8개
월이 지났을 때 어느 날 조사께서 갑자기 혜능을 보고

---

67) 和尚은 범어의 음사로는 鄔派陀那인데 뜻으로는 親敎이다. 곧 친
히 제자를 가르쳐서 출세의 업을 일러주는 사람을 말한다.

68) 作務는 선종에서 하는 생산과 노동을 가리킨다. 이것은 인도불교
의 생활과 아주 다르게 중국의 선종에서 시작된 것으로 이후에 선
종에서는 작무가 일상의 수행 및 깨침으로까지 간주되었다. 특히
여기에서는 도신의 東山法門으로부터 시작된 전통이 홍인 시대에
이르러 보다 구체적이고 보편화되었음을 보여주는 대목이다.

69) 福田은 복덕을 받는 조건을 땅이 만물을 길러내는 것에 비유한
것이다. 鳩摩羅什 譯, 『維摩詰所說經』 卷上, (大正藏14, p.544上)
참조.

70) 槽廠은 후원의 방아를 찧는 곳으로 벽이 없는 露舍를 가리킨다.

말씀하셨다.

'나는 그대를 보고 쓸만한 사람이라 생각하였다. 공연히 나쁜 사람이 그대를 해코지할까 염려하여 그대한테 더 이상 말을 하지 않았던 것이다. 그대는 그런 사실을 알고 있는가.'71)

혜능이 말했다.

'제자도 역시 스님의 의도를 알고 있었습니다. 그 때문에 감히 스님의 처소[堂] 곁에는 얼씬도 하지 않음으로써 다른 사람들이 모르게 행동하였습니다.'"

祖一日喚諸門人總來 吾向汝說 世人生死事大 汝等終日只求福田 不求出離生死苦海 自性若迷 福何可救 汝等各去自看智慧 取自本心般若之性 各作一偈 來呈吾看 若悟大意 付汝衣法 爲第六代祖 火急速去 不得遲滯 思量卽不中用 見性之人 言下須見 若如此者 輪刀上陣 亦得見之(古德云 喩利根者見機而作)

"조사께서는 어느 날 모든 문인을 빠짐없이 다 모이라고 말씀하셨다.

'내가 그대들에게 말하고자 한다. 세상의 모든 사람에게 생사의 문제가 가장 중요하다.72) 그런데 그대들은 종일토록 그저 복전만 추구할 뿐이지 생사의 고해를 벗어나

---

71) 처음 참문하여 문답했던 자리에서 '그대는 입을 다물고 방앗간에 가서 방아나 찧어라.'라고 하여 더 이상 말문을 열지 못하게 했던 것을 가리킨다.

72) 生死事大는 生事大와 死事大로서 생사의 문제가 가장 근본적인 것임을 말한다. 따라서 生死事大의 해결은 궁극적으로 無生無死가 되는 경지이다.

려고 추구하지 않구나. 그런데 자성이 미혹하면 복전을 어찌 추구하겠는가. 그대들은 각자 돌아가서 자기의 지혜를 살펴서 자기의 본심이 반야의 성품인 줄 파악하거라. 그리하여 각각 게송으로 지어서 나한테 제출하거라. 만약 대의를 깨친 자가 있거든 그 사람에게 의법(衣法)을 부촉(付囑)하여 제육대 조사로 삼겠다. 화급하게 빨리들 돌아가서 지체하지 말도록 하라. 이리저리 분별심으로 사량해서는 안 된다.73) 견성한 사람은 언하에 깨칠 것이다. 만약 그런 사람이라면 칼날이 회전하는 전장에서도 또한 자기의 성품을 볼 것이다.'[고덕이 말했다. 영리한 사람은 낌새만 보고도 척 알아서 한다는 것을 비유한 것이다.]74)"

衆得處分 退而遞相謂曰 我等衆人 不須澄心用意作偈 將呈和尙 有何所益 神秀上座 現爲敎授師 必是他得 我輩謾作偈頌 枉用心力 餘人聞語 總皆息心 咸言 我等已後 依止秀師 何煩作偈 神秀思惟 諸人不呈偈者 爲我與他爲敎授師 我須作偈 將呈和尙 若不呈偈 和尙如何知我心中見解深淺 我呈偈意求法卽善 覓祖卽惡 卻同凡心 奪其聖位奚別 若不呈偈 終不得法 大難大難 五祖堂前 有步廊三間擬請供奉盧珍畫楞伽經變相 及五祖血脈圖 流傳供養 神秀作偈成已 數度欲呈 行至堂前 心中恍惚 遍身汗流 擬呈不得 前後經四日 一十三度呈偈不得 秀乃思惟 不如向廊下書著 從他和尙看見 忽若道好 卽出禮拜云 是秀作 若道不

---

73) 不中用은 不可用으로 '그렇게 해서는 안 된다.', '그렇게 하지 말라.'는 금지의 뜻이다.
74) [ ]의 내용은 明版本의 割註이다. 이하 동일.

堪 枉向山中數年 受人禮拜 更修何道 是夜三更 不使人知
自執燈 書偈於南廊壁間 呈心所見 偈曰 身是菩提樹 心如
明鏡臺 時時勤拂拭 勿使惹塵埃 秀書偈了 便卻歸房 人總
不知 秀復思惟 五祖明日 見偈歡喜 即我與法有緣 若言不
堪 自是我迷 宿業障重 不合得法 聖意難測 房中思想 坐
臥不安 直至五更

　"대중은 홍인대사의 처분을 받고는 물러가서 서로들
다음과 같이 말했다.
'우리들은 일부러 애써서 게송을 지을 필요가 없다. 화
상에게 바친다고 해서 무슨 이익이 있겠는가. 신수상
좌[75])가 지금 교수사이다. 틀림없이 신수상좌가 차지할

---

75) 大通神秀(606-706)는 소위 북종선의 祖師로 추앙되는 인물이다.
속성은 李씨이고 河南省 開封의 尉氏縣 출신이다. 張說의 비문에
의하면 어려서부터 經史를 익혔고 박학다식하였으며 老莊, 周易
뿐만 아니라 三乘의 經論과 四分律儀, 訓誥, 音韻 등에도 통달하
였다. 武德 8년(625)에 낙양의 天宮寺에서 출가하였다. 혹 50여
세에 출가했다는 기록도 있다. 후에 湖北省 黃梅縣 蘄州의 東山에
들어가 五祖弘忍에게 참문하여 홍인의 上首弟子가 되었다. 高宗
上元 2년(675) 10월에 홍인이 입적하자 湖北省 荊州 江陵의 當陽
山에 주석하였는데 대중이 운집하였다. 久視年中(700)에 則天武后
가 道譽를 듣고 內道場에 청하여 법요를 들었다. 中宗도 높이 받
들었으며, 中書令이었던 張說은 제자의 예를 취하였다. 睿宗도 예
우하여 소위 三帝國師 二京法主로 6년을 지냈다. 측천무후는 칙령
으로 當陽山에 度門寺를 건립하여 주석토록 하여 그 덕화를 현창
하였다. 신수의 선풍은 離念을 설한 五方便을 중시하였기 때문에
입적 후에는 소위 北宗이라 일컬어졌다. 신수의 교화는 華北, 長
安, 洛陽 및 강남지방에서 널리 퍼졌고, 혜능의 선법으로 알려진
남종선은 華南 및 江西 등에서 널리 퍼졌다. 神龍 2년(706) 2월
28일 洛陽의 天寶寺에서 입적하였다. 『觀心論』1권, 『大乘無生方
便門』1권, 『華嚴經疏』30권, 『妙理圓成觀』3권 등을 저술하였다.
岐王範·燕國公張說·徵士盧鴻 등이 각각 비명을 찬술하였다. 法嗣
로는 嵩山普寂 및 京兆義福 등이 뛰어났다.

것이다. 그러므로 우리가 공연히 게송을 짓는 것은 쓸데없는 일에 마음을 쓰는 꼴이다.'

다른 사람들이 그 말을 듣고 모두 게송 짓는 것을 포기하고 다음과 같이 말했다.

'우리는 이후에 신수상좌만 따르면 된다. 어찌 번거롭게 게송을 짓겠는가.'

신수는 다음과 같이 생각하였다.

'모두 게송을 제출하지 않는 것은 내가 그들의 교수사이기 때문이다. 그러므로 반드시 내가 게송을 지어서 바쳐야 한다. 만약 게송을 바치지 못하면 화상께서 어떻게 내 심중의 견해에 대하여 그 깊고 얕음을 알겠는가. 내가 게송을 바치려는 뜻이 만약 법을 추구하는 것이라면 선(善)이 될 것이고, 만약 조사의 지위를 찾는 것이라면 악(惡)이 될 것이다. 그것은 곧 범부의 마음으로 조사의 지위[聖位]를 빼앗는 것과 무엇이 다르겠는가. 그러나 만약 게송을 바치지 않는다면 끝내 법을 얻을 수가 없는 것이 아닌가. 참으로 어렵고 어렵구나.'

오조홍인의 조실 주위에 세 칸의 회랑이 있었다. 홍인은 공봉(供奉)[76] 노진(盧珍)을 청하여 그 자리에다 『능가경(楞伽經)』의 변상도(變相圖) 및 오대조사(五代祖師)들의 혈맥도(血脈圖)를 그려서 세상에 알리려고 준비해 둔 곳이었다.[77] 신수는 게송을 지어놓고 그것을

---

76) 供奉은 관직의 명칭이다. 기술이나 예능이 뛰어난 사람을 벼슬을 주어 內廷에 근무토록 하였다.

77) 홍인대사는 공봉 노진을 청하여 회랑의 벽에 『楞伽經』의 설법내용 및 보리달마부터 홍인 자신에 이르기까지 東土의 오대조사의 血脈譜를 그림으로 그려서 후대에 전승하려고 마련해 둔 차제였다.

바치려고 여러 차례나 화상의 조실 앞에 갔지만, 가슴이 두근두근하고 전신에 땀이 흘러내려서 바치려고 했지만 바치지 못하였다. 그로부터 나흘이 지나도록 13차례에 걸쳐서 바치려고 했지만 끝내 못하였다. 신수는 다음과 같이 생각하였다.

'이럴 바에야 차라리 회랑에다 게송을 적어놓는 것이 좋을 것이다. 그리하여 화상께서 게송을 보시고 다행히 훌륭하다고 하시면 곧 나아가서 예배를 드리고 내가 지은 것이라고 말씀드리면 될 것이다. 그러나 만약 형편없다고 말씀하신다면 나는 이 산중에서 수년 동안 다른 사람의 예배를 받아왔는데 다시 어떤 낮으로 수행을 한단 말인가.'

신수는 그날 밤 삼경에 아무도 모르게 자신이 직접 등불을 들고 남쪽 회랑의 벽에다 게송을 적어서 자신의 소견을 드러내 보였다. 그 게송은 다음과 같다.

몸뚱아리는 깨침의 나무와 같고
마음은 거울을 걸쳐두는 대라네
부지런히 먼지를 떨구고 닦아서
먼지 및 티끌 묻지 않도록 하네[78]

신수는 게송을 적어놓고 곧바로 방으로 돌아갔는데 아

---

78) 몸은 곧 보리의 나무이고, 마음은 곧 밝은 거울이다. 쉬지 말고 부지런히 닦아, 먼지가 끼지 않도록 하라. 제1구와 제2구는 몸과 마음의 바탕을 말하고, 제3구와 제4구는 몸과 마음의 작용을 말한다. 곧 身心에 대한 올바른 파악과 그것을 바탕으로 漸修에 힘쓸 것을 말한다. 결국 身心은 본래부터 청정하여 오염되지 않은 것임을 설한다.

무도 아는 사람이 없었다. 신수는 다시 생각하였다.
'오조화상께서 내일 게송을 보고 기뻐하신다면 곧 나는
법과 인연이 있을 것이다. 그러나 만약 그렇지 못하다
고 말한다면 그것은 나 자신이 미혹한 것이니 숙업이
두터워 법을 터득하지 못할 것이다. 성의79)는 참으로
헤아리기 어렵구나.'

　방안에서 이런저런 생각으로 편안하게 안고 눕지 못
하다가 오경에 이르렀다.”

祖已知神秀入門未得　不見自性　天明祖喚盧供奉來　向南廊
壁間繪畫圖相　忽見其偈　報言　供奉却不用畫　勞爾遠來　經
云　凡所有相　皆是虛妄　但留此偈　與人誦持　依此偈修免墮
惡道　依此偈修　有大利益　令門人炷香禮敬　盡誦此偈　卽得
見性　門人誦偈　皆歎善哉　祖三更喚秀入堂　問曰　偈是汝作
否　秀言　實是秀作　不敢妄求祖位　望和尙慈悲　看弟子有少
智慧否　祖曰　汝作此偈　未見本性　只到門外　未入門內　如
此見解　覓無上菩提　了不可得　無上菩提　須得言下　識自本
心　見自本性　不生不滅　於一切時中　念念自見　萬法無滯
一眞一切眞　萬境自如如　如如之心　卽是眞實　若如是見　卽
是無上菩薩之自性也　汝且去　一兩日思惟　更作一偈　將來
吾看　汝偈若入得門　付汝衣法　神秀作禮而出　又經數日　作
偈不成　心中恍惚　神思不安　猶如夢中　行坐不樂

　“조사께서는 이미 신수가 아직 깨침의 문에 들어오지
못하고 자성을 보지 못한 줄을 알고 계셨다.

---

79) 佛法의 宗旨 내지 홍인화상의 心中을 가리킨다.

날이 밝자 조사께서는 공봉 노진을 불러 남쪽 회랑의
벽에다 변상도(變相圖)와 혈맥도(血脈圖)를 그리고자
하였는데, 언뜻 신수의 게송을 보고 노진에게 말했다.
'그대는 수고롭게 머나먼 길을 왔는데, 공봉은 이제 그
림을 그릴 필요가 없게 되었다. 경전에서도 모든 형상
은 다 허망하다[80]고 했다. 무릇 이 게송을 그대로 남겨
두어 대중에게 지송하도록 하여 이 게송에 의지하여 수
행하면 악도를 벗어날 것이다. 이 게송에 의지하여 수
행한다면 큰 이익을 얻을 것이다.'

그리하여 모두 그 게송을 지송하면 곧 견성할 것이라
고 하여 문인들에게 향을 사르고 예경토록 하였다. 문
인들이 그 게송을 지송하면서 모두 훌륭하다고 찬탄하
였다.

그날 밤 삼경에 조사께서는 신수를 불러서 물었다.
'이 게송은 그대가 지은 것인가.'

신수가 말했다.
'사실은 제가 지었습니다. 감히 함부로 조사의 지위를
탐내려는 것은 아닙니다. 바라건대, 화상께서는 자비심
으로 저한테 약간의 지혜라도 있는지 살펴주시기 바랍
니다.'

조사께서 말씀하셨다.
'그대가 지은 이 게송은 본성을 철견하지 못하였다. 다
만 문밖에만 도달했을 뿐 문 안에는 들어오지 못했다.
이와 같은 견해로는 무상보리를 찾는다고 해도 결코 터
득하지 못한다. 무상보리[81]는 모름지기 언하에 자기의

---

80) 鳩摩羅什 譯, 『金剛般若波羅蜜經』, (大正藏8, p.749上)
81) 붓다의 阿耨多羅三藐三菩提로서 가장 높고 바른 최상의 깨침이

본심을 알고 자기의 본성을 보아서 그것이 불생불멸임을 터득해야 한다. 그리하여 일체시에 걸쳐 쉼 없이 그것을 스스로 보아서 만법에 막힘이 없으면 하나가 진(眞)이면 일체가 진(眞)이고 온갖 경계가 저절로 여여하다. 여여한 마음82)이 그대로 진실이다. 만약 이와 같이 철견한다면 곧 그것이 무상보리의 자성이다. 그대는 돌아가서 하루 이틀 더 생각해보고 다시 게송을 지어서 나한테 보여라. 그대의 게송이 만약 깨침의 문 안에 들어온 것이라면 그대한테 의법을 부촉하겠다.'

신수는 예배를 드리고 물러났다. 다시 며칠이 지났지만, 다시 게송을 지을 수가 없었다. 마음이 흥분되고 정신이 불안하여 마치 꿈을 꾸는 것과 같아서 걷거나 앉아 있어도 불안하였다."

復兩日 有一童子 於碓坊過 唱誦其偈 慧能一聞 便知 此偈未見本性 雖未蒙敎授 早識大意 遂問童子曰 誦者何偈 童子曰 爾這獵獠 不知大師言 世人生死事大 欲得傳付衣法 令門人作偈來看 若悟大意 卽付衣法 爲第六祖 神秀上座於南廊壁上 書無相偈 大師令人皆誦 依此偈修 免墮惡道能曰我亦要誦此結來生緣同生佛地 上人我此踏碓 八箇餘月 未曾行到堂前 望上人引至偈前禮拜 童子引至偈前禮拜 慧能曰 慧能不識字 請上人爲讀 時有江州別駕 姓張名日用 便高聲讀 慧能聞已 遂言 亦有一偈 望別駕爲書 別駕言 汝亦作偈 其事希有 慧能向別駕言 欲學無上菩提 不

___

다.
82) 如如之心은 『金剛經』, (大正藏8, p.752中)에서 말하는 不取於相如如不動과 같은 마음으로 일체법 그대로가 무분별한 眞如心이다.

得輕於初學 下下人有上上智 上上人有沒意智 若輕人 卽
有無量無邊罪 別駕言 汝但誦偈 吾爲汝書 汝若得法 先須
度吾 勿忘此言 慧能偈曰 菩提本無樹 明鏡亦非台 本來無
一物 何處惹塵埃 書此偈已 徒衆總驚 無不嗟訝 各相謂言
奇哉 不得以貌取人 何得多時 使他肉身菩薩 祖見衆人驚
怪 恐人損害 遂將鞋擦了偈曰 亦未見性 衆人疑息

"다시 이틀이 지났다. 한 동자승이 신수의 게송을 읊
으면서 방앗간을 지나갔는데, 혜능이 게송을 한번 듣고
는 그 게송은 아직 견성하지 못한 것임을 알아차렸다.
혜능은 비록 게송에 대한 가르침은 받지 못했지만 일찍
부터 그 대의를 알고 있었다. 이에 마침내 동자승에게
물었다.
'지금 지송하는 것은 무슨 게송입니까.'
  동자승이 말했다.
'그대는 오랑캐이므로 홍인대사께서 다음과 같이 말한
것을 모르겠구나. <세상 사람들에게는 생사의 문제가
중요하다. 이제 의법을 전승하여 법을 부촉하고자 한
다.> 그리하여 문인들에게 게송을 지어 바치도록 하셨
다. 만약 대의를 깨친 사람이 있으면 곧 의법을 부촉하
고 제육대 조사로 삼겠다는 것이었다. 이에 신수상좌가
남쪽 회랑의 벽에다 무상게(無相偈)[83]를 적어놓았는데,
홍인대사께서 보시고는 모두에게 지송토록 하셨다. 만
약 그 게송에 의지하여 수행하면 악도에 떨어지는 것을
벗어날 것이라고 하셨다.'

---

83) 신수의 게송을 가리킨다. "부지런히 먼지를 떨구고 닦아서, 먼지
  및 티끌 묻지 않도록 하네."라는 것을 無相으로 간주한 것이다.

혜능이 말했다.

'그렇다면 나도 또한 그 게송을 지송하여 내생에 불국토에 함께 태어나는 인연을 맺고자 합니다. 동자스님, 나는 여기에서 방아를 찧어온 지 8개월 남짓 되었는데 아직껏 조실 앞에는 가본 적도 없습니다. 바라건대, 스님께서 게송이 있는 곳에 안내하여 제가 예배할 수 있게 해주었으면 합니다.'

동자가 게송이 있는 곳으로 안내하여 예배할 수 있게 해주었다. 혜능이 말했다.

'저는 글자를 모릅니다. 청하건대 스님이 저한테 읽어주시기 바랍니다.'

그때 강주의 별가[84)로서 성은 장(張)이고 이름은 일용(日用)이라는 사람이 있다가 큰소리로 읽어주었다. 혜능이 듣고서 말했다.

'나한테도 역시 한 게송이 있습니다. 바라건대, 별가께서 대신 받아서 써주시기 바랍니다.'

별가가 말했다.

'그대도 역시 게송을 짓는다니, 그것참 희유한 일이구나.'

혜능이 별가에게 말했다.

'무상보리를 배우고자 하는 사람은 초학자를 무시해서는 안 됩니다. 하하인(下下人)에게도 상상지(上上智)가 있을 수 있고, 상상인(上上人)에게도 몰의지(沒意智)[85)가

---

84) 江州는 湖北省 武昌縣이다. 別駕는 지방행정을 감독하는 관리로서 刺史를 따라 巡視할 경우 별도의 수레를 타고 움직이는 사람을 가리킨다.
85) 자기의 뜻대로 되지 않는 지혜로서 어설픈 모습을 가리킨다.

있을 수 있습니다. 만약 사람을 무시한다면86) 곧 무량
하고 무변한 죄업이 됩니다.'

별가가 말했다.
'그대는 게송을 읊어라. 내가 그대를 위하여 게송을 써
주겠다. 그런데 만약 이것으로 그대가 득법한다면 먼저
반드시 나를 제도해줘야 한다. 이 말을 잊지 말라.'

혜능이 게송을 읊었다.

깨침의 나무가 본래부터 없었고
거울을 걸쳐두는 대도 없었다네
본래부터 집착할 거리가 없거늘
어디에 티끌과 먼지가 있겠는가87)

이 게송을 다 쓰고 나자, 대중이 모두 놀라서 찬탄하
지 않는 자가 없었다. 그리고는 다음과 같이 말했다.
'참, 기이하다. 겉모습으로만 사람을 판단해서는 안 되
겠구나. 우리는 어느 세월에 저 육신보살을 따르겠는
가.'

홍인조사께서는 대중이 놀라며 기이하게 여기는 모습
을 보고는 행여나 혜능에게 해꼬지나 가하지 않을까 염
려하였다. 이에 신발을 벗어서 그 게송을 문질러 지우

---

86) 『圓覺經』, (大正藏17, p.915上) ; 鳩摩羅什 譯, 『維摩詰所說經』
卷下, (大正藏14, p.552上) 참조.
87) 몸은 보리의 나무가 아니고, 마음도 본래 거울이 아니네. 본래 집
착할 것조차 없는데, 어느 곳에 먼지가 끼겠는가. 이 게송은 대립
의 세계를 초월한 것으로 보리와 번뇌 및 몸과 마음을 비교해서는
안 된다는 공의 입장을 말한 것이다. 그러나 공에 대한 집착마저도
초탈해야 할 것을 本來無一物로 표현하였다.

고는 말했다.
'이 게송도 역시 견성한 것이 아니다.'
   그러자 대중의 의아심도 그치게 되었다."

次日 祖潛至碓坊 見能腰石春米語曰 求道之人 爲法忘軀
當如是乎 乃問曰 米熟也未 慧能曰 米熟久矣 猶欠篩在
祖以杖擊碓三下而去 慧能卽會祖意 三鼓入室 祖以袈裟遮
圍 不令人見 爲說金剛經 至應無所住而生其心 慧能言下
大悟 一切萬法不離自性 遂啓祖言 何期自性本自淸淨 何
期自性本不生滅 何期自性本自具足 何期自性本無動搖 何
期自性能生萬法 祖知悟本性 謂慧能曰 不識本心 學法無
益 若識自本心 見自本性 卽名丈夫·天人師·佛 三更受法
人盡不知 便傳頓敎及衣鉢云 汝爲第六代祖 善自護念 廣
度有情 流布將來 無令斷絶 聽吾偈曰 有情來下種 因地果
還生 無情旣無種 無性亦無生

   "이튿날 조사께서는 은밀하게 방앗간에 들러서 혜능
이 등에 돌을 짊어지고 방아 찧는 모습을 보고 다음과
같이 말했다.
'구도자는 법을 위해서는 몸을 잊어야 한다. 그대는 진
정 그렇게 해야 한다.'
   그리고는 다음과 같이 물었다.
'쌀은 다 찧었느냐.'
   혜능이 말했다.
'쌀은 오래전에 다 찧었는데, 아직 키질을 하지 못한 상
태입니다.'[88)
   조사께서는 석장으로 방아를 세 번 내려치고는 그냥

그 자리를 떠났다. 혜능은 조사의 뜻을 곧 알아차리고
는 삼경89)에 입실하였다. 그러자 조사께서는 가사로 방
문을 가려서 사람들이 엿보지 못하게 하고,90) 『금강경』
을 설해주었다. 그런데 '마땅히 집착하지 말고 본래의
청정한 마음을 일으켜야 한다.'91)는 대목에 이르러 혜
능은 일체의 만법이 자성을 떠나 있지 않음을 언하에
대오하였다. 그리고는 마침내 조사에게 말씀드렸다.
'자성은 본래부터 청정한 줄을 어찌 짐작이나 했겠습니
까. 자성은 본래 불생불멸인 줄을 어찌 짐작이나 했겠
습니까.
자성은 본래부터 구족되어 있는 줄을 어찌 짐작이나 했
겠습니까.
자성은 본래 동요가 없는 줄을 어찌 짐작이나 했겠습니
까. 자성이 만법을 발생한다는 것을 어찌 짐작이나 했
겠습니까.'92)
　조사께서는 혜능이 본성을 깨친 것을 알아차리고 다
음과 같이 말했다.
'본심을 모르면 법을 배워도 이익이 없다. 만약 자기의
본심을 알고 자기의 본성을 본다면 곧 조어장부·천인

---

88) 이미 깨침은 터득했지만 아직 스승의 인가를 받지 못했다는 것을
　　비유한 것이다. 혜능의 말에는 빨리 자신을 인가해달라는 의미도
　　포함되어 있다.
89) 三鼓는 三更 곧 한밤중을 의미한다.
90) 붓다가 多子塔前에서 摩訶迦葉에게 分半座하고 付法할 때 僧伽
　　梨衣로 주변을 가렸던 것으로부터 유래한다. 『宗門統要續集』 卷1
　　참조.
91) 鳩摩羅什 譯, 『金剛般若波羅蜜經』, (大正藏8, p.749下)
92) '何期自性本自淸淨 何期自性本不生滅 何期自性本自具足 何期自
　　性本無動搖 何期自性能生萬法'의 다섯 가지 내용은 혜능이 깨달음
　　경지를 표현한 대목이다.

사·불이라 일컫는다.'

삼경에 법을 받았기 때문에 남들은 아무도 몰랐다. 이에 조사께서는 혜능에게 돈교(頓敎)93)와 의발(衣鉢)을 전수하고94) 다음과 같이 말했다.
'그대를 제육대 조사로 삼는다. 그러므로 잘 호념하여 널리 중생을 제도하고 장래에 유포시켜 단절되지 않도록 하라. 이에 내가 주는 전법게95)를 듣거라.'

그리고는 말했다.

유정이 나타나 종자를 뿌리더니
땅을 인연하여 열매를 맺었다네
무정이 왔다면 종자가 없을테고
자성이 없다면 발생도 없을터다96)"

---

93) 보리달마로부터 單傳直指의 형식으로 전승된 조사선법을 가리킨다.
94) 이 대목은 홍인이 혜능에게 돈교법문과 의발을 전수했다는 사실을 보여주고 있다. 또한 『全唐文』 卷17에는 神秀國師와 慧安國師가 모두 中宗에게 "남방에 혜능선사가 있는데 홍인대사의 의발을 密傳하였습니다."라고 주청드렸다는 기록이 있다.
95) 傳燈의 祖師는 서로 袈裟.鉢盂.傳法偈를 통하여 正法眼藏을 授受하였다.
96) 이것은 홍인의 傳法偈이다. 유정은 혜능을 가리키는데 숙업으로 인연을 지은 바가 있었기 때문에 현생에 홍인을 만나 과보를 맺었다. 그러나 숙업의 인연이 없었다면 오늘의 과보도 없었을 것이고 자성을 말미암지 않으면 오늘과 같은 깨침도 없을 것이다. 無情은 신수를 가리킨다. 그래서 또한 다음과 같이 해석된다. "어떤 사람이 씨앗을 뿌리니, 땅을 인하여 열매가 열리네. 사람이 없으면 씨앗도 없어, 성품도 없고 생겨남도 없네." 이것은 전자와 마찬가지로 혜능의 경우 이미 구비되어 있는 자성이 깨침의 시절인연이 도래하자 결과를 맺었다는 내용이다. 『華嚴經』 卷18, (大正藏10, pp.97下-98上) 참조.

祖復曰 昔達磨大師 初來此土 人未之信 故傳此衣 以為信
體 代代相承 法則以心傳心 皆令自悟自解 自古 佛佛惟傳
本體 師師密付本心 衣為爭端 止汝勿傳 若傳此衣 命如懸
絲 汝須速去 恐人害汝 慧能啟曰 向甚處去 祖云 逢懷則
止 遇會則藏 惠能三更領得衣鉢 云 能本是南中人素不知
此山路 如何出得江口 五祖言 汝不須憂 吾自送汝 祖相送
直至九江驛 祖令上船 五祖把艣自搖 慧能言 請和尚坐 弟
子合搖艣 祖云 合是吾渡汝 慧能云 迷時師度 悟了自度
度名雖一 用處不同 慧能生在邊方 語音不正 蒙師傳法 今
已得悟 只合自性自度 祖云 如是 如是 以後佛法 由汝大
行 汝去三年 吾方逝世 汝今好去 努力向南 不宜速說 佛
法難起

"홍인조사께서 다시 말했다.
'옛적 달마대사께서 처음 이 땅에 도래했을 때는 아무도
그것을 믿는 자가 없었기 때문에 이 가사를 전승하여
믿음의 바탕으로 삼아 대대상전(代代相傳)시켰다. 불법
은 곧 이심전심의 방식으로 모두 스스로 깨치고 스스로
이해하도록 해야 한다. 예로부터 역대의 부처님들은 본
래의 자체(自體)를 전승하였고, 역대의 조사들은 은밀
하게 본래의 자심(自心)을 부촉하였다.97) 가사는 분쟁
의 씨앗이므로 그대를 끝으로 삼으니, 더 이상 전승하
지 말라. 만약 이 가사를 전승하면 목숨이 실낱처럼 위
태롭다. 그대는 모름지기 속히 떠나거라. 다른 사람들이
그대를 해코지할 것이다.'

---

97) 本體와 本心은 일체중생의 근원적인 생명으로서 성인과 동일한
　　眞性을 가리킨다.

혜능이 말씀드렸다.

'어디로 가라는 것입니까.'

홍인조사께서 말했다.

'회(懷)를 만나면 멈추고, 회(會)를 만나면 숨거라.98)'

혜능은 삼경에 의발을 받아들고 말했다.

'혜능은 본래 남방 출신으로 처음부터 이곳의 산길을 잘 모릅니다. 어찌해야 강 입구까지 갈 수가 있습니까.'

오조가 말했다.

'그대는 걱정하지 말라. 내가 몸소 그대를 배웅하겠다.'

홍인조사께서는 직접99) 배웅하며 구강역100)까지 도착하였다. 홍인조사께서는 혜능을 배에 태우고 당신 스스로 노를 저어갔다. 이에 혜능이 말했다.

'청컨대 화상께서는 가만히 앉아 계십시오. 제자가 마땅히 노를 저어가겠습니다.'

홍인조사께서 말했다.

'내가 그대를 건네주는 것은 당연하다.'

혜능이 말했다.

'제가 미혹했을 때는 스승께서 건네주셨지만, 깨친 지금에는 스스로 건너가는 것입니다. 건너간다는 말은 비록 같지만, 그 쓰임새는 같지 않습니다.101) 혜능은 변방에

---

98) 혜능이 후에 영남으로 돌아가서 광주 남해군의 懷集縣과 四會縣 주변에서 몸을 숨기는 것을 예언한 것이다.

99) 祖相은 홍인조사 당신이 직접 따르면서 밤에 산길을 안내하는 것을 가리킨다. 相은 돕다·따르다·시중들다는 뜻으로 쓰였다.

100) 황매로부터 양자강을 사이에 둔 지역이다. 隋代에는 九江郡이었고, 唐代에는 江州였다. 江西省 潯陽道 九江縣으로 양자강의 南岸에 있다. 본 내용대로라면 밤에 양자강을 건너갔다는 말이 된다.

101) 度에 대하여 스승이 건네준다는 의미와 혜능 자신이 건너간다는 의미를 가리킨다.

서 태어났기 때문에 언어도 어병합니다. 그러나 스승께서 전수하신 법을 얻어서 이제는 이미 깨쳤습니다. 그러므로 마땅히 자기의 성품은 자기 스스로 제도해야 합니다.'

홍인조사께서 말했다.

'그래, 그렇다. 이후로 불법은 그대로 말미암아 크게 유행할 것이다. 그대가 떠난 지 3년 후면 나는 바야흐로 세상과 하직을 할 것이다.[102] 그대는 이제 잘 가거라. 부지런히 남방으로 가거라. 그리고 함부로 서둘러서 설법해서는 안 된다. 불법의 법난이 일어날 것이다.'"

能辭祖已 發足南行 兩月中間 至大庾嶺(五祖歸 數日不上堂 衆疑 詣問曰 和尙少病少惱否 曰病卽無 衣法已南矣 問 誰人傳授 曰能者得之 衆乃知焉)逐後數百人來 欲奪衣鉢 一僧俗姓陳名惠明 先是四品將軍 性行麤慥極意參尋 爲衆人先 趁及慧能 慧能擲下衣鉢於石上云 此衣表信 可力爭耶 能隱草莽中 惠明至 提掇不動 乃喚云 行者行者 我爲法來 不爲衣來 慧能遂出坐盤石上 惠明作禮云 望行者爲我說法 慧能云 汝旣爲法而來 可屛息諸緣 勿生一念 吾爲汝說 明良久 慧能云 不思善 不思惡 正與麼時 那箇 是明上座本來面目 惠明言下大悟 復問云 上來密語密意外 還更有密意否 慧能云 與汝說者 卽非密也 汝若返照 密在汝邊 明曰 惠明雖在黃梅 實未省自己面目 今蒙指示 如人

---

102) 지금의 말대로라면 3년 후면 664년이 된다. 홍인의 입적에 대한 예언은 돈황본 『단경』에서는 3년이고, 흥성사본 『단경』에서는 1년이며, 『경덕전등록』에서는 4년으로 다양하게 기록되어 있다. 그런데 홍인이 실제로 입적한 해는 674년이다.

飲水 冷暖自知 今行者卽惠明師也 慧能曰 汝若如是 吾與
汝同師黃梅 善自護持 明又問 惠明今後向甚處去 慧能曰
逢袁則止 遇蒙則居 明禮辭(明回至嶺下 謂趁衆曰 向陟崔
嵬 竟無蹤跡 當別道尋之 趁衆咸以爲然 惠明後改道明 避
師上字)

"혜능은 홍인조사에게 하직하고 길을 떠나서 남방으
로 발길을 향했다. 2개월 이내에 대유령103)에 이르렀
다.[오조대사는 되돌아와서 수일 동안 상당법문(上堂法
門)104)을 하지 않았다. 그러자 대중이 의문스러워 찾아
뵙고 물었다.
'화상께서는 병환이나 걱정이 있는 것입니까.'
오조대사가 말했다.
'병이 난 것은 아니다. 다만 의법(衣法)이 벌써 남방으
로 가버렸다.'
대중이 물었다.
'누구한테 전수하셨습니까.'
오조대사가 말했다.
'혜능행자가 얻어서 가지고 갔다.'
이에 비로소 대중이 알아차렸다.]105) 수백 명의 대중
이 의발을 빼앗으려고 거기까지 혜능의 뒤를 쫓아왔
다.106) 속성은 진(陳)씨이고 이름은 혜명(惠明)이라는

---

103) 江西省 大庾縣의 남쪽으로 廣東省과 경계에 있는 고개로서 매실
  로 유명하다.
104) 上堂法門은 공식적인 법문을 말한다. 기타 비공식적인 법문은
  小參法門이라고 한다.
105) [ ]의 내용은 明版本의 割註이다.
106) 대유령은 황매로부터 삼백 리나 떨어진 곳인데 수백 명이 그곳

한 스님이 있었다.107) 그 선조는 사품장군이었다. 그런
탓인지 성품이 거칠고 포악하였는데 전력투구하여 혜능
을 찾아다녔다. 대중의 맨 앞장에 서서 혜능을 따라잡
았다. 혜능은 의발을 바위에다 내려놓고 말했다.

'이 의발은 믿음의 징표이다. 어찌 힘으로 다투겠는가.'

그리고 혜능은 풀더미 속에 숨었다. 혜명이 도착하여
의발을 집어들었으나 꼼짝도 하지 않았다. 이에 혜능을
불러 말했다.

'행자여, 혜능 행자여. 나는 법 때문에 온 것이지 의발
때문에 온 것이 아니다.'

마침내 혜능이 몸을 나타내어 반석 위에 앉았다. 혜
명이 예배를 하고 말했다.

'행자여. 바라건대, 저한테 설법을 해주시오.'

혜능이 말했다.

'그대는 이미 법 때문에 왔다. 그러므로 모든 반연을 그
쳐서 찰나도 반연을 일으키지 말라. 내 그대한테 설법
을 해주겠다.'

혜능이 말했다.

'선도 생각하지 말고, 악도 생각하지 말라.108) 바로 그
러한 경지에서 혜명상좌의 본래면목은 무엇인가.'

까지 쫓아왔는지는 궁금하다. 『宋高僧傳』에 의하면 수십 명이 쫓
아왔다. 『宋高僧傳』 卷8, (大正藏50, p.756中)

107) 『宋高僧傳』 卷8 「唐袁州蒙山慧明傳」, (大正藏50, p.756中-下) ;
『景德傳燈錄』 卷4 「袁州蒙山道明禪師」, (大正藏51, p.232上)에 그
전기가 전한다. 陳나라 帝室의 후손이다.

108) 구체적으로는 법을 위해서 뒤따라온 것이 善이라면 의발을 위해
서 뒤따라온 것은 惡이다. 그러나 善惡은 그대로 도덕적인 선과
악만 의미하는 것은 아니다. 美醜·好惡·父母 등 상대적인 분별개념
을 가리킨다.

혜명이 언하에 대오하였다. 그리고는 다시 물었다.
'방금 전의 불사선(不思善)하고 불사악(不思惡)하라[密意密語]는 말씀 이외에 또 어떤 밀의(密意)가 있습니까.'

혜능이 말했다.
'그대한테 설한 이상 그것은 이미 밀(密)이 아니다. 그러므로 만약 그대가 반조(返照)한다면 密은 곧 그대 곁에 있는 줄을 알 것이다.'

혜명이 말했다.
'혜명은 비록 황매에 있었지만 실은 아직까지 자기의 면목을 깨치지 못했습니다. 그러나 오늘에야 가르침을 받고서 마치 사람이 물을 마셔보고서 차고 따뜻한 줄을 아는 상태가 되었습니다. 이제 행자님은 혜명의 스승입니다.'

혜능이 말했다.
'만약 그렇다면 그대는 혜능과 더불어 똑같이 황매조사를 스승으로 간주하겠다. 모쪼록 잘 호지하거라.'

혜명이 또 물었다.
'혜명은 금후에 어디로 가야 합니까.'

혜능이 말했다.
'원(袁)을 만나면 멈추고 몽(蒙)을 만나면 머물러라.'109)

혜명이 예배를 드리고 떠났다.[혜명은 대유령 아래까지 내려가서 대중에게 말했다. '내가 저 높은 곳까지 올라가서 찾아봤는데 끝내 종적도 없었다. 그러니 다른

---

109) 袁州의 蒙山 지역을 암시한다. 혜명은 이후에 袁州의 蒙山에 주석하면서 선풍을 진작하였다.

길을 택하여 찾기로 합시다.' 그러자 대중이 모두 그러
자고 하였다. 혜명은 이후에 도명(道明)이라 개명하였
는데 스승인 혜능의 이름에서 '혜'라는 글자를 피한 것
이었다.]"110)

能後至曹溪 又被惡人尋逐 乃於四會 避難獵人隊中 凡經
一十五載 時與獵人隨宜說法 獵人常令守網 每見生命 盡
放之 每至飯時 以菜寄煮肉鍋 或問 則對曰 但喫肉邊菜

　혜능은 후에 조계에 이르렀다. 그러나 또 악인들에게
쫓겼는데, 사회(四會)에서는 난을 피하여 사냥꾼들 무
리에111) 뒤섞여 무릇 15년을 지냈다.112) 그때 사냥꾼
들에게 틈틈이 인연이 닿는 대로 설법을 하였다. 사냥
꾼들은 항상 혜능에게 그물을 지키라고 하였다. 혜능은
살아 있는 것이 있으면 모두 놓아주었다. 그리고 식사
하는 때마다 채소를 고기 굽는 솥에다 넣어 익혔다. 그
에 대하여 혹 질문을 받으면 '혜능은 단지 고기 곁의 채
소만 먹습니다.' 라고 답변하였다."

一日思惟 時當弘法 不可終遯 遂出至廣州法性寺 値印宗
法師講涅槃經 時有風吹旛動 一僧曰風動 一僧曰旛動 議

---

110) [ ]의 내용은 明版本의 割註이다.
111) 隊의 규모는 50명을 일컫는 말이고, 團의 규모는 300명을 일컫
　　는 말이다.
112) 은둔생활의 기간에 대하여 흥성사본 『단경』과 『조계대사별전』에
　　서는 5년이라 기록하고, 王維 및 柳宗元의 비명에서는 16년이라
　　기록하였다. 혜능의 은둔기간은 悟後保任의 생활이었을 뿐만 아니
　　라 선법을 펼칠 시절인연을 기다리는 기간이었다.

論不已 慧能進曰 不是風動 不是幡動 仁者心動 一衆駭然
印宗延至上席 徵詰奧義 見慧能言簡理當 不由文字 宗云
行者定非常人 久聞黃梅衣法南來 莫是行者否 慧能曰 不
敢 宗於是作禮 告請傳來衣鉢出示大衆 宗復問曰 黃梅付
囑 如何指授 慧能曰 指授卽無 惟論見性 不論禪定解脫
宗曰 何不論禪定解脫 能曰 爲是二法 不是佛法 佛法是不
二之法 宗又問 如何是佛法不二之法 慧能曰 法師講涅槃
經 明佛性 是佛法不二之法 如高貴德王菩薩白佛言 犯四
重禁作五逆罪 及一闡提等 當斷善根佛性否 佛言 善根有
二 一者常 二者無常 佛性非常非無常 是故不斷 名爲不二
一者善 二者不善 佛性非善非不善 是名不二 蘊之與界 凡
夫見二 智者了達其性無二 無二之性卽是佛性 印宗聞說
歡喜合掌言 某甲講經 猶如瓦礫 仁者論義 猶如眞金 於是
爲慧能剃髮 願事爲師 慧能遂於菩提樹下 開東山法門

"그러던 어느 날, 다음과 같이 생각하였다.
'법을 펼칠 때가 왔다. 더 이상 숨어 살아서는 안 되겠
다.'
그리고는 마침내 광주 법성사113)에 나아갔는데, 마침
인종법사114)가 『열반경』을 강의하고 있었다.115) 그때

---

113) 法性寺는 梁 말기에 眞諦三藏이 건립한 것이다. 廣州 法性寺가
『歷代法寶記』의 기록에는 海南 制旨寺이고, 『曹溪大師別傳』의 기
록에는 광주 制旨寺이다. 唐 貞觀 19년(645) 制旨王園寺를 개명하
여 乾明法性寺라 했으므로 制旨寺와 法性寺는 동일한 사찰이다.
후에는 崇寧萬壽禪寺, 報恩光孝禪寺, 光孝寺라고도 불렸다. 中宗
때는 中興寺 또는 龍興寺라고도 불렀다. 후에 宗寶가 주석한 곳이
기도 하다.
114) 吳郡 출신으로 속성은 印씨이고 貞觀 원년(627)에 태어났다. 출
가하여 경전에 해박하였는데 특히 『열반경』에 정통하였다. 오조홍

바람이 불어서 깃발이 펄럭였는데 한 승은 바람이 움직인다고 말하고, 또 한 승은 깃발이 펄럭인다고 말했다.116)

논의가 끝나지 않자, 혜능이 나서서 말했다.

'바람이 움직이는 것도 아니고, 깃발이 펄럭이는 것도 아닙니다.117) 그대들의 마음이 움직이는 것입니다.'

대중 일동이 모두 깜짝 놀랐다. 인종법사는 혜능을 상석으로 안내하였다. 그리고 그 심오한 뜻[奧義]에 대해 물었는데, 그에 대한 혜능의 답변이 언설은 간명직절하지만 도리에 합당하고 문자를 말미암지 않은 것을 보고는 인종법사가 물었다.

'행자는 필시 보통사람이 아닙니다. 오래전에 황매의 의법이 남방으로 갔다고 들었는데, 혹시 그 행자가 아닙니까.'

혜능이 말했다.

'그렇습니다. 그게 바로 저입니다.'118)

인에게 참문하였는데 儀鳳 원년(676) 55세 때 혜능을 만나 깨쳤다. 이후에 칙명을 받고 入內說法을 하였다. 梁代부터 唐代까지의 선사들의 법어를 모은 『心要集』을 저술하였고, 율장에도 정통하여 道岸(654-717)에게 계를 받고 戒壇을 설치하여 많은 사람을 득도시켰다. 先天 2년(713) 87세로 입적하였다. 『宋高僧傳』 卷4 「唐會稽山妙喜寺印宗傳」, (大正藏50, p.731中)에 전기가 전한다.

115) 달마로부터 六祖慧能에 이르기까지 소위 초기선종 시대에는 『능가경』을 비롯하여 『화엄경』.『유마경』.『법화경』.『반야경』.『열반경』 등이 중시되었다. 특히 四祖道信은 『般若經』을 중시하였고, 五祖弘忍은 『金剛經』과 『涅槃經』을 중시하였다. 홍인의 제자였던 인종은 『涅槃經』의 연구자로서 이름이 높았다.

116) 인종법사는 『열반경』 연구자답게 역시 여기에서도 風動幡動의 주제를 통하여 風幡의 성품에 대하여 설법을 한다.

117) 『寶林傳』 卷3의 제18조 伽倻舍多章에 유사한 문답이 보인다.

118) 不敢은 감히 그렇지 않다고 속이지 못하겠다는 말인데 긍정하는

인종법사는 예배를 드리고 전래한 의발을 대중에게 보여줄 것을 청하였다. 그리고 인종법사가 다시 물었다. '황매조사께서 부촉한 법은 어떤 가르침이었습니까.'

혜능이 말했다.

'특별한 가르침은 없었습니다. 오직 견성법만 논하였지 선정과 해탈은 논하지 않았습니다.'119)

인종법사가 말했다.

'어째서 선정과 해탈을 논하지 않는 것입니까.'

혜능이 말했다.

'선정과 해탈은 이법(二法)으로서 그것은 불법(佛法)이 아니기 때문입니다. 불법(佛法)은 불이법(不二法)입니다.'

인종법사가 또 물었다.

'불법(佛法)의 불이법(不二法)은 어떤 것입니까.'

혜능이 말했다.

'법사께서는 『열반경』을 강의하면서 불성에 대하여 설명을 합니다. 그것이 곧 불법(佛法)의 불이법(不二法)입니다. 『열반경』에서는 다음과 같이 말합니다. <고귀덕왕보살이 부처님께 사뢰어 말씀드렸다. 사중금(四重禁)120)을 범하고 오역죄(五逆罪)121)를 지으며, 내지 일

뜻이다.

119) 見性은 見自本性이고 明見佛性이다. 여기에서 특별히 선정과 해탈을 논하지 않았다는 것은 선정을 통하여 해탈한다는 것은 선정의 수행을 통하여 해탈을 증득한다는 것으로 修證을 분별하는 것을 의미한다. 혜능은 修證不二이고 修證一如의 입장에서 견성법을 말하고 있다.

120) 殺·盜·婬·妄·兩舌·惡口·綺語·貪·瞋·癡의 十重禁 가운데 앞의 殺·盜·婬·妄의 네 가지로서 이것을 범하면 四波羅夷罪에 해당된다.

121) 五無間業으로 殺父·殺母·殺阿羅漢·破和合僧·出佛身血의

천제(一闡提)122) 등은 마땅히 선근과 불성을 단절하는
것입니까. 부처님께서 말씀하셨다. 선근에 두 가지가 있
다. 첫째는 상선근(常善根)이고, 둘째는 무상선근(無常
善根)이다. 그런데 불성은 상(常)도 아니고 무상(無常)
도 아니다. 이런 까닭에 단절이 아니다. 이것을 불이(不
二)라고 말한다. 또 첫째는 선(善)이고, 둘째는 불선(不
善)이다. 그런데 불성은 선도 아니고 불선도 아니다. 이
것을 불이(不二)라 말한다. 오온과 십팔계에 대하여 범
부는 둘[二]로 간주하지만 지자(智者)는 그 성품이 둘
이 아님[無二]을 요달한다. 그 무이(無二)의 성품이야
말로 곧 불성이다.>'123)

설법을 들은 인종법사는 환희하여 합장하고 말했다.
'제가 경전을 강의하는 것은 마치 와력(瓦礫)124)과 같
습니다. 그런데 그대의 논의는 마치 진금(眞金)과 같습
니다.'

이에 인종법사는 혜능에게 삭발125)을 해주고, 자신의
스승으로 모시기를 바랐다. 혜능은 마침내 보리수126)
아래서 동산법문(東山法門)127)을 열었다."

죄이다.

122) 一闡提는 斷善根 내지 信不具足이라 번역한다. 신심과 선근이
없어서 성불하지 못하는 존재이다. 그러나 『열반경』에서는 佛法은
不二이므로 이와 같은 일천제도 성불한다고 말한다.
123) 曇無讖 譯,『大般涅槃經』卷22, (大正藏12, p.494上) 참조.
124) 瓦礫은 쓸데없는 것으로 牆壁瓦礫을 가리킨다.
125) 祝髮이라고도 하는데, 혜능의 경우 儀鳳 원년(676) 정월 15일이
었다. 그해 2월 8일 구족계를 받았다.
126) 智藥三藏이 심어둔 보리수 아래에 설치한 戒壇이다.
127) 東山法門은 처음 四祖道信으로부터 시작된 선종의 교단을 의미
했지만, 이후에 五祖弘忍이 東禪寺에서 선법을 크게 현창한 이후
로 사조도신과 오조홍인의 선법을 지칭하는 용어로 널리 알려졌

能於東山得法 辛苦受盡 命似懸絲 今日得與使君·官僚·僧
尼·道俗同此一會 莫非累劫之緣 亦是過去生中供養諸佛 同
種善根 方始得聞如上頓教得法之因 教是先聖所傳 不是慧
能自智 願聞先聖教者 各令淨心 聞了各自除疑 如先代聖
人無別

"혜능은 동산에서 득법하고 간난신고를 다 겪고 목숨
은 실낱과 같았다. 오늘 이렇게 사군(使君)·관료(官
僚)·승니(僧尼)·도속(道俗) 등이 함께 이 법회에 동
참한 것은 누겁 동안의 인연 아님이 없다. 또한 과거생
에 제불께 공양하고 마찬가지로 선근을 심어야 바야흐
로 위의 돈교와 득법의 인연을 들을 수가 있다. 돈교는
선성(先聖)이 전승한 것이지 혜능 나 자신의 지혜가 아
니다. 그러므로 선성(先聖)의 돈교를 듣고자 하는 사람
은 각자 마음을 청정히 하고, 듣고 나서는 각자 의심을
제거해야만 선대(先代)의 성인들과 더불어 차별이 없
다."

師復告大衆曰 善知識 菩提般若之智 世人本自有之 只緣
心迷 不能自悟 須假大善知識 示導見性 當知 愚人智人
佛性本無差別 只緣迷悟不同 所以有愚有智 吾今爲說摩訶
般若波羅蜜法 使汝等各得智慧 志心諦聽 吾爲汝說 善知
識 世人終日口念般若 不識自性般若 猶如說食不飽 口但
說空 萬劫不得見性 終無有益

다.

"대사가 다시 대중에게 말하였다.

'선지식들이여, 보리와 반야의 지혜는 세상 사람들이 본래부터 지니고 있다. 단지 마음이 미혹함으로 말미암아 스스로 깨치지 못할 뿐이다. 그러므로 모름지기 대선지식의 가르침에 의거하여 견성해야 한다. 반드시 알아라. 어리석은 사람도 지혜로운 사람도 그 불성은 본래 차별이 없다. 다만 미·오(迷·悟)를 반연하여 다를 뿐이다. 그러므로 어리석은 사람[愚人]도 있고 지혜로운 사람[智人]도 있다. 내 이제 마하반야바라밀법을 설하여 그대들로 하여금 각자 지혜를 터득하게 하겠다. 지심(志心)으로 잘 경청하라. 내 그대들에게 설하겠다.

선지식들이여, 세상 사람들은 종일토록 입으로는 반야를 읊으면서도128) 자성이 반야인 줄은 모른다. 마치 밥에 대하여 말해도 그것으로는 배가 부르지 않는 것과 같다. 입으로 부질없이 공(空)만 설하면 만 겁이 지나도 견성하지 못하여 끝내 이익이 없다.'"

善知識 摩訶般若波羅蜜是梵語 此言大智慧到彼岸 此須心行 不在口念 口念心不行 如幻·如化·如露·如電 口念心行則心口相應 本性是佛 離性無別佛

"선지식들이여, 마하반야바라밀은 범어로서 이 나라 말로는 큰 지혜로 피안에 도달한다는 뜻이다. 이것은 모름지기 마음으로 실천해야지 입으로만 염해서는 안 된다. 입으로만 읊조리고 마음으로 실천하지 않으면 환

---

128) 口念般若의 念은 唱이다.

(幻)·화(化)·노(露)·전(電)과 같다. 그러나 입으로
읊조리고 또 마음으로 실천하면 곧 마음과 입이 상응한
다. 본성이 곧 부처이므로 본성을 벗어나 달리 부처가
없다."

何名摩訶 摩訶是大 心量廣大 猶如虛空 無有邊畔 亦無方
圓大小 亦非靑黃赤白 亦無上下長短 亦無瞋無喜 無是無
非 無善無惡 無有頭尾 諸佛刹土 盡同虛空 世人妙性本空
無有一法可得 自性眞空 亦復如是 善知識 莫聞吾說空 便
卽著空 第一莫著空 若空心靜坐 卽著無記空 善知識 世界
虛空 能含萬物色像 日月星宿 山河大地 泉源谿澗 草木叢
林 惡人善人 惡法善法 天堂地獄 一切大海 須彌諸山 總
在空中 世人性空 亦復如是

"마하란 무엇인가. 마하는 大[129]의 의미이다. 심량(心
量)이 광대하여 허공과 같이 끝이 없고 또한 방(方)·
원(圓)·대(大)·소(小)가 없고, 또 청(靑)·황(黃)·
적(赤)·백(白)도 없으며, 또 상(上)·하(下)·장(長)
·단(短)이 없고, 또 진(瞋)이 없고 희(喜)도 없으며 시
(是)도 없고 비(非)도 없으며 선(善)도 없고 악(惡)도
없으며 두(頭)도 없고 미(尾)도 없다. 제불의 찰토가
모두 허공과 같고 세상 사람들의 묘성이 본래 공하여
일법도 터득할 것이 없는데 자성의 진공(眞空)도 또한
마찬가지이다.
　선지식들이여, 내가 설하는 공을 듣고서 공에 집착해

---

129) 이 경우 大는 大·小의 大가 아니라 大·多·勝의 의미를 지닌 摩訶
　　로서의 大이다.

서는 안 된다. 결코 공에 집착하지 말라.130) 만약 공심
(空心)131)으로 정좌하면 곧 무기공에 집착하는 꼴이다.

　선지식들이여, 세계의 허공은 만물의 색상을 포함한
다. 일(日)·월(月)·성(星)·수(宿)·산(山)·하(河)
·대지(大地)·천원(泉源)·계간(谿澗)·초(草)·목
(木)·총림(叢林)·악인(惡人)·선인(善人)·악법(惡
法)·선법(善法)·천당(天堂)·지옥(地獄)·일체의 대
해(大海)·수미(須彌) 및 제산(諸山) 등이 다 공에 들
어있다. 세상의 사람들의 성품이 공한 것도 또한 마찬
가지이다."

善知識　自性能含萬法是大　萬法在諸人性中　若見一切人惡
之與善　盡皆不取不捨　亦不染著　心如虛空　名之爲大　故曰
摩訶

　"선지식들이여, 자성은 만법을 포함하기 때문에 곧 대
(大)이다. 만법은 모든 사람의 성품에 있다. 그러므로
만약 일체 사람들의 악과 선을 보고도 그것에 모두 취
사(取捨)가 없고 또한 염착(染著)이 없어서 마음이 허
공과 같으면 그것을 대(大)라고 말한다. 그 때문에 마
하(摩訶)라고 한다."

善知識　迷人口說　智者心行　又有迷人　空心靜坐　百無所思

---

130) 第一莫著空의 第一은 속어로서 부정 내지 금지의 뜻을 불러오는
　　말이다.
131) 空을 단지 眞空이라는 측면으로만 간주하고 妙有의 측면은 간주
　　하지 않는 惡性空의 경우를 가리킨다.

自稱爲大 此一輩人 不可與語 爲邪見故 善知識 心量廣大
遍周法界 用卽了了 分明應用 便知一切 一切卽一 一卽一
切 去來自由 心體無滯 卽是般若 善知識 一切般若智 皆
從自性而生 不從外入 莫錯用意 名爲眞性自用 一眞一切
眞 心量大事 不行小道 口莫終日說空 心中不修此行 恰似
凡人自稱國王 終不可得 非吾弟子

"선지식들이여, 어리석은 사람은 입으로 설하지만 지
혜로운 사람은 마음으로 실천한다. 또한 어리석은 사람
은 공심(空心)으로 정좌하여 온갖 것을 생각하지 않는
것을 자칭 대(大)라고 한다. 그러나 이와 같은 부류의
사람은 더불어 말할 것이 못 된다. 왜냐하면 그것은 사
견이기 때문이다.

선지식들이여, 심량(心量)132)은 광대하여 법계에 편
재한다. 그 때문에 그것을 활용하면 곧 요요하고, 분명
하게 응용하면 곧 일체를 알게 된다. 그래서 일체가 하
나에 즉하고 하나가 일체에 즉(卽)하여 오고 감에 자유
롭고 심체(心體)에 걸림이 없는 그것이 곧 반야이다.

선지식들이여, 일체의 반야지혜는 모두 자성으로부터
발생하는 것이지 밖에서 들어오는 것이 아니다. 그러므
로 잘못된 생각을 하지 않는 것이야말로 반야의 진성을
그대로 활용하는 방식이다. 하나가 진실하면 일체가 진
실하므로 마음으로 대사(大事)만 헤아려야지 소도(小
道)를 행해서는 안 된다. 입으로는 하릴없이 하루종일
반야를 설하면서도 마음에는 반야의 실천을 닦지 않는

---

132) 마음의 작용을 말한다. 이와 같은 용례는 『楞伽阿跋陀羅寶經』에
빈번하게 등장한다.

것은 마치 범부가 국왕이라 자칭하지만 끝내 그럴 수가 없는 것과 같다. 그런 사람은 내 제자가 아니다."

善知識 何名般若 般若者 唐言智慧也 一切處所 一切時中 念念不愚 常行智慧 卽是般若行 一念愚卽般若絶 一念智 卽般若生 世人愚迷 不見般若 口說般若 心中常愚 常自言 我修般若 念念說空 不識眞空 般若無形相 智慧心卽是 若 作如是解 卽名般若智

"선지식들이여, 무엇을 반야라 하는가. 반야는 한자로 말하면 지혜이다. 어느 곳이나 어느 때나 염념에 어리석음이 없이 항상 지혜를 실천하는 것이 곧 반야행이다. 찰나라도 어리석으면 반야가 사라지고 찰나라도 지혜로우면 반야가 발생한다. 세상 사람들이 우미(愚迷)하여 반야를 보지 못하므로 입으로는 반야를 말하지만, 그 마음은 항상 어리석다. 그 때문에 항상 스스로 '나는 반야를 닦는다.'고 말한다. 그리고 염념에 공을 설하지만, 진공을 모른다.133) 반야에는 형상이 없다.134) 지혜로운 마음이 곧 반야이다. 만약 이와 같이 이해하면 그것을 곧 반야지혜라 말한다.135)"

何名波羅蜜 此是西國語 唐言到彼岸 解義離生滅 著境生

---

133) 편벽된 공관에 떨어지지 말라는 말이다. 色不異空·空不異色·色卽 是空·空卽是色의 경우처럼 眞空과 妙有의 측면을 모두 파악할 것을 말한다.
134) 반야야말로 곧 집착이 없는 공임을 말한다.
135) 반야의 실천은 곧 무집착의 공이고 공의 실천은 염념에 지혜로운 것을 말한다.

滅起 如水有波浪 卽名爲此岸 離境無生滅 如水常通流 卽
名爲彼岸 故號波羅蜜

"무엇을 바라밀이라 하는가. 바라밀은 인도말이다. 한
자로 말하면 도피안이다. 뜻으로 해석하면 생과 멸을
벗어나는 것이다.136) 경계에 집착하면 생과 멸이 일어
난다. 마치 물이 파랑으로 일어나는 것과 같은 그것을
차안이라고 말한다. 경계를 벗어나면 생과 멸이 사라진
다. 마치 물이 항상 유통하는 것과 같은 그것을 피안이
라 말한다. 그 때문에 바라밀이라고 부른다."

善知識 迷人口念 當念之時 有妄有非 念念若行 是名眞性
悟此法者 是般若法 修此行者 是般若行 不修卽凡 一念修
行 自身等佛 善知識 凡夫卽佛 煩惱卽菩提 前念迷卽凡夫
後念悟卽佛 前念著境卽煩惱 後念離境卽菩提

"선지식들이여, 어리석은 사람은 입으로만 염하므로
염하는 바로 그때는 망(妄)도 있고 비(非)도 있다. 그
러나 만약 염념에 실천을 한다면 그것을 진성이라 말한
다.137) 실천하는 그 도리를 깨치는 것이 곧 반야법이다.
그리고 그 반야법을 닦아가는 것이 곧 반야행이다. 그
러므로 닦지 않으면 범부이고 일념으로 실천하면 자신
이 부처이다.
　선지식들이여, 범부가 곧 부처이고 번뇌가 곧 보리이

---

136) 波羅蜜은 完成·淸淨·到達·度着 등의 뜻이다.
137) 반야를 염송에 그치지 말고 염송을 바탕으로 하여 그 직접적인
　　 실천을 강조한다.

다. 그래서 찰나에 미혹하면 곧 범부이고 찰나에 깨치면 곧 부처이다. 찰나라도 경계에 집착하면 번뇌이고 찰나라도 경계를 벗어나면 곧 보리이다."

善知識 摩訶般若波羅蜜 最尊最上最第一 無住無往亦無來
三世諸佛從中出 當用大智慧 打破五蘊煩惱塵勞 如此修行
定成佛道 變三毒爲戒定慧 善知識 我此法門 從一般若生
八萬四千智慧 何以故 爲世人有八萬四千塵勞 若無塵勞
智慧常現 不離自性 悟此法者 卽是無念無憶無著 不起誑
妄 用自眞如性 以智慧觀照 於一切法 不取不捨 卽是見性
成佛道

"선지식들이여, 마하반야바라밀은 최존(最尊)·최상승(最上)·최제일(最第一)로서 현재도 없고 과거도 없으며 미래도 없고, 삼세의 제불도 그로부터 출현하였다.138) 그러므로 마땅히 그 대지혜를 활용하여 오온의 번뇌와 진로를 타파해야 한다. 이와 같이 수행하면 결정코 불도를 성취하여 탐(貪)·진(瞋)·치(癡)의 삼독심이 변하여 계(戒)·정(定)·혜(慧)의 삼무루학이 된다.
선지식들이여, 나의 이 법문은 하나의 반야로부터 팔만 사천 가지의 지혜가 발생한다. 왜냐하면 세상 사람들에게 팔만 사천 가지의 번뇌[塵勞]가 있기 때문이다. 이에 번뇌[塵勞]가 없으면 지혜가 항상 현전하여 자성

---

138) 鳩摩羅什 譯, 『金剛般若波羅蜜經』, (大正藏8, p.751中) "過去心
不可得 現在心不可得 未來心不可得"; (p.749中) "一切諸佛及諸佛
阿耨多羅三藐三菩提法皆從此經出"

을 벗어나지 않는다. 나의 이 가르침을 깨친 자는 곧 망념이 없고[無念] 분별이 없으며[無憶] 집착이 없어서 [無著]139) 기만과 거짓[誑妄]을 일으키지 않고, 본래진여의 성품을 활용하고 지혜로써 관조하며 일체법에 취사분별이 없는데, 이것이 곧 견성성불의 도이다.140)"

善知識 若欲入甚深法界及般若三昧者 須修般若行 持誦金剛般若經 卽得見性 當知此經功德無量無邊 經中分明讚歎 莫能具說 此法門是最上乘 爲大智人說 爲上根人說 小根小智人聞 心生不信 何以故 譬如天龍下雨於閻浮提 城邑聚落 悉皆漂流 如漂棗葉 若雨大海 不增不減 若大乘人 若最上乘人 聞說金剛經 心開悟解 故知本性自有般若之智 自用智慧 常觀照故 不假文字 譬如雨水 不從天有 元是龍能興致 令一切衆生·一切草木·有情無情 悉皆蒙潤 百川衆流 卻入大海 合爲一體 衆生本性般若之智 亦復如是 與般若經本無差別

"선지식들이여, 만약 심심한 법계 및 반야삼매에 들어가려는 자는 모름지기 반야행을 닦아야 하는데 『금강반야경』을 지송하면 곧 견성을 터득한다. 반드시 알아야 한다. 곧 『금강반야경』의 공덕은 무량하고 무변하다고 경문에서 분명히 찬탄하는데 그것을 다 설명할 수가 없

---

139) 無念은 雜念과 妄念과 散亂心이 본래 없는 것이고, 無憶은 과거·현재·미래에 대한 분별이 없는 것이며, 無著은 아상·인상·중생상·수자상이 없는 것이다.
140) "卽是無念無憶無著 不起誑妄 用自眞如性"의 대목은 반야바라밀의 眞空의 공능이고, "以智慧觀照 於一切法 不取不捨"의 대목은 반야바라밀의 妙有의 공능이다.

을 정도이다.141) 『금강반야경』은 최상승 법문으로서 대
지인(大智人)을 위한 법문이고 상근인(上根人)을 위한
법문이다. 그래서 소근인(小根人)과 소지인(小智人)이
들으면 마음에 불신을 일으킨다.142) 왜냐하면 다음과
같다. 비유하자면 저 천룡이 염부제에 비를 내리면 성
읍과 취락이 모두 다 떠내려가는데, 마치 대추나무의
잎이 떠내려가는 것과 같다. 그러나 만약 대해에 비를
내리면 늘지도 않고 줄지도 않는 것과 같다.143) 대승인
이나 최상승인이 『금강반야경』의 설법을 들으면 마음이
열려 깨치게 된다. 그러므로 본성은 본래부터 반야지혜
를 갖추고 있어서 스스로 지혜를 활용하여 항상 관조하
는 것이지 문자에 의지하지 않는 줄을 알아야 한다.144)
비유하면 저 빗물이 하늘에서 내려오는 것이 아니라 원
래 천룡이 일으키는 것과 같다. 그래서 일체의 중생과
일체의 초목과 유정과 무정을 모두 다 적셔주고, 온갖
강물과 개천은 대해로 흘러 들어가 하나가 된다. 중생
의 본성인 반야지혜도 또한 그와 마찬가지다. 이 반야
행을 닦으면 『반야경』과 더불어 본래 차별이 없다."

善知識 小根之人 聞此頓敎 猶如草木根性小者 若被大雨

---

141) 鳩摩羅什 譯, 『金剛般若波羅蜜經』, (大正藏8, pp.750下-751上)
142) 일반적인 대승경전이 그렇듯이 『金剛般若經』의 설법 대상은 最
上乘人과 大乘人으로 小乘의 사람은 감당할 수가 없음을 말한다.
鳩摩羅什 譯, 『金剛般若波羅蜜經』, (大正藏8, p.750下)
143) 實叉難陀 譯, 『大方廣佛華嚴經』 卷51, 「如來出現品」, (大正藏
10, pp.269下-270上) ; 佛馱跋陀羅 譯, 『大方廣佛華嚴經』 卷34,
「寶王如來性起品」, (大正藏9, pp.619下-620上) 참조.
144) 實相般若·觀照般若·文字般若 가운데 문자반야에 의지하지 않는
다는 것이다.

悉皆自倒 不能增長 小根之人 亦復如是 元有般若之智 與
大智人更無差別 因何聞法不自開悟 緣邪見障重 煩惱根深
猶如大雲覆蓋於日 不得風吹 日光不現 般若之智亦無大小
爲一切衆生自心迷悟不同 迷心外見 修行覓佛 未悟自性
即是小根 若開悟頓敎 不能外修 但於自心常起正見 煩惱
塵勞 常不能染 即是見性 善知識 內外不住 去來自由 能
除執心 通達無礙 能修此行

　"선지식들이여, 소근인(小根人)은 이 돈교를 들으면
마치 뿌리가 약한 초목이 만약 큰비를 맞으면 모두 다
넘어져 자라나지 못하는 것과 마찬가지이다. 그러나 소
근인에게도 또한 그와 같이 본래 반야지혜가 있어서 대
지인(大智人)과 곧 차별이 없다. 그런데 어째서 법문을
듣고도 자신이 개오하지 못하는가. 그것은 사견의 업장
이 두텁고 번뇌의 뿌리가 깊기 때문이다. 마치 대운(大
雲)이 태양을 뒤덮고 있을 때 바람이 불어오지 않으면
태양의 빛이 드러나지 못하는 것과 같다.[145] 반야지혜
의 경우도 또한 대·소의 차별이 없건만 일체중생에게 자
심(自心)의 미·오(迷·悟)가 같지 않을 뿐이다. 미혹한
마음은 밖을 보고 수행하므로 부처를 찾아도 자성을 깨
치지 못하는데 이것이 곧 소근인이다. 그러나 만약 돈
교를 개오하면 밖으로 닦지 않고 무릇 자심(自心)에 항
상 정견[146]을 일으켜서 번뇌와 망상에 언제나 물들지

---

145) 『最上乘論』, (大正藏48, p.377上-中) "譬如世間雲霧 八方俱起
　　天下陰闇 日豈爛也 何故無光 光元不壞 只爲雲霧所覆 一切衆生淸
　　淨之心 亦復如是 只爲攀緣妄念煩惱諸見黑雲所覆 但能凝然守心 妄
　　念不生 涅槃法自然顯現 故知自心本來淸淨" 참조.
146) 『悟性論』, (大正藏48, p.371中) "若寂滅無見 始名眞見 心境相對

않는데 그것이 곧 견성이다. 선지식들이여, 안과 밖에
집착이 없으면 오고 감이 자유롭고, 집착심을 제거하면
통달하여 걸림이 없다."

善知識 一切修多羅 及諸文字 大小二乘 十二部經 皆因人
置 因智慧性 方能建立 若無世人 一切萬法本自不有 故知
萬法本自人興 一切經書 因人說有 緣其人中有愚有智 愚
爲小人 智爲大人 愚者問於智人 智者與愚人說法 愚人忽
然悟解心開 卽與智人無別

"선지식들이여, 일체 수다라의 모든 문자 및 대승과
소승의 십이부경147)이 다 사람을 인하여 시설되었고 지
혜의 성품을 인하여 바야흐로 건립되었다. 만약 세상의
사람이 없다면 일체의 만법도 본래 없다. 그러므로 만
법이 본래 사람을 말미암아 일어난 것이고 일체의 경서
가 사람의 설법을 말미암아 존재하는 줄 알아야 한다.
그 사람들 가운데는 어리석은 자도 있고 지혜로운 자도
있는데 그것을 인연하여 어리석은 자는 소승인이 되고
지혜로운 자는 대승인이 된다. 어리석은 자는 지혜로운
자에게 묻고 지혜로운 자는 어리석은 자에게 설법해준
다. 이에 어리석은 자가 홀연히 깨쳐 마음이 열리면 곧
지혜로운 자와 차별이 없다."

見生於中 若內不起心 則外不生境 故心境俱淨 乃名爲眞見 作此解
時 乃名正見"참조.
147) 대소승의 경전을 형식에 의거하여 12종으로 분류한 것으로 모든
경전을 일컫는다. 곧 契經·應頌·授記·諷誦·因緣·無問自說·本事·本
生·方廣·未曾有·譬喩·論議이다.

善知識 不悟卽佛是衆生 一念悟時 衆生是佛 故知萬法盡
在自心 何不從自心中頓見眞如本性 菩薩戒經云 我本性元
自淸淨 若識自心 見性皆成佛道 淨名經云 卽時豁然 還得
本心

　"선지식들이여, 깨치지 못하면 곧 부처도 중생이지만
일념에 깨치면 중생이 곧 부처이다.148) 그러므로 만법
이 모두 자심(自心)에 있는 줄을 알아야 한다. 그런데
어째서 자심에서 진여의 본성을 돈견(頓見)하지 못하는
가. 『보살계경』에서는 '우리의 본성은 원래부터 청정하
다.'149)고 말한다. 만약 자심을 알면 견성하여 모두 불
도를 성취한다. 『정명경』에서는 '즉시에 활연하면 곧 본
심을 터득한다.'150)고 말한다."

善知識 我於忍和尙處 一聞言下便悟 頓見眞如本性 是以
將此敎法流行 令學道者頓悟菩提 各自觀心 自見本性 若
自不悟 須覓大善知識 解最上乘法者 直示正路 是善知識
有大因緣 所謂化導令得見性 一切善法 因善知識能發起故
三世諸佛 十二部經 在人性中本自具有 不能自悟 須求善
知識 指示方見 若自悟者 不假外求 若一向執謂須他善知
識方得解脫者 無有是處 何以故 自心內有知識自悟 若起

148)『悟性論』, (大正藏48, p.371上) "迷時有世間可出 悟時無世間可
出 平等法中 不見凡夫異於聖人"; (p.371中) "凡迷者迷於悟 悟者
悟於迷 正見之人 知心空無 卽超迷悟 無有迷悟 始名正解正見"참
조.
149) 鳩摩羅什 譯,『梵網經』卷下, (大正藏24, p.1003下) "是一切衆
生戒本源自性淸淨"참조.
150) 鳩摩羅什 譯,『維摩詰所說經』, (大正藏14, p.541上)

邪迷 妄念顚倒 外善知識雖有敎授 救不可得 若起正眞般
若觀照 一刹那間 妄念俱滅 若識自性 一悟卽至佛地

"선지식들이여, 나는 홍인화상 밑에서 법문을 한 번
듣고는 대번에 깨쳤는데 그것은 진여의 본성에 대한 돈
견이었다. 이로써 그 교법을 유행시켜 학도자들로 하여
금 보리를 돈오하여 각자 마음을 관찰하고 스스로 본성
을 보도록 하였다.151) 그러나 만약 스스로 깨치지 못한
다면 모름지기 최상승법을 이해하는 대선지식이 가르쳐
주는 올바른 길을 추구해야 한다. 그와 같은 선지식이
야말로 대인연을 가지고152) 소위 화도(化導.)하여 견성
토록 해 준다.153) 일체의 선법은 선지식을 인하여 발기
하기 때문이다.

삼세제불의 십이부경이 사람의 성품에 본래부터 갖추
어져 있건만 스스로 깨치지 못한다면 모름지기 선지식
의 가르침을 추구해야 바야흐로 볼 수가 있다. 만약 스
스로 깨친 사람은 밖에서 찾을 필요가 없다. 만약 오로
지 다른 선지식을 통해서만 바야흐로 해탈을 터득한다
고 국집하여 말한다면 그것은 말도 안 되는 소리이다.
왜냐하면 자심(自心) 안에 선지식이 있어서 스스로 깨
치는 법인데도 불구하고 만약 잘못된 미혹을 일으키고

---

151) 이 대목은 혜능의 돈오사상에 대한 직접적인 언급이다. 이와 같
   은 돈견이 가능한 사람은 숙세의 일대사인연이 있어야 가능하다.
   만약 그렇지 못한 사람은 대선지식을 찾아가서 그 가르침에 따라
   야 한다는 것을 말한다.
152) 鳩摩羅什 譯, 『妙法蓮華經』 卷7, (大正藏9, p.60下) "善知識者
   是大因緣 所謂化導令得見佛 發阿耨多羅三藐三菩提心" 참조.
153) 견성을 추구하는 가장 중요한 조건이 곧 선지식을 찾는 것임을
   말한다.

망념으로 전도되면 밖의 선지식이 제아무리 가르쳐주어도 구원이 불가능하기 때문이다. 그러나 만약 바르고 참된 반야를 일으켜 관조하면 일찰나154)에 망념이 모두 사라진다. 그러므로 만약 자성을 알아서 대번에 깨치면 곧 불지에 도달한다."

善知識 智慧觀照 內外明徹 識自本心 若識本心 卽本解脫 若得解脫 卽是般若三昧 卽是無念 何名無念 若見一切法 心不染著 是爲無念 用卽遍一切處 亦不著一切處 但淨本 心 使六識出六門於六塵中 無染無雜 來去自由 通用無滯 卽是般若三昧 自在解脫 名無念行 若百物不思 當令念絶 卽是法縛 卽名邊見 善知識 悟無念法者 萬法盡通 悟無念 法者 見諸佛境界 悟無念法者 至佛地位

"선지식들이여, 지혜로 관조하여155) 내외가 명철해야

154) 刹那는 범어 kasna로서 音譯으로는 叉拏이고 意譯으로는 念 또는 念頃으로 시간의 최소단위이다. 『俱舍論』에서는 一彈指之間에 65찰나가 경과한다고 말한다. 120찰나는 一怛刹那이고, 60怛刹那는 一臘縛이며, 30臘縛은 一牟呼栗多이고, 30牟呼栗多는 一晝夜이다. 이에 의거하면 일찰나는 75분의 1초에 해당한다. 『阿毘達磨俱舍論』卷12, (大正藏29, p.62中) 또한 『仁王護國般若經』에서는 一念에 95찰나 내지 90찰나가 있고, 일찰나에 900생멸이 있다고 말한다. 不空 譯, 『仁王護國般若波羅蜜多經』 卷上, (大正藏8, p.835下) "一念中有九十刹那 一刹那經九百生滅"; 鳩摩羅什 譯, 『佛說仁王般若波羅蜜經』 卷上, (大正藏8, p.826上) "九十刹那爲一念 一念中一刹那經九百生滅"

155) 實相般若는 제법실상으로서 일체의 제법은 모두 반야 아님이 없는 것으로 "古松이 반야를 이야기하고 幽鳥가 진여를 읊조린다."는 경우와 같다. 觀照般若는 주관적인 입장에서 실상의 도리를 관찰하는 반야이며, 文字般若는 경전의 기록처럼 能詮的인 입장에서 말하는 반야이다. 이것은 통일한 것을 보는 입장 및 드러내는 입장으로 분류한 것이다.

곧 자기의 본심을 아는 것이다. 만약 본심을 알면 그것
이 곧 본래의 해탈이다. 만약 해탈을 터득하면 그것이
곧 반야삼매이고156) 그것이 곧 무념이다.157)

　무엇을 무념이라 하는가. 만약 일체법을 보아도 마음
에 염착이 없으면 그것이 곧 무념이다. 무념의 작용은
곧 일체처에 편만하고 또한 일체처에 집착이 없다. 그
러므로 무릇 본심을 청정하게 지니면 육식(六識)이 육
문(六門)에 나타나도 육진(六塵)에 물들지 않고 뒤섞이
지 않아 거·래(去·來)에 자유롭고 통용(通用)에 걸림이
없다. 곧 반야삼매로 자재하고 해탈하는 것을 무념행이
라 말한다. 그러나 만약 온갖 대상에 대하여 애써 사려
하지 않으려 한다거나 반대로 애써 염(念)을 단절시키
려 하는 것은 곧 법박(法縛)으로서 변견(邊見)일 뿐이
다.158)

---

156) 三昧는 正受, 正見으로 번역된다. 그래서 般若三昧는 반야 그
　　자체를 있는 그대로 받아들여 무분별의 입장으로 正見하는 것이다.
157) 無念은 널리 분별이 없고 執着이 없으며 妄念이 없는 상태를 포
　　함한다. 곧 취사 및 애증의 대립적인 관념이 일어나지 않는 것으로
　　初期禪宗의 중요한 개념이다. 특히 曹溪慧能과 荷澤神會 및 馬祖
　　道一 그리고 淨衆無相의 선풍에서 解脫과 般若波羅蜜과 一切智까
　　지도 아우르는 개념으로 활용되었다. 북종에서는 『起信論』에 의하
　　여 離念을 설하는 것에 상대하여 남종의 특징은 본래부터 벗어나
　　야 할 망념이 없다는 無念으로 간주된다. 『頓悟要門』 卷上에서 無
　　念은 邪念이 없는 것이지 정념이 없는 것이 아니라고 말하고 또한
　　정념은 보리를 念하는 것이라 말한다. 여기 『壇經』의 본문에서 말
　　하는 무념은 無執着까지 포함하는 의미로 설해져 있다.
158) 無念이라 해서 모든 것에 대하여 아예 사려하지 않는 것이 아니
　　다. 일체에 대하여 사려하면서도 그 대상에 분별심을 일으키지 않
　　는 것이 무념이다. 곧 無念은 無分別念 곧 分別念이 없는 것으로
　　곧 반야의 작용이다. 이런 점에서 無念은 正念이다. 여기에서 邊見
　　은 正見의 상대어로 여기에서는 無念의 無에만 집착하는 견해이
　　다. 그러나 正見은 有無에 자재하게 통한다.

선지식들이여, 무념법을 깨치는 자는 만법에 다 통하고, 무념법을 깨치는 자는 제불의 경계를 보며, 무념법을 깨치는 자는 불지에 도달한다."

善知識 後代得吾法者 將此頓敎法門 於同見同行 發願受持 如事佛故 終身而不退者 定入聖位 然須傳授從上以來 黙傳分付 不得匿其正法 若不同見同行 在別法中 不得傳付 損彼前人 究竟無益 恐愚人不解 謗此法門 百劫千生 斷佛種性

"선지식들이여, 후대에 내 법을 터득하는 자는 이 돈교법문을 가지고 돈교법문 그대로 보고 돈교법문 그대로 닦아야 한다. 그리고 발원하고 수지해서 종신토록 부처님을 섬기듯이 하여 물러나지 않으면 반드시 부처님 지위에 들어간다. 그리하여 모름지기 종상이래로 묵전된 분부를 전수하여 그 정법이 사라지지 않도록 해야 한다. 만약 돈교법문을 그대로 보고 그대로 닦지 않고 대신 개별적인 법문에 머물러서 분부를 전수하지 못한다면 저 종전의 사람들을 훼손시키는 것으로 구경에 아무런 이익도 없다.159) 그래서 어리석은 사람이 이 돈교법문을 이해하지 못하고 비방하여 백 겁 천 생토록 불종성(佛種性)160)이 단절될까 염려된다."

---

159) 이 대목을 풀어서 말하자면 다음과 같다. "만약 돈교법문 그대로 보고 돈교법문 그대로 닦지 않고 대신 다른 법문을 보고 닦아서 종상이래로 묵전된 분부를 전수하지 못한다면 그것은 곧 저 종전의 역대조사들을 훼손시키는 것으로 구경에 아무런 이익도 없다."
160) 佛種性은 부처가 되는 씨앗 및 혈통으로서 佛性, 佛藏, 如來藏을 의미한다. 佛種性은 佛種姓이라고도 하는데 이 경우 부처님의

善知識 吾有一無相頌 各須誦取 在家出家 但依此修 若不
自修 惟記吾言 亦無有益 聽吾頌曰 說通及心通 如日處虛
空 唯傳見性法 出世破邪宗 法卽無頓漸 迷悟有遲疾 只此
見性門 愚人不可悉 說卽雖萬般 合理還歸一 煩惱闇宅中
常須生慧日 邪來煩惱至 正來煩惱除 邪正俱不用 清淨至
無餘 菩提本自性 起心卽是妄 淨心在妄中 但正無三障 世
人若修道 一切盡不妨 常自見己過 與道卽相當 色類自有
道 各不相妨惱 離道別覓道 終身不見道 波波度一生 到頭
還自懊 欲得見眞道 行正卽是道 自若無道心 闇行不見道
若眞修道人 不見世間過 若見他人非 自非卻是左 他非我
不非 我非自有過 但自卻非心 打除煩惱破 憎愛不關心 長
伸兩脚臥 欲擬化他人 自須有方便 勿令彼有疑 卽是自性
現 佛法在世間 不離世間覺 離世覓菩提 恰如求免角 正見
名出世 邪見是世間 邪正盡打卻 菩提性宛然 此頌是頓教
亦名大法船 迷聞經累劫 悟則刹那間

"선지식들이여, 나한테 무상송161)이 하나 있다. 각자
잘들 암송하여 의지하거라. 재가자나 출가자는 모두 이
무상송에 의지하여 닦거라. 만약 스스로 닦지 않고 내
말만 기억하는 자는 또한 아무런 이익이 없다. 내 무상
송을 들어보라."

<hr />

종족 및 佛道의 계승이라는 의미이다.
161) 無相頌은 반야의 특성을 형상 및 분별상이 없는 공에 비유하여
노래한 게송이다. 본 덕이본의 『단경』에는 無相頌이 3종이 있어
각각의 내용이 다르다. 첫째는 제일 오법전의품의 무상송, 둘째는
제이 석공덕정토품의 무상송, 셋째는 제오 전향참회품의 무상송이
다.

"입으로 설하고 마음으로 보이니162)
허공에 떠있는 태양빛과 같다네
오로지 견성하는 법문만 전하여
출세법으로 삿된 종지 타파하네
법에는 본래부터 돈점이 없지만
미와 오에 더디고 빠름 있을 뿐
그렇지만 이 견성법문에 대해서
우인은 결코 궁구하지 못한다네
언설로는 곧 만반의 갈래이지만
이치로 합치면 하나로 돌아가네163)
번뇌의 어두운 집안에 있더라도
항상 지혜의 햇빛을 발생한다네
사법이 이르면 번뇌가 도달하고
정법이 이르면 번뇌가 사라지네
사 및 정이 다 작용하지 않으면
청정한 마음 무여열반 도달하네
보리는 본래의 자성속에 있지만
마음이 동하면 망상만 일어나네
청정한 마음이 망상에 있더라도
마음이 곧으면 삼장이 사라지네164)

---

162) 반야에 대하여 온갖 설법으로 드러내지만 정작 마음으로 통하여
　　자각하지 않으면 안 되는 도리를 말한다. 나아가서 언설과 마음으
　　로 중생에게 법을 설하고 법을 일깨워 보여주는 행위를 말한다. 이
　　것은 두 가지를 모두 구비해야 함을 말한다. 求那跋陀羅 譯, 『楞
　　伽阿跋陀羅寶經』卷3, (大正藏16, p.499中-下) 宗通及說通 참조.
163) 견성의 길은 다양하게 설해져 있지만 그 근본도리는 오직 본래
　　구비된 자성의 반야를 자각하는 것을 벗어나지 않는다는 것이다.
164) 네 단락으로 구성된 이 게송에서 첫째 단락에 해당하는 다섯 게
　　송은 견성의 뜻을 설명한 것이다. 三障은 煩惱障·業障·報障으로 惑

만약 세인들이 도를 닦고자하면
일체에 대하여 모두 개의치말고
항상 자기자신의 허물을 살피면
깨침과 더불어 딱히 상응하리라
본래 일체중생에게 깨침이 있어
각자 장애 및 번뇌할 필요 없네
깨침을 떠나서 깨침을 찾는다면
종신토록 찾아도 깨치지 못하네
이럭저럭 헛되이 세월만 보내면165)
임종에 이르러 또한 번민한다네
진정한 깨침을 터득코자 한다면
행위가 올발라야 곧 깨침이라네
자신에게 깨치려는 마음 없으면
어둠속을 가듯이 길을 못본다네
만약 진정으로 도닦는 사람이면
세간의 허물을 보아서는 안되네
만약 타인의 허물을 보았으면은
내 허물도 같은 줄 알아야 하네166)
남의 허물 곧 내 허물 아니건만
내 허물의 과보 내 받아야 하네167)

業꿈에 의하여 미혹한 세계에 유전한다. 그러다가 자성에 본래 갖
추어져 있는 반야지혜의 작용을 말미암으면 찰나에 사라진다는 것
이다. 이상 다섯 게송은 견성의 뜻에 대하여 설명한 대목이다.

165) 波波는 奔波로서 俗語이다.

166) 남의 허물을 보면 나한테도 그와 똑같은 허물이 없는지 살펴보
라는 것이다. 또한 남의 허물을 들추면 그것이 곧 자신의 허물로
되돌아온다는 것으로 남의 단점을 보지 말라는 뜻이다. 쵸는 허물
내지 과오이다.

167) 남의 허물은 남의 허물이지 나의 허물이 아니다. 그러나 그것은

잘못된 마음은 저멀리 접어두고
번뇌를 제거하여 없애야 한다네
사랑도 증오에도 관심이 없으면
두 다리 쭉뻗고 잠잘 수 있다네168)
만약 타인을 교화하고자 한다면
반드시 스스로 방편을 활용하라169)
반야에 대한 의심만 없애준다면
즉시 중생에게 자성이 드러나네
불법은 세간에 그대로 있으므로
세간을 벗어나서 깨침은 없다네170)
세간을 떠나서 보리를 추구하면
꼭 토끼의 뿔 찾는 것과 같다네171)
바른 견해를 출세간이라 말하고
잘못된 견해를 세간이라 말하네
사견과 정견을 모두 떠나있으면
보리 성품은 저절로 완연하다네172)

나의 생각일 뿐이므로 남의 입장에서 보면 나의 허물도 그와 똑같
은 줄 알아차려야 한다는 것이다. 그래서 결국 나의 허물은 내가
짊어져야 할 몫임을 알아차려야 한다.
168) 둘째 단락에 해당하는 이상 여섯 게송은 세상 사람들에게 깨침
의 추구할 것을 권장한 내용이다.
169) 반야바라밀의 입장은 平等智에 바탕하고 있지만 반야바라밀을
통하여 중생을 교화하기 위해서 반드시 方便智를 활용하여 묘용을
부려야 함을 말한다.
170) 曇摩流支, 譯, 『如來莊嚴智慧光明入一切佛境界經』 卷下, (大正
藏12, p.248上) "佛常在世間 而不染世法 不分別世間 敬禮無所觀"
참조.
171) 불법은 중생의 교화가 근본이다. 그 때문에 세간을 벗어나서 교
화는 불가능하다.
172) 셋째 단락에 해당하는 이상 세 게송은 타인의 교화에 대한 자세
를 설명한 것이다.

이상의 게송은 돈교의 법문인데
또한 대반야의 배이기도 하다네
미혹해 들으면 누겁이 걸리지만
깨치고 들으면 찰나에 끝난다네"173)

師復曰　今於大梵寺說此頓敎　普願法界衆生言下見性成佛
時韋使君與官僚道俗　聞師所說　無不省悟　一時作禮　皆歎
善哉　何期嶺南有佛出世

　대사께서 다시 말씀하셨다.
"지금 대범사에서 설한 이 돈교법문을 통하여 널리 법
계의 중생이 대번에 견성성불하기 바란다."
　그때 위사군과 관료 및 출가자와 재가자들이 대사의
설법을 듣고 깨치지 못한 자가 없었다. 그리하여 동시
에 예배를 드리고 모두 '참으로 훌륭하도다. 어찌 영남
땅에 부처님이 출세할 것을 기대나 했으리요.'라고 찬탄
하였다.

---

173) 넷째 단락에 해당하는 이상 한 게송은 無相頌의 총결에 해당한
다.

釋功德淨土第二

次日 韋刺史 爲師設大會齋 齋訖 刺史請師陞座 同官僚士
庶肅容再拜 問曰 弟子聞和尙說法 實不可思議 今有少疑
願大慈悲 特爲解說 師曰 有疑卽問 吾當爲說 韋公曰 和
尙所說 可不是達磨大師宗旨乎 師曰 是 公曰 弟子聞 達
磨初化梁武帝 帝問云 朕一生造寺度僧 布施設齋 有何功
德 達磨言實無功德 弟子未達此理 願和尙爲說 師曰 實無
功德 勿疑先聖之言 武帝心邪 不知正法 造寺度僧 布施設
齋 名爲求福 不可將福便爲功德 功德在法身中 不在修福

3.-2) 석공덕정토

어느 날 위거자사는 대사를 위하여 대회재174)를 베풀
었다. 재를 마치고 자사는 대사를 법좌에 청하였다. 다
른 관료(官僚) 및 사서(士庶) 등과 함께 정중하게 다시
예배를 드리고 물었다.
"제자가 들은 화상의 설법은 실로 불가사의합니다. 그러
나 지금 약간 의심나는 것이 있습니다. 바라건대, 대자
비를 가지고 특별히 설명을 해주십시오."
대사가 말했다.
"의심이 있으면 물으시오. 내 반드시 설명해 주겠습니
다."
위공이 말했다.

---

174) 大會齋는 無遮法會로서 사람들을 모아 설법을 하고 공양을 베푸
는 법회이다. 齋는 決裁로서 마음을 청결하게 하고 계를 지키며
정해진 때가 아니면 먹지 않는다는 뜻으로 정오 이전의 공양을 말
한다. 이것이 轉意되어 공양을 뜻하게 되었다.

"화상의 설법은 달마대사175)의 종지가 아니겠습니까."

대사가 말했다.

"그렇소."

위공이 말했다.

"제자가 들은 바로는 달마대사께서 처음 양나라 무제176)를 교화하셨는데 그때 무제가 물었습니다. '짐은 평생토록 사찰을 짓고 승려를 배출하며 보시하고 재를 베풀었습니다. 그렇다면 어떤 공덕이 있겠습니까.' 달마대사께서 말씀하셨습니다. '실로 공덕은 없습니다.' 제자는 그 도리를 모르겠습니다. 바라건대, 화상께서 설명해 주십시오."

대사가 말했다.

---

175) 菩提達磨(?-528)는 중국 선종의 초조이다. 현재까지 전승되어 온 선법은 모두 달마의 후손들에 의한 역사이다. 따라서 보리달마 이전의 450여 년의 중국불교의 역사는 선종에서는 제외되어 있다. 달마는 『조당집』 및 『전등록』에 의하면 남인도 香至國의 셋째 왕자로서 반야다라 존자에게 40여 년 동안 사사하였다. 이후 嗣法하고 60여 년 동안 교화에 힘썼다. 후에 3년에 걸친 항해 끝에 梁 普通 원년(520) 9월 20일 중국의 廣州 南海郡에 도착하였다. 11월 1일 양나라 수도 建康에 들어가 무제를 알현하고 여러 차례에 걸쳐 문답을 하였다. 그러나 意機投合하지 못하여 魏나라의 숭산 소림사에 들어가 面壁九年하였다. 마침내 慧可에게 법을 전수하고 永安 원년(528) 10월 5일 입적하였다. 달마의 입적 연도 및 그 나이에 대해서는 異論이 많다. 위의 『조당집』 및 『전등록』의 기록과는 달리 『洛陽伽藍記』 卷1에 의하면 달마는 波斯國 출신으로 총령산맥을 넘어 위나라에 직접 도래하였다. 이것은 달마의 정통선법의 계승 문제와 관련하여 후대에 많은 변화가 있었음을 보여준다.

176) 梁 武帝는 이름은 衍이고 자는 叔達이며 漢 蕭何의 25세손이다. 황제에 즉위하여 재위 48년이고 太淸 3년(549) 5월 세수 86세로 붕어하였다. 佛心天子로 불렸다. 불교에 귀의하여 사찰의 건립, 경전의 書寫, 승려의 배출, 捨身供養을 하였고, 스스로 가사를 걸쳤으며, 『放光般若經』과 『涅槃經』과 『勝鬘經』 등을 직접 강의하였다.

"실제로 공덕이 없습니다. 달마대사의 말씀을 의심하지 마십시오. 무제는 마음이 사특하여 정법을 몰랐습니다. 사찰을 짓고 승려를 배출하며 보시하고 재를 베푸는 것은 복덕을 추구하는 것입니다. 그러나 복덕은 곧 공덕이 되지 못합니다. 공덕은 법신에 있는 것이지177) 복덕을 닦는 것에는 없습니다."178)

師又曰 見性是功 平等是德 念念無滯 常見本性 眞實妙用 名爲功德 內心謙下是功 外行於禮是德 自性建立萬法是功 心體離念是德 不離自性是功 應用無染是德 若覓功德法身 但依此作 是眞功德 若修功德之人 心卽不輕 常行普敬 心常輕人 吾我不斷 卽自無功 自性虛妄不實 卽自無德 爲吾我自大常輕一切故 善知識 念念無間是功 心行平直是德 自修性是功 自修身是德 善知識 功德須自性內見 不是布施供養之所求也 是以福德與功德別 武帝不識眞理 非我祖師有過

대사가 또 말했다.
"견성은 공(功)이고 평등은 덕(德)이다. 그래서 염념에 장애가 없이 항상 본성의 진실한 묘용을 보는 것을 공덕이라 말한다. 안으로 마음을 낮추는 것이 공이고 밖

---

177) 『大方廣佛華嚴經』 卷6, (大正藏10, p.31下) "佛以法爲身 淸淨如虛空 所現衆色形 令入此法中"참조.

178) 혜능은 여기에서 복덕과 공덕의 차별성을 말하였다. 복덕은 유루복덕의 재물보시의 행위로 보고 공덕은 무루공덕의 법보시로 보고 있다. 복덕은 세간적인 善根을 닦는 결과이고, 공덕은 출세간적인 善根의 결과를 가리킨다. 따라서 본 달마의 문답은 第一義諦에 입각한 무분별이었음에 비하여 무제의 질문은 迷悟凡聖의 분별의 만남으로서 애초부터 결과가 설정된 문답이었다.

으로 예를 행하는 것이 덕이다. 자성에 만법을 건립하는 것이 공이고 심체(心體)에 망념을 여의는 것이 덕이다. 자성을 벗어나지 않는 것이 공이고 응용하되 물들지 않는 것이 덕이다. 만약 공덕의 법신을 찾으려면 무릇 이에 의하여 행동해야 곧 진실한 공덕이다. 만약 공덕을 닦는 사람이라면 경망하지 않는 마음으로 항상 보경(普敬)179)을 실천해야 한다. 마음에 항상 남을 경시하여 아만을 없애지 못하므로 곧 애당초 공이 없고, 아만의 자성180)은 허망하여 不實하므로 곧 애당초 덕이 없다. 왜냐하면 오아(吾我)를 스스로 높여서 항상 일체를 경시하기 때문이다.

선지식들이여, 염념에 겸하(謙下)181)하는 것이 공이고 마음으로 평직(平直)을 실천하는 것이 덕이다. 스스로 자성을 닦는 것이 공이고 스스로 자신을 닦는 것이 덕이다.

선지식들이여, 공덕은 모름지기 자성을 안에서 찾아야 할 것이지 보시하고 공양하는182) 것으로 추구할 것이 아니다. 이로써 복덕과 공덕이 구별된다.183) 무제가

---

179) 信行禪師의 三階敎에서 普敬.普佛.普法 및 普敬·認惡·空觀의 3종 수행법을 주장한 것으로부터 유래한다. 여기에서는 수행과 깨침에 대한 겸손 및 하심을 말한다.
180) 自性은 吾我의 自性으로 아만을 가리킨다.
181) 無間은 염념에 兼下의 心을 유지하여 잠시도 남을 경시하지 않는 행위이다.
182) 布施의 布는 善이고 施는 捨이다. 여기에서 보시하고 공양하는 것은 공덕이 아니라 복덕임을 말한다.
183) 여기에서는 功과 德의 의미를 각각 여섯 가지로 논하여 有心으로 추구하는 福德과 차별됨을 설명하였다. 곧 공덕은 추구하여 터득하는 것이 아니라 자기가 애초에 本具하고 있는 그대로이기 때문에 無所得의 所作이야말로 공덕의 묘용임을 말한다.

공덕의 진리를 몰랐던 것은 우리의 조사 곧 달마대사의 허물이 아니다."

又問 弟子常見僧俗 念阿彌陀佛 願生西方 請和尙說 得生
彼否 願爲破疑 師言 使君善聽 慧能與說 世尊在舍衛城中
說西方引化 經文 分明 去此不遠 若論相說 里數 有十萬
八千 卽身中十惡八邪 便是說遠 說遠爲其下根 說近爲其
上智 人有兩種 法無兩般 迷悟有殊 見有遲疾 迷人念佛求
生於彼 悟人自淨其心 所以佛言 隨其心淨卽佛土淨 使君
東方人但心淨卽無罪 雖西方人心不淨亦有愆 東方人造罪
念佛求生西方 西方人造罪 念佛求生何國 凡愚不了自性
不識身中淨土 願東願西 悟人在處一般 所以佛言 隨所住
處恒安樂 使君 心地但無不善 西方去此不遙 若懷不善之
心 念佛往生難到 今勸善知識 先除十惡 卽行十萬 後除八
邪 乃過八千 念念見性 常行平直 到如彈指 便睹彌陀

(자사가) 다시 물었다.

"제자는 항상 승속이 모두 아미타불을 불러서 서방정토
에 왕생하려는 기원을 보았습니다. 청하건대 화상께서
는 설법해주십시오. 정작 왕생할 수 있는 것입니까. 바
라건대, 이 의심을 타파해 주십시오."[184)

대사가 말했다.

"사군께서는 잘 들으시오. 혜능이 설법해 주겠소. 세존
께서 사위성에 계실 때 서방세계로 인화(引化)하는 교

---

184) 이 대목의 질문은 당시에 새롭게 등장한 정토교의 신앙과 결부
되어 있다. 정토와 관련된 문답은 도신, 홍인, 신수 등에게서도 찾
을 수 있다. 여기에서 혜능의 경우도 마찬가지이다.

화를 설한 것은 경문185)에서도 이곳으로부터 멀지 않다고 분명히 말했다. 만약 서방정토의 모습을 논하자면186) 거리로 헤아리면 십만팔천 리이다. 곧 자신에게 십악(十惡)과 팔사(八邪)187)가 있으므로 멀다고 말한다. 그래서 멀다는 말은 하근기(下根機)를 위한 경우이고 가깝다는 말은 상지기(上智機)를 위한 경우이다. 사람에게는 하근(下根)과 상지(上智)의 두 부류가 있지만, 법에는 두 부류가 없다. 미혹과 깨침이 있는 것은 견해에 더디고 빠름이 있기 때문이다. 미혹한 사람은 부처를 불러서 정토에 태어나기를 추구하지만 깨친 사람은 자기의 본래심을 청정케 한다. 그 때문에 부처님께서는 다음과 같이 말씀하셨다. '그 마음이 청정하면 곧 불국토가 청정하다.'188)

사군이여, 동방의 사람이라도 무릇 마음이 청정하면 곧 죄가 없다. 그러나 비록 서방의 사람일지라도 마음이 부정하면 또한 허물이 있다. 동방의 사람은 죄를 지으면 염불하여 서방정토에 태어나기를 추구하겠지만 서방의 사람은 죄를 지으면 염불하여 어느 국토에 태어나기를 추구하겠는가.189) 무릇 어리석은 사람은 자성을

---

185) 『佛說觀無量壽佛經』, (大正藏12, p.341下) "阿彌陀佛去此不遠"
186) 여기 西方淨土는 有相의 淨土를 가리킨다. 자성을 믿으면 上智로서 자성에서 추구해야 한다. 그러나 자성을 믿지 못하면 곧 有相의 정토로서 서방으로 십만 팔천 리의 거리에 있다는 것이다. 혜능은 여기에서 自性彌陀 唯心淨土의 입장으로 정토의 모습을 설명한다. 이것이야말로 혜능의 법문이 자성법문임을 보여주는 일례이다.
187) 十惡은 十善의 상대개념으로 殺生·偸盗·邪淫·惡口·兩舌·綺語·妄語·貪欲·瞋恚(瞋恚)·愚癡이고, 八邪는 八正道의 상대개념으로 邪見·邪思·邪語·邪業·邪命·邪精進·邪念·邪定이다.
188) 鳩摩羅什 譯, 『維摩詰所說經』卷上, (大正藏14, p.538下)

깨치지 못하여 자신이 정토임을190) 몰라서 달리 동방을 희망하고 서방을 희망한다. 그러나 깨친 사람은 지금 있는 곳이 그대로 정토이다. 그 때문에 부처님께서는 다음과 같이 말씀하셨다. '머무는 곳마다 그대로 항상 안락하다.'191)

사군이여, 무릇 마음에 불선(不善)이 없으면 서방정토가 여기에서 멀지 않습니다. 그러나 만약 불선(不善)의 마음을 품는다면 염불한다고 해도 왕생하여 도달하기가 어렵다. 이제 선지식들에게 권한다. 먼저 십악(十惡)을 없애면 곧 십만 리를 간다. 그리고나서 팔사(八邪)를 제거하면 이에 팔천 리를 지나간다. 그래서 염념에 견성하여 항상 평직심(平直心)으로 수행하면 손가락을 튕기는 찰나에 도달하여 곧바로 아미타불을 친견한다.192)

使君 但行十善 何須更願往生 不斷十惡之心 何佛即來迎
請 若悟無生頓法 見西方只在刹那 不悟念佛求生 路遙如

---

189) 동방은 차안이고 서방은 피안으로서 迷人과 悟人의 주처로 상정한다. 따라서 동방인은 마음이 청정하면 서방정토의 因을 짓지만 서방인은 마음이 부정하면 도리어 穢土에 태어난다는 것이다. 이것은 사실 東西가 따로 없고 자기의 마음을 청정케 하여 견성이 중요함을 말한다.

190) 자신 속의 정토 나아가서 자신이 곧 그대로 정토임을 말한다. 그런데 혜능의 자성법문에 의거하자면 자신 속에 있는 정토보다도 자신 그 자체를 그대로 정토로 간주하는 입장에 가깝다.

191) 玄奘 譯,『大般若波羅蜜多經』卷557, (大正藏7, p.873中) "三世諸佛皆坐此處得大菩提 施諸有情無恐 無怖無怨無害 身心安樂 當知般若波羅蜜多 隨所住處 亦復如是"

192) 頓悟見性과 自性彌陀를 말한다. 정토에는 동방의 藥師瑠璃淨土, 서방의 彌陀極樂淨土, 상방의 彌勒兜率淨土가 있지만 여기에서는 서방정토에 한정하여 설명한다.

何得達 能與諸人 移西方於利那間 目前便見 各願見否 衆
皆頂禮云 若此處見 何須更願往生 願和尙慈悲 便現西方
普令得見 師言 大衆 世人自色身是城 眼耳鼻舌是門 外有
五<四?>門 內有意門 心是地 性是王 王居心地上 性在王
在 性去王無 性在身心存 性去身心壞 佛向性中作 莫向身
外求 自性迷卽是衆生 自性覺卽是佛 慈悲卽是觀音 喜捨
名爲勢至 能淨卽釋迦 平直卽彌陀 人我是須彌 邪心是海
水 煩惱是波浪 毒害是惡龍 虛妄是鬼神 塵勞是魚鼈 貪瞋
是地獄 愚癡是畜生 善知識 常行十善 天堂便至 除人我
須彌倒 去貪欲海水竭 煩惱無 波浪滅 毒害忘魚龍絶 自心
地上 覺性如來 放大光明 外照六門淸淨 能破六欲諸天 自
性內照 三毒卽除 地獄等罪 一時銷滅 內外明徹 不異西方
不作此修 如何到彼 大衆聞說 了然見性 悉皆禮拜 俱歎善
哉 唱言 普願法界衆生 聞者一時悟解

　사군이여, 무릇 십선을 닦으시오. 어찌 다시 왕생을
희망할 필요가 있겠는가. 십악심을 단제하지 않고서 어
찌 부처님께서 내영하기를 빌겠는가. 만약 무생의 돈법
을 깨치면 서방정토가 곧 찰나에 있음을 보겠지만 만약
깨치지 못하면 염불하여 왕생을 추구해도 길이 아득한
데 어찌 도달하겠는가. 혜능이 그대들한테 찰나에 서방
을 옮겨와 목전에서 바로 보여주겠다. 각자 서방정토를
보고자 하는가.”
　대중이 모두 정례하고 말했다.
“만약 여기에서 정토를 본다면 어찌 다시 정토에 왕생
하기를 희망하겠습니까. 바라건대. 화상께서는 자비로써
바로 서방을 나타내어 두루 볼 수 있게 해주십시오.”

대사가 말했다.

"대중이여, 세상 사람들에게는 자기의 색신이 성(城)이고, 눈·귀·코·혀가 문(門)으로서, 밖에는 네 문이 있고 안에는 의문(意門)이 있다. 마음은 땅이고 성품은 왕인데 왕은 땅에 거주한다.193) 그래서 성품이 있으면 왕이 있지만 성품을 떠나면 왕도 없고, 성품이 있으면 몸과 마음이 있지만 성품을 떠나면 몸과 마음도 무너진다. 그러므로 부처란 성품에서 일으켜야지 몸을 벗어나서 추구하지 말라. 자성에 미혹하면 곧 중생이지만 자성을 깨치면 곧 부처이다. 자·비(慈·悲)는 곧 관세음보살이고 희·사(喜·捨)는 곧 대세지보살이다.194) 능정(能淨)은 석가모니불이고 평직(平直)은 아미타불이다. 인상과 아상은 수미산195)이고, 사심(邪心)은 바닷물이며, 번뇌는 파랑이고, 독해는 악룡이며, 허망은 귀신이고, 진로(塵勞)는 어별(魚鼈)이며, 탐진(貪嗔)은 지옥이고, 우치(愚癡)는 축생이다.

선지식들이여, 항상 십선을 닦으면 곧바로 천당에 도

---

193) 自心의 땅에 身城이 건립되어 있는데 性王이 거주한다는 비유이다.

194) 四無量心을 들어서 아미타불의 좌우에 있는 보처보살을 비유한 것인데 여기에서는 관세음은 자비이고 대세지는 지혜를 상징한다.

195) 須彌는 Sumeru로서 音譯으로 蘇迷盧.須彌樓이고, 意譯으로 妙高山이다. 고대 인도의 우주관에 의하면 一世界의 중앙에 수미산이 있고, 그 아래는 地輪(金輪)·水輪·風輪의 순서로 겹쳐 있고, 산의 주위에는 九山과 八海가 번갈아 에워싸고 있으며, 가장 바깥 바다의 사방에 네 개의 섬이 있다. 동방은 勝身洲이고, 남방은 閻浮洲(閻浮提)이며, 서방은 牛貨洲이고 북방은 俱盧洲이다. 수미산에는 香木이 무성한데, 그 중간 높이에는 四王天이 있고 정상에는 帝釋天을 중앙으로 32방의 세계 곧 33천의 忉利天이 있다. 해와 달은 수미산의 중간 높이를 회전한다. 『단경』 여기에서는 수미산만큼의 많은 번뇌의 뜻으로 쓰였다.

달하고, 아상과 인상을 제거하면 수미산이 무너지며, 사심을 단제하면 바닷물이 마르고, 번뇌가 없으면 파랑이 소멸하며, 독해가 끝나면 어룡(魚龍)이 단절된다. 자기의 마음에서 본각진성의 여래가 대광명으로 밖의 육문을 비추어 청정하면 욕계의 육천196)이 타파되고, 자성의 안을 비추어 삼독심을 제거하면 지옥 등 삼악도의 죄가 일시에 소멸된다. 이리하여 안[自性]과 밖[六門]이 명철하면 그것이 곧 서방정토와 다르지 않다. 이와 같이 닦지 않으면 어찌 저 서방정토에 도달하겠는가.”

대중이 설법을 듣고 분명하게 견성하였다. 그리하여 모두 다 예배하고 모두가 훌륭하다고 찬탄하며 다음과 같이 말했다.

“널리 바라건대 법계의 일체중생이
이 법문을 듣고 일시에 깨쳐지이다”

師言 善知識 若欲修行 在家亦得 不由在寺 在家能行 如東方人心善 在寺不修 如西方人心惡 但心淸淨 卽是自性西方 韋公又問 在家如何修行 願爲敎授 師言 吾與大衆說無相頌 但依此修 常與吾同處無別 若不作此修 剃髮出家 於道何益

대사가 말했다.

---

196) 三界의 욕계에 있는 四王天·忉利天·夜摩天·兜率天·化樂天·他化自在天의 여섯 세계를 말한다. 禪定의 개념으로는 색계의 18禪天과 무색계의 4定天만 해당하여 욕계에는 선정과 무관하다. 그러나 결국 삼계는 모두 중생세간에 속한다.

"선지식들이여, 만약 수행하고자 하면 재가인의 경우 집에서도 가능하다. 굳이 출가인의 경우처럼 사찰을 의지할 필요가 없다. 재가인의 경우 집에 있으면서도 수행한다면 저 동방인의 마음이 선(善)한 것과 같고, 출가인의 경우처럼 사찰에 있으면서도 닦지 않는다면 저 서방인의 마음이 악(惡)한 것과 같다. 무릇 마음이 청정하면 곧 자성이 그대로 서방정토이다."

위공이 또 물었다.

"재가인의 경우 집에서는 어떻게 수행해야 합니까. 바라건대, 가르쳐주십시오."

대사가 말했다.

"내 이제 그대들에게 무상송(無相頌)을 설하겠다. 무릇 이 무상송에 의지하여 닦으면 항상 나와 동일한 상황으로 아무런 차별이 없다.197) 그러나 만약 이 무상송의 수행을 하지 않으면 삭발하고 출가한다고 할지라도 깨침에 아무런 이익도 없다.

頌曰 心平何勞持戒 行直何用修禪 恩則孝養父母 義則上下相憐 讓則尊卑和睦 忍則衆惡無誼 若能鑽木出火 淤泥定生紅蓮 苦口的是良藥 逆耳必是忠言 改過必生智慧 護短心內非賢 日用常行饒益 成道非由施錢 菩提只向心覓 何勞向外求玄 聽說依此修行 西方只在目前

무상의 게송은 다음과 같다.

---

197)『四十二章經』, (大正藏17, p.724上) "佛言 弟子去離吾數千里 意念吾戒必得道 在吾左側意在邪終不得道 其實在行 近而不行 何益萬分耶" 참조.

마음이 평직하면 굳이 계를 지닐 필요가 없고
행동이 올바르면 어찌 선을 닦을 필요 있으랴198)
은혜로 말하면 곧 부모에 효도 공양이 최고요
의로움으로는 위아래가 아껴주는 것이 최고다
겸손으로 말하면 상전하인의 화목함이 최고요
용서로 말하자면 온갖 악을 잊는 것이 최고다199)
만약 나무를 뚫어 불을 구하는 것처럼 한다면200)
진흙속에서도 반드시 붉은 연꽃이 피어나리라201)
입에는 쓰디쓴 약이 곧 건강에는 좋은 약이고
귀에 거슬리는 말이 곧 반드시 진정한 말이네
자기의 허물 고쳐서 바꾸면 곧 지혜가 나오고
단점을 그대로 두면 곧 현명한 마음 아니라네
일상생활에 항상 중생을 이익되게 행동해야지
깨침의 성취는 곧 재물의 시주 말미암지 않네202)
깨침을 터득함이란 곧 자심을 찾는 행위일 뿐
어찌 밖을 향해 애써 현묘한 도리 추구하리요
내 설법 듣고 이에 의지하여 따라서 수행하면
서방 아미타 극락정토 바로 여기 목전에 있네"203)

---

198) 제1구와 제2구는 재가인의 경우 마음과 몸의 平直이 곧 출가인
의 持戒와 같음을 말한다.
199) 위의 제3구부터 제6구까지는 恩義讓忍의 네 가지 덕목이야말로
재가인이 견성법을 닦아가는 최고의 덕목임을 말한다.
200)『佛說長阿含經』卷7, (大正藏1, p.44下)
201) 나무를 뚫는 행위는 수행이고, 피어나는 불은 견성이다. 진흙은
번뇌이고, 붉은 연꽃은 보리이다. 鳩摩羅什 譯,『維摩詰所說經』卷
中, (大正藏14, p.549中) "譬如高原陸地不生蓮華 卑濕淤泥乃生此
華"
202) 梁 武帝의 유루공덕을 은근히 비판한 것이다.
203) 위의 無相頌은 재가인의 수행을 위한 법문으로 출가자에게도 공
통하는 唯心淨土의 가르침을 일상의 삶에서 구현하도록 제시한 것

師復曰 善知識 總須依偈修行 見取自性 直成佛道 法不相
待 衆人且散 吾歸曹溪 衆若有疑 卻來相問 時刺史官僚
在會善男信女 各得開悟 信受奉行

　　대사가 다시 말했다.
"선지식들이여, 모두들 반드시 이 무상송에 의지하여 수
행해서 자성을 철견하고 곧바로 불도를 성취하라. 견성
법은 상대(相待)가 아니다.204) 이제 그대들은 해산하라.
나도 조계로 돌아가겠다. 그러니 만약 여러분에게 의문
이 있거든 찾아와서 물으라."
　　그때 자사와 관료 및 법회에 참여한 선남자·선여인
이 각자 깨침을 터득하여 믿고 받아들이며 받들고 행하
였다.

定慧一體第三

師示衆云 善知識 我此法門 以定慧爲本 大衆 勿迷言定慧
別 定慧一體 不是二 定是慧體 慧是定用 卽慧之時定在慧
卽定之時慧在定 若識此義 卽是定慧等學 諸學道人 莫言
先定發慧·先慧發定各別 作此見者 法有二相 口說善語 心
中不善 空有定慧 定慧不等 若心口俱善 內外一種 定慧卽
等 自悟修行 不在於諍 若諍先後 卽同迷人 不斷勝負 卻
增我法 不離四相

3.-3) 정혜일체

대사가 시중설법을 하였다.

"선지식들이여, 나의 이 법문은 선정과 지혜가 근본이
다.205) 대중이여, 어리석게도 선정과 지혜가 다르다고
말하지 말라. 선정과 지혜는 일체(一體)로서 둘이 아니
다. 선정은 곧 지혜의 본체이고 지혜는 곧 선정의 작용
이다. 다만 지혜 자체를 따를 때는 선정이 지혜에 있고
선정 자체를 따를 때는 지혜가 선정에 있다. 만약 이와
같은 뜻을 이해하면 곧 선정과 지혜를 평등하게 닦게
된다.

모든 수행납자는 선정을 통해서 지혜가 발생한다든가
지혜를 통해서 선정이 발생하는 것처럼 각각 다른 것이

---

205) 수행에서 선정과 지혜를 근본으로 간주하는 것은 天台智
顗에게서 보인다. 여기에서 혜능은 선정과 지혜의 관계에
대하여 선정에서 지혜가 발생한다는 소위 인도적인 발상을
바꾸어서 선정과 지혜를 一體로 간주하는데, 이것은 本來成
佛에 바탕한 祖師禪의 입장을 잘 보여주고 있다.

라고 말하지 말라. 그와 같이 생각하는 것은 법에 분별상을 내는 것이다. 입으로는 선어(善語)를 말하지만, 마음이 선(善)하지 못하면 공연히 선정과 지혜가 나뉘어 선정과 지혜가 평등하지 않다. 만약 마음과 입이 모두 선(善)하면 안과 밖이 동일하고 선정과 지혜가 곧 평등하다. 자성을 깨쳐 수행하는 자는 다투지 않는다. 만약 선·후를 다투면 곧 어리석은 사람과 똑같다. 그리하여 승·부(勝·負)의 다툼을 단제하지 못하면 도리어 아·법(我·法)이 증장하여 사상(四相)206)을 벗어나지 못한다.

善知識　一行三昧者　於一切處行住坐臥　常行一直心是也
淨名經云　直心是道場　直心是淨土　莫心行諂曲　口但說直
口說一行三昧　不行直心　但行直心　於一切法勿有執著　迷
人著法相　執一行三昧　直言常坐不動　妄不起心　卽是一行
三昧　作此解者　卽同無情　卻是障道因緣　善知識　道須通流
何以卻滯　心不住法　道卽通流　心若住法　名爲自縛　若言坐
不動是　只如舍利弗宴坐林中　卻被維摩詰訶　善知識　又有
人敎坐　看心觀靜　不動不起　從此置功　迷人不會　便執成顛
如此者衆　如是相敎　故知大錯　善知識　定慧猶如何等　猶如
燈光　有燈卽光　無燈卽闇　燈是光之體　光是燈之用　名雖有
二　體本同一　此定慧法　亦復如是

　대사가 시중설법을 하였다.
"선지식들이여, 일행삼매207)란 걷고[行]·머물며[住]·

---

206) 我의 四相인 我相·人相·衆生相·壽者相을 가리킨다. 이것은 모두 자아에 대한 잘못된 네 가지 실체적인 사고방식을 가리킨다.

앉고[坐]·눕는[臥] 일체 경우에서 항상 한결같이 평직심을 실천하는 것이다.208) 『정명경』에서는 다음과 같이 말했다. '평직심을 유지하는 것이 곧 깨침이다. 평직심을 유지하는 것이 곧 정토이다.'209) 그러므로 결코 마음으로는 사특210)하면서 입으로만 무릇 평직심을 설한다거나, 입으로는 일행삼매를 설하면서 평직심을 실천하지 않는 일이 있어서는 안 된다. 무릇 평직심을 실천하는 데 있어서 일체법에 대하여 집착해서는 안 된다. 어리석은 사람은 법상(法相)에 집착하고211) 일행삼매에 집착하는 까닭에 이에 항상 앉아서 움직이지 않고 함부로 번뇌심을 일으키지 않는 그것을 곧 일행삼매라고 말한다. 이와 같이 이해하는 자는 곧 무정물과 똑같아서 도리어 깨침의 인연에 장애가 된다.

선지식들이여, 불도란 모름지기 유통해야 하는데212) 어째서 도리어 막히고 마는가. 마음이 법에 대하여 집착하지 않으면 불도는 곧 유통하지만, 만약 마음이 법에 집착하면 결박(結縛)이라고 말한다.213) 만약 앉아서

---

207) 一行三昧는 도신선법의 중심이다. 『文殊說般若經』과 『大乘起信論』의 설명으로 천태의 四種三昧 가운데 常坐三昧의 내용이기도 하다. 다만 혜능은 일행삼매를 『유마경』의 直心에 비추어서 일상적인 선법의 실천으로 간주하고 있다.

208) 직심을 실천한다는 것은 行·住·坐·臥 및 語·黙·動·靜 및 見·聞·覺·知의 일체 행위에서 平直心을 유지하면서 번뇌에 오염되지 않는 것이다.

209) 鳩摩羅什 譯, 『維摩詰所說經』 卷上, (大正藏14, p.538上-中) "當知 直心是菩薩淨土"; (p.542下) "直心是道場 無虛假故" 참조.

210) 諂曲은 直心의 상대어로 사용되어 있다.

211) 法의 四相인 有相·無相·法相·非法相에 대하여 집착하는 것이다.

212) 불도의 깨침은 平等하게 隨緣하여 집착이 없고 분별이 없이 널리 유통되어야 한다.

213) 鳩摩羅什 譯, 『金剛般若波羅蜜經』, (大正藏8, pp.750下-751上)

움직이지 않는 것을 불도라 한다면 곧 숲속에서 연좌 (宴坐)했던 사리불이 도리어 유마힐214)에게 질책받은 경우와 마찬가지이다.215)

선지식들이여, 또한 어떤 사람은 坐를 가르치는 데 있어서 마음을 살피고 적정을 관찰하여 움직이지 않고 일어나지도 않으면 그로부터 공이 쌓인다고 말하기도 한다.216) 그런데 어리석은 사람은 그것을 모르고217) 곧 거기에 집착하므로 전도(顚倒)되고 마는데 이와 같은 자들이 적지 않다. 이와 같은 경우는 형상에 집착하는 가르침이다. 그 때문에 그것은 크게 잘못된 줄을 알아야 한다.

선지식들이여, 그렇다면 선정과 지혜는 어떤 점에서 같은가. 마치 등과 등불의 관계와 같다. 등이 있으면 곧 등불이 있고 등이 없으면 곧 등불이 없다. 그래서 등은

"若菩薩心不住法而行布施 如人有目日光明照見種種色"; (p.750中) "應生無所住心 若心有住則爲非住"; (p.749中) "若心取相則爲著我 人衆生壽者 若取法相卽著我人衆生壽者" 참조.

214) 舍利弗은 부처님의 십대제자 가운데 지혜제일로 알려진 인물이다. 鷲子·身子·鷲鷺子·舍利子 등으로 번역되었다. 維摩詰에 대하여 鳩摩羅什은 淨名, 玄奘은 無垢稱으로 의역하였다. 『維摩經』에서 재가인으로서 보살도를 실천하는 주인공으로 등장한다.

215) 鳩摩羅什 譯, 『維摩詰所說經』 卷上, (大正藏14, p.539下) 참조. 動을 버리고 靜을 추구하는 분별적인 좌선에 대한 비판이다.

216) 看心觀靜은 마음을 어떤 실체적인 것으로 간주하여 그것을 터득하려고 살피고, 寂靜無爲의 상태를 깨침의 상태로 간주하는 행위를 말한다. 心을 看하는 주체의 心을 인정하여 靜을 관찰하고 動을 버리는 좌선으로 外相에 집착하는 잘못된 좌선을 가리킨다. 이를테면 불도의 좌선에 대한 잘못된 가르침에 대한 일례이다. 不動不起는 五根不動 내지 六根本不動으로 당시에 소위 北宗의 『大乘無生方便門』의 선풍에 대한 은근한 비판이기도 하다.

217) 看心觀靜 不動不起야말로 불도의 좌선이라고 주장하는 것이 잘못된 가르침인 줄을 모르는 것이다.

곧 등불의 본체이고 등불은 곧 등의 작용이다. 비록 명
칭은 다르지만 그 바탕은 본래 동일하다. 이 선정과 지
혜의 법도 또한 그와 마찬가지다."

善知識 本來正教 無有頓漸 人性自有利鈍 迷人漸修 悟人
頓契 自識本心 自見本性 卽無差別 所以立頓漸之假名 善
知識 我此法門 從上以來 先立無念爲宗 無相爲體 無住爲
本 無相者 於相而離相 無念者 於念而無念 無住者 人之
本性 於世間善惡好醜 乃至冤之與親 言語觸刺 欺爭之時
並將爲空 不思酬害 念念之中 不思前境 若前念今念後念
念念相續不斷 名爲繫縛 於諸法上 念念不住 卽無縛也 此
是以無住爲本

　대사가 시중설법을 하였다.
"본래의 근본적인 가르침에는218) 돈과 점이 없다. 다만
사람에 따라 그 성품에 영리함과 아둔함이 있을 뿐이
다. 미혹한 사람은 점(漸)으로 계합하고 깨어 있는 사
람은 돈(頓)으로 닦는다. 그러나 자신이 직접 본성을
알아차리고 자신이 직접 본성을 철견하는 점에서는 곧
차별이 없다. 그런데도 불구하고 괜시리 돈과 점이라는
가명(假名)을 내세울 뿐이다.
　선지식들이여, 나의 이 법문은 종상이래로 으뜸으로
내세우는 것은 무념을 종지로 삼고 무상을 본체로 삼으
며 무주를 근본으로 삼는다.219) 무상은 일체상에 대하

---

218) 本來正教에서 本來는 부처님의 본래적인 가르침이고 正教는 근
　　본적인 가르침을 가리킨다. 부처님의 正法眼藏의 본질에는 頓과
　　漸이 따로 없음을 말한다.

여 차별상을 벗어나는 것이다. 무념은 일체념에 대하여 분별념이 없는 것이다. 무주는 사람의 본성이 세간의 선·악, 고움·미움, 내지 원수·친구 등으로 인하여 험악한 말과 거친 몸싸움으로 속이거나 다투는 경우에도 모두 공(空)으로 간주하여 보복이나 해코지하려는 생각을 하지 않고 언제나 지나간 경계에 대하여 집착하지 않는 것이다. 만약 지나간 생각과 지금의 생각과 다가올 생각이 언제나 끊임없이 상속된다면 그것을 계박(繫縛)이라 말한다. 그러나 제법에 대하여 언제나 집착이 없으면 곧 무박(無縛)이다. 이런 까닭에 무주를 근본으로 삼는다.

善知識 外離一切相 名爲無相 能離於相 卽法體淸淨 此是以無相爲體 善知識 於諸境上 心不染 曰無念 於自念上常離諸境 不於境上生心 若只百物不思 念盡除卻 一念絶卽死 別處受生 是爲大錯 學道者思之 若不識法意 自錯猶可 更誤他人 自迷不見 又謗佛經 所以立無念爲宗 善知識云何立無念爲宗 只緣口說見性 迷人 於境上有念 念上便起邪見 一切塵勞妄想 從此而生 自性本無一法可得 若有所得 妄說禍福 卽是塵勞邪見 故此法門立無念爲宗

선지식들이여, 밖으로 일체 경계의 차별상으로부터 벗어난 것을 무상이라 말한다. 경계의 차별상을 벗어나

---

219) 無念은 無分別念으로 法身의 淸淨이고 無相은 無差別相으로 般若의 平等이며 無住는 無執着住로서 解脫의 空이다. 『金剛經』에서 수보리가 질문한 應云何住 云何修行 云何降伏其心은 각각 無念과 無相과 無住에 대한 질문이었다.

면 곧 법체가 청정하다. 이런 까닭에 무상을 본체로 삼는다.

선지식들이여, 안으로 일체의 의식경계에 대하여 마음이 물들지 않으면 무념이라 말한다. 자기의 생각이 항상 모든 의식경계를 벗어나 있으면 그 의식경계가 마음을 발생시키지 않는다. 그렇다고 만약 온갖 대상에 대하여 사량을 그만두고 상념을 모두 물리치는 것으로만 간주한다면 그것은 일념의 단절로서 곧 죽은 뒤에 다른 세상에 태어나는 꼴이 되고 말 것이다. 그것이야말로 큰 착각이다. 그러므로 수행납자는 그것을 잘 사려해야 한다. 만약 이 무념법의 뜻을 모른다면 자기가 착각하는 것은 그렇다손 치더라도 나아가서 타인까지 잘못되게 만든다. 곧 자기의 미혹을 보지 못하고 나아가서 부처님의 경전마저 비방하는 것이다. 그 때문에 무념을 내세워 종지로 삼는다.

선지식들이여, 그렇다면 무념을 내세워 종지로 삼는다는 것은 무엇인가. 무릇 입만 빌려서 견성을 설하면 미혹한 사람의 경우 입의 경계에 망념을 두고서 그 망념에서 곧 사견을 일으키게 만드는 반연이 된다. 일체의 번뇌와 망상은 그로부터 발생한다. 그러나 자성은 본래 어떤 법도 얻을 것이 없다. 만약 소득이 있다고 거짓말로 화·복(禍·福)을 설한다면 그것은 곧 번뇌이고 사견이다. 그러므로 내 법문에서는 무념을 내세워 종지로 삼는다.

善知識 無者 無何事 念者 念何物 無者 無二相 無諸塵勞之心 念者 念眞如本性 眞如卽是念之體 念卽是眞如之用

眞如自性起念 非眼耳鼻舌能念 眞如有性 所以起念 眞如
若無 眼耳色聲當時卽壞 善知識 眞如自性起念 六根雖有
見聞覺知 不染萬境 而眞性常自在 故經云 能善分別諸法
相 於第一義而不動

　선지식들이여, 무(無)란 무엇이 무(無)이고, 염(念)은
무엇이 염(念)인가. 무(無)란 이상(二相)[220]이 없고 모
든 번뇌심이 없다는 것이다. 염(念)이란 진여의 본성을
염(念)하는 것으로서, 진여는 곧 염의 본체이고 염(念)
은 곧 진여의 작용이다. 그래서 진여의 자성이 염(念)
을 일으킬지라도[221] 그것은 안·이·비·설로 관념할
수 있는 것이 아니다. 진여의 자성이 일으킨 염(念)이
기 때문이다. 그렇지 않고 만약 진여의 자성이 없다면
눈으로 보는 색과 귀로 듣는 소리는 당장 없어진다.
　선지식들이여, 진여의 자성이 일으키는 염(念)에 대
해서 말하자면, 육근의 경우 비록 보고 듣고 느끼고 아
는 작용을 할지라도 그 온갖 경계에 물들지 않은 채 진
성은 그대로 항상 자재하다.[222] 그 때문에 경전에서는
다음과 같이 말했다.

제법의 현상을 잘 분별한다해도
제일의제는 곧 움직이지 않는다[223]"

---

220) 대립되는 분별 내지 차별의 관념이 없는 것을 가리킨다.
221) 진여의 자성이 무분별의 상태 그대로 드러나는 경우를 말한다.
222) 이 대목은 鳩摩羅什 譯, 『金剛般若波羅蜜經』, (大正藏8, p.749
　　下) "是故 須菩提 諸菩薩摩訶薩應如是生淸淨心 不應住色生心 不
　　應住聲香味觸法生心 應無所住而生其心"참조.
223) 鳩摩羅什 譯, 『維摩詰所說經』 卷上, (大正藏14, p.537下) 第一

教授坐禪第四

師示衆云　善知識　何名坐禪　此法門中　無障無礙　外於一切
善惡境界　心念不起名爲坐　內見自性不動名爲禪　善知識
何名禪定　外離相爲禪　內不亂爲定　外若著相　內心卽亂　外
若離相　心卽不亂　本性自淨自定　只爲見境思境卽亂　若見
諸境心不亂者　是眞定也　善知識　外離相卽禪　內不亂卽定
外禪內定　是爲禪定　菩薩戒經云　我本性元自性淸淨　善知
識　於念念中　自見本性淸淨　自修自行　自成佛道

3.-4) 교수좌선

대사가 시중설법을 하였다.

"선지식들이여, 무엇을 좌선이라 말하는가. 우리의 문중
에서 내세우는 좌선은 어느 것에도 막힘이 없고 방해도
없다. 밖으로는 일체의 선과 악의 경계에 대하여 마음
에 망념이 일어나지 않는 것을 좌(坐)라고 말한다. 안
으로는 자성을 깨쳐 부동의 경지가 되는 것을 선(禪)이
라고 말한다.

선지식들이여, 무엇을 선정이라 말하는가. 밖으로는
형상을 초월하는 것이 선(禪)이고, 안으로는 산란하지
않는 것이 정(定)이다.224) 만약 밖으로 형상에 집착하
면 안으로 마음이 곧 산란해지고, 만약 밖으로 형상을
초월하면 마음이 곧 산란하지 않게 된다.

그리하여 본래자성이 저절로 청정해지고 저절로 안정

義諦는 眞如自性의 진리이고, 움직이지 않는다는 것은 坦然寂靜의
상태로서 外相에 집착이 없는 것이다.
224) 禪定은 外禪內定으로 外界는 無相하고 內心은 無念함을 말한다.

된다.225) 무릇 경계가 있음을 보고 그 경계를 사려분별하기 때문에 곧 산란해진다. 그러나 만약 모든 경계를 보고도 마음이 산란하지 않는다면 그것이야말로 곧 진정한 안정이다.

선지식들이여, 밖으로 형상을 초월하는 것이 곧 선(禪)이고 안으로 산란하지 않는 것이 곧 정(定)이다. 그래서 밖으로 선이 되고 안으로 정이 되면 그것을 곧 선정이라 말한다. 이에 『보살계경』에서는 "우리의 본성은 원래부터 청정하다."226)고 말한다.

선지식들이여, 그러므로 염념에 스스로 본성이 청정한 줄 보아서 스스로 닦고 스스로 실천하면 저절로 불도가 성취된다.

然此門坐禪 元不著心 亦不著淨 亦不是不動 若言著心 心元是妄 知心如幻故 無所著也 若言著淨 人性本淨 由妄念故 蓋覆眞如 但無妄想 性自淸淨 起心著淨 却生淨妄 妄無處所 著者是妄 淨無形相 却立淨相 言是工夫 作此見者 障自本性 却被淨縛 善知識 若修不動者 但見一切人時 不見人之是非善惡過患 卽是自性不動 善知識 迷人身雖不動 開口便說他人是非長短好惡 與道違背 若著心著淨 却障道也

그러나 우리의 문중227)에서 내세우는 좌선은 원래 마

---

225) 청정은 禪이고 안정은 定이다.
226) 鳩摩羅什 譯, 『梵網經』 卷下, (大正藏24, p.1003下) "是一切衆生戒本源自性淸淨" 참조.
227) 혜능의 선풍을 의미하는데 『단경』의 편찬자의 입장으로는 북종에 상대하는 남종을 가리킨다.

음에 집착하지 않는 것이고 또한 청정에 집착하지 않는 것이며 또한 그렇다고 부동(不動)의 상태가 되는 것도 아니다.[228]

만약 마음에 집착한다면 마음이란 원래 허망한 것이다. 그리하여 마음은 幻과 같은 줄 알기 때문에 집착할 바가 없다.[229]

만약 청정에 집착한다면 사람의 자성은 본래 청정한 것이다. 그런데 망념을 말미암은 까닭에 진여를 뒤덮는 것이다. 그러므로 무릇 망상이 없으면 자성은 저절로 청정하다. 그럼에도 불구하고 마음을 일으켜서 청정에 집착하면 도리어 청정이라는 망념이 발생한다. 망념은 실체가 없다. 집착하는 그것이 곧 망념이다. 청정은 형상이 없다. 그런데 도리어 청정이라는 분별상을 내세워서 그것을 공부하는 것이라 말한다. 이와 같은 견해를 내는 자는 자기의 본성을 장애하여 도리어 청정에 얽매인다.[230]

선지식들이여, 이에 부동(不動)을 닦는다는 것은 무릇 모든 사람을 만날 때 그 사람의 시 · 비 · 선 · 악 ·

---

228) 여기에서는 소위 北宗의 좌선이 지니고 있는 看心看靜의 속성에 상대하여 소위 南宗에서 내세우는 좌선의 독자성에 대하여 말하는데, 그 用心에 대하여 不著心·不著淨·非不動의 세 가지를 언급한다. 이 대목에서 不動의 상태가 되는 것도 아니라는 것은 좌선은 動이나 不動의 분별에 얽매이는 것이 아닌데도 불구하고 고요히 움직이지 않는 것을 좌선으로 간주하는 것을 비판한 것이다. 이에 대하여 『證道歌』, (大正藏48, p.396上)에서는 "行亦禪 坐亦禪 語黙動靜 體安然"이라고 말하였다.

229) 이 대목은 좌선이야말로 自心을 닦는다는 생각에도 執着하지 않는 것임을 설명한다.

230) 이 대목은 좌선이야말로 자성이 본래청정하다는 사실에조차 집착하지 않는 것임을 설명한다.

호·오·과·환을 보지 않는 것이야말로 그것이 곧 자성의 부동(不動)이다.231)

선지식들이여, 미혹한 사람은 몸은 부동이면서 입만 열면 곧 타인의 시·비·장·단·호·오를 말하기 때문에 도에 위배된다. 그리고 만약 마음에 집착하고 청정에 집착하면 곧 도에 장애가 된다."232)

---

231) 이 대목은 좌선이야말로 몸이 不動의 상태가 되는 것이 아니라 마음에 動과 不動이라는 분별심에 집착하지 않는 것임을 설명한다.

232) 위에서 언급한 좌선의 用心 세 가지를 非不動·不著心·不著淨의 순서로 결론지은 대목이다.

傳香懺悔第五

時 大師 見廣韶泊四方士庶 駢集山中聽法 於是陞座告衆
曰 來諸善知識 此性<事?>須從自性中起 於一切時 念念
自淨其心 自修自行 見自己法身 見自心佛 自度自戒始得
不假到此 既從遠來 一會于此 皆共有緣 今可各各胡跪 先
爲傳自性五分法身香 次授無相懺悔

3.-5) 전향참회[233]

그때 대사는 광주·소주 및 사방에서 찾아온 사·서
(士·庶)들이 산중에 모여들어 청법하는 모습을 보았다.
이에 법좌에 올라 대중에게 말하였다.
"어서들 오시오. 모든 선지식이여,[234] 깨침이란 모름지
기 자성에서 일으켜야 한다. 그리하여 염념에 스스로
그 마음을 청정케 하고 스스로 닦고 스스로 행하여 자
기의 법신을 보아야 한다. 이에 자기의 마음이 부처인
줄을 보고 스스로 제도하고 스스로 조심해야 비로소 깨
칠 수가 있다. 굳이 여기 조계산까지 올 필요가 없
다.[235] 그런데 이미 멀리에서 찾아와 여기에 함께 모인

---

233) 제오 전향참회품의 부분은 說法의 機緣·自性의 五分法身香·無相
의 懺悔·四弘誓願·無相의 三歸依戒·一體의 三身自性佛·懺悔滅罪의
無相頌·總結의 순서로 구성되어 있다. 그런데 흥성사본 『壇經』에는
먼저 懺悔 및 三歸依戒가 있고, 그 뒤에 摩訶般若波羅蜜門이 있
다. 돈황본 『壇經』의 순서는 見自三身佛·淸淨法身·千百億化身·圓滿
報身·三歸依戒·四弘誓願·無相懺悔·自歸依三寶·摩訶般若波羅蜜法이
다. 따라서 『壇經』의 최초의 형태는 본 유포본 『壇經』과는 달리
懺悔 부분이 序說에 해당하고, 摩訶般若波羅蜜門은 正說에 해당하
며, 나머지 부분은 후에 첨가된 부분으로 간주된다.

234) 來諸善知識에서 새로 입문한 자에게 잘 왔다[善來]고 말하는데,
이것은 원시불교 이래의 전통이었다.

것은 다 인연이 있기 때문이다. 이제 각각 호궤합장236)
을 하여라. 먼저 자성의 오분법신향237)을 전해주고, 다
음으로 무상의 참회를 주겠다."

衆胡跪 師曰 一戒香 卽自心中 無非·無惡·無嫉妒·無貪瞋·無
劫害 名戒香 二定香 卽睹諸善惡境相 自心不亂 名定香
三慧香 自心無礙 常以智慧 觀照自性 不造諸惡 雖修衆善
心不執著 敬上念下 矜恤孤貧 名慧香 四解脫香 卽自心無
所攀緣 不思善 不思惡 自在無礙 名解脫香 五解脫知見香
自心旣無所攀緣善惡 不可沈空守寂 卽須廣學多聞 識自本
心 達諸佛理 和光接物 無我無人 直至菩提 眞性不易 名
解脫知見香 善知識 此香各自內熏 莫向外覓

　　대중이 호궤합장을 하자, 대사가 말했다.
"첫째는 계향238)이다. 곧 자기의 마음에 잘못이 없고

235) 깨침은 자성을 깨치는 것이므로 애써서 여기 조계산까지 올 필
요가 없다. 곧 자성은 모든 사람이 본래 구비하고 있음을 표현한
것이다.
236) 胡跪合掌은 일심으로 설법을 청하고 수계를 청하는 자세로서 두
무릎을 땅에 대고 똑바른 자세로 서서 합장을 하는 모습이다. 『釋
氏要覽』卷中, (大正藏54, p.278中)"齋會禮拜 奇歸傳云 大衆聚集
齋會之次 合掌卽是致敬 亦不勞全禮 禮便違敎互跪 天竺之儀也 謂
左右兩膝互跪著地　故釋子皆右膝 若言胡跪 音訛也 長跪卽兩膝齊
著地 亦先下右膝爲禮"
237) 五分法身香은 불교수행의 하나로『열반경』,『영락경』및 大通神
秀의 『觀心論』등에 설해져 있다. 곧 戒·定·慧의 無漏三學에 의하
여 해탈을 터득하고, 그 해탈을 벗어나 반야의 지견을 터득하여 법
신반야의 덕을 완성한다는 뜻이다. 鳩摩羅什 譯,『維摩詰所說經』
卷上, (大正藏14, p.539下)"佛身者卽法身也 從無量功德智慧生 從
戒定慧解脫解脫知見生"참조. 혜능은 여기에서 오분법신향의 덕을
모두 자성의 덕으로 해석하고 있다. 香은 持戒者를 가리킨다.
238) 戒香은 諸惡을 단제하고 諸善을 닦는 것이다.

악이 없으며 질투가 없고 탐욕과 성냄이 없으며 劫害239)가 없는 것을 계향이라고 말한다.240)

둘째는 정향이다. 곧 모든 선과 악의 경계를 보고도 자기의 마음이 혼란하지 않는 것을 정향이라고 말한다.241)

셋째는 혜향이다. 자기의 마음에 걸림이 없어 항상 지혜로써 자성을 관조하여 모든 악행을 하지 않는다. 그리고 비록 일체의 선행을 닦더라도 마음에 집착이 없어 윗사람을 공경하고 아랫사람을 보살펴주며 외롭고 궁핍한 사람을 불쌍하게 여기는 것을 혜향이라고 말한다.242)

넷째는 해탈향이다. 곧 자기의 마음에 반연하는 바가 없어서 선을 생각하지 않고 악을 생각하지 않아 자재하고 걸림이 없는 것을 해탈향이라고 말한다.243)

다섯째는 해탈지견향이다. 자기의 마음에 이미 선과 악을 반연하는 바가 없고, 무기공(無記空)에 빠지거나 적정을 고수하는 일이 없이 곧 모름지기 널리 배우고 많이 듣는다. 그리하여 자기의 본심을 터득하여 제불의 도리에 통달하고, 자비로써 중생을 제도하되 아상이 없고 인상이 없다. 이로써 곧바로 보리에 이르되 진성은 그대로 바뀌지 않는 것을 해탈지견향이라고 말한다.244)

---

239) 劫과 害는 각각 盜와 殺을 가리킨다.
240) 자성이 본래 청정함을 가리킨다.
241) 자성이 본래 고요함을 가리킨다.
242) 자성이 본래 觀照에 자재하여 집착이 없이 그대로 수용하는 것을 가리킨다.
243) 자성이 본래 어떤 것에도 속박이 없어서 일체의 경계에 응해서도 무심하게 해탈하는 것을 가리킨다.
244) 자성이 본래 중생을 향하여 방편을 가지고 이익을 주는 행위를

선지식들이여, 이 오분향은 각자 안으로 훈습해야 할 것이지 밖을 향해서 찾을 것이 아니다.

今與汝等授無相懺悔 滅三世罪 令得三業淸淨 善知識 各隨我語 一時道 弟子等 從前念·今念及後念 念念不被愚迷染 從前所有惡業·愚迷等罪 悉皆懺悔 願一時銷滅 永不復起 弟子等 從前念·今念及後念 念念不被憍誑染 從前所有惡業·憍誑等罪 悉皆懺悔 願一時銷滅 永不復起 弟子等 從前念·今念及後念 念念不被嫉妒染 從前所有惡業·嫉妒等罪 悉皆懺悔 願一時銷滅 永不復起 善知識 已上是爲無相懺悔 云何名懺 云何名悔 懺者 懺其前愆 從前所有惡業 愚迷憍誑嫉妒等罪 悉皆盡懺 永不復起 是名爲懺 悔者 悔其後過 從今以後 所有惡業 愚迷憍誑嫉妒等罪 今已覺悟 悉皆永斷 更不復作 是名爲悔 故稱懺悔 凡夫愚迷 只知懺其前愆 不知悔其後過 以不悔故 前愆不滅 後過又生 前愆旣不滅 後過復又生 何名懺悔

이제 그대들에게 무상참회245)를 주어서 삼세의 죄업을 소멸하고 삼업을 청정케 하겠다.

선지식들이여, 각자 내가 하는 말을 따라서 동시에 말하거라.

'저희들은 종전념과 금념과 후념이 염념에 어리석음과

가리킨다.

245) 無相懺悔는 理懺이라고도 하는데, 도리상 죄가 본래 없음을 깨치는 것이다. 자신의 마음에 본래 죄가 없음을 알고 염념에 무념이 되는 것을 가리킨다. 반면 有相懺悔는 事懺이라고도 하여, 佛前에서 참회의 행위를 하여 그 죄를 용서받는 것이라고 관찰하는 것이다.

미혹[愚迷]에 물들지 않겠습니다. 종전의 모든 악업과 어리석음과 미혹 등의 죄업을 일체 모두 참회합니다. 그러므로 일시에 소멸되어 영원히 다시는 일어나지 않기를 바랍니다.

저희들은 종전념과 금념과 후념이 염념에 교만과 유혹[憍誑]에 물들지 않겠습니다. 종전의 모든 악업과 교만과 유혹 등의 죄업을 일체 모두 참회합니다. 그러므로 일시에 소멸되어 영원히 다시는 일어나지 않기를 바랍니다.

저희들은 종전념과 금념과 후념이 염념에 미워하고 새암 내는 것[嫉妬]에 물들지 않겠습니다. 종전의 모든 악업과 미워하고 새암 내는 것 등의 죄업을 일체 모두 참회합니다. 그러므로 일시에 소멸되어 영원히 다시는 일어나지 않기를 바랍니다.'

선지식들이여, 이상이 곧 무상참회이다. 무엇을 참(懺)이라 하고, 무엇을 회(悔)라고 하는가.

참(懺)이란 그 이전의 허물을 뉘우치는 것이다. 종전의 모든 악업과 어리석음과 미혹, 교만과 유혹, 미워하고 새암 내는 것 등의 죄업을 일체 모두 다 뉘우쳐서 다시는 영원히 일어나지 않게 하는 것이 참(懺)이다. 회(悔)란 그 이후의 허물을 뉘우치는 것이다. 지금 이후의 모든 악업과 어리석음과 미혹, 교만과 유혹, 미워하고 새암 내는 것 등의 죄업을 지금 각오하여 일체 모두 영원히 단제하여 곧 다시는 짓지 않겠다는 그것이 곧 회(悔)이다.[246] 그러므로 참회라 일컫는다.

---

246) 悔가 성립하는 근거는 곧 自心이 본래청정하기 때문에 罪過가 罪過가 되어야 할 이유가 아무것도 없는 줄을 알아차리는 것으로

그러나 범부는 어리석고 미혹하여 단지 그 이전의 허물만 뉘우칠 줄 알고 그 이후의 허물은 뉘우칠 줄 모른다. 회(悔)가 되지 않기 때문에 종전의 허물이 소멸되지 않고 이후의 허물이 다시 발생한다. 종전의 허물이 이미 소멸되어도 이후의 허물이 다시 또 발생하면 어찌 그것을 참회라 말하겠는가.247)

善知識 旣懺悔已 與善知識發四弘誓願 各須用心正聽 自心衆生無邊誓願度 自心煩惱無邊誓願斷 自性法門無盡誓願學 自性無上佛道誓願成 善知識 大家豈不道 衆生無邊誓願度 恁麽道 且不是慧能度 善知識 心中衆生 所謂邪迷心·誑妄心·不善心·嫉妒心·惡毒心 如是等心 盡是衆生 各須自性自度 是名眞度 何名自性自度 卽自心中邪見煩惱愚癡衆生 將正見度 旣有正見 使般若智打破愚癡迷妄衆生 各各自度 邪來正度 迷來悟度 愚來智度 惡來善度 如是度者 名爲眞度 又煩惱無邊誓願斷 將自性般若智 除卻虛妄思想心是也 又法門無盡誓願學 須自見性 常行正法 是名眞學 又無上佛道誓願成 旣常能下心 行於眞正 離迷離覺 常生般若 除眞除妄 卽見佛性 卽言下佛道成 常念修行 是願力法

선지식들이여, 이미 참회를 마쳤다. 이에 선지식들에게 사홍서원248)을 일으키도록 해주겠다. 그러므로 각자

부터 시작된다.

247) 죄의 성품이 본래 공한 줄을 깨우치면 삼세에 걸친 악업이 일념에 소멸되는 것을 말한다. 결국 본래의 자기를 확립하는 것이야말로 진정한 참회임을 말한다.
248) 四品弘誓願의 原型은 『道行般若經』卷8의 高貢品, 『法華經』卷

모름지기 마음을 기울여서 잘 듣거라.

자심의 중생이 끝없이 많아도
맹세코 제도할 것을 서원합니다.
자심의 번뇌가 끝없이 깊어도
맹세코 단제할 것을 서원합니다.
자성의 법문이 다함이 없어도
맹세코 학습할 것을 서원합니다.
자성의 불도가 아무리 높아도
맹세코 성취할 것을 서원합니다.

　선지식들이여, 그대들이 어찌 '자심의 중생이 끝없이
많아도 맹세코 제도할 것을 서원합니다.'라고 말하지 않
았던가.249) 그렇게 말한 것이야말로 곧 혜능이 그대들
을 제도해준다는 것이 아니다. 선지식들이여, 마음속의
중생이란 소위 사특하고 미혹한 마음[邪迷心]·속이고
기만하는 마음[誑妄心]·나쁜 마음[不善心]·미워하고
새암 내는 마음[嫉妬心]·흉악하고 독살스런 마음[惡毒
心]을 가리킨다. 이와 같은 마음이 모두 중생이다. 그러
므로 각자 모름지기 자기의 성품을 자기가 제도해야 한
다. 이것이 곧 진정한 제도이다.
　그렇다면 자기의 성품을 자기가 제도한다는 것은 무
엇인가. 곧 자기의 마음속에 있는 사견·번뇌·우치 등

　3의 藥草喩 등이다. 이로부터 天台의『法界次第禪門』및 神秀의『
大乘無生方便門』에서 실천되었다.
249) 혜능이 먼저 사홍서원의 네 가지 항목을 읊어주자, 바로 이어서
　그 자리에 모인 대중이 그대로 복창했던 것을 가리킨다.

의 중생에 대하여 정견으로 제도하는 것이다. 그리하여 이미 정견이 있으면 반야지혜로써 우치와 미망의 중생을 타파하여 각각 자기를 제도한다. 그래서 사(邪)가 오면 정(正)으로 제도하고, 미(迷)가 오면 오(悟)로 제도하며, 우(愚)가 오면 지(智)로 제도하고, 악(惡)이 오면 선(善)으로 제도한다. 이와 같이 제도하는 것을 진정한 제도라 말한다.

또한 '번뇌가 끝없이 깊어도 맹세코 단제할 것을 서원합니다.'라는 것은 자성의 반야지혜로써 허망심(虛妄心)과 사상심(思想心)250)을 없애는 것이다.

또한 '법문이 다함이 없어도 맹세코 학습할 것을 서원합니다.'라는 것은 모름지기 스스로 견성하여 항상 정법을 실천하는 것을 진정한 학습이라 말한다.

또한 '불도가 아무리 높아도 맹세코 성취할 것을 서원합니다.'라는 것은 이미 일상생활에서 하심251)을 통하여 진정한 정법을 실천할 경우에 미(迷)를 벗어나고 각(覺)을 벗어나서 항상 반야를 발생하고, 진(眞)을 벗어나고 망(妄)을 벗어나서 곧 불성을 보아서 그대로 언하

---

250) 思想心의 思想은 처음에는 五陰 가운데 셋째에 해당하는 想의 번역어였지만 점차 다양한 뜻이 가미되어 思惟 및 瞑想의 뜻이 되고, 나아가서 妄想 및 想念의 의미로도 사용되었다. 여기에서는 妄想 및 想念의 의미로서 번뇌의 의미로 쓰였다.

251) 북종 계통의 『頓悟眞宗論』에서는 五種의 下心을 언급한다. 첫째는 맹세코 일체중생을 관찰하여 賢聖으로 간주하고 자신은 범부라고 간주한다. 둘째는 맹세코 일체중생을 관찰하여 국왕으로 간주하고 자신은 백성이라고 간주한다. 셋째는 맹세코 일체중생을 관찰하여 스승으로 간주하고 자신은 제자라고 간주한다. 넷째는 맹세코 일체중생을 관찰하여 부모로 간주하고 자신은 자식이라고 간주한다. 다섯째는 맹세코 일체중생을 관찰하여 주인으로 간주하고 자신은 노비라고 간주한다.

에 불도를 성취하는 것이다.

　이처럼 일상의 염(念)에서 수행하는 것이 곧 네 가지 원력의 가르침이다.252)

善知識　今發四弘願了　更與善知識　授無相三歸依戒　善知
識　歸依覺　兩足尊　歸依正　離欲尊　歸依淨　衆中尊　從今日
去　稱覺爲師　更不歸依邪魔外道　以自性三寶　常自證明　勸
善知識　歸依自性三寶　佛者　覺也　法者　正也　僧者　淨也
自心歸依覺　邪迷不生　少欲知足　能離財色　名兩足尊　自心
歸依正　念念無邪見　以無邪見故　卽無人我貢高　貪愛執著
名離欲尊　自心歸依淨　一切塵勞愛欲境界　自性皆不染著
名衆中尊　若修此行　是自歸依　凡夫不會　從日至夜　受三歸
戒　若言歸依佛　佛在何處　若不見佛　憑何所歸　言卻成妄
善知識　各自觀察　莫錯用心　經文分明言　自歸依佛　不言歸
依他佛　自佛不歸　無所依處　今旣自悟　各須歸依自心三寶
內調心性　外敬他人　是自歸依也

　선지식들이여, 이제 사홍서원을 일으키는 것은 마쳤다. 이제는 다시 선지식들에게 무상의 삼귀의계253)를 주겠다.
　선지식들이여,

지혜(智慧)와 복덕(福德)을 갖추신
거룩한 붓다에 귀의합니다.

252)　願力法은 사홍서원을 실천하는 가르침을 가리킨다.
253)　불·법·승의 삼보에 귀의함에 있어 형식보다는 마음을 중시하여
　　각각 覺·正·淨으로 배열한다.

욕구(欲垢)와 망염(妄染)을 벗어난
올바른 교법에 귀의합니다.
무위(無爲)와 화합(和合)을 지향한
청정한 승단에 귀의합니다.

　오늘부터 이후로 부처님을 스승으로 모시고 다시는
사마(邪魔)·외도(外道)에게 귀의하지 말고 자성의 삼
보로써 항상 스스로 증명해야 한다. 선지식들에게 권하
는데 자성의 삼보에 귀의하여라. 부처님은 깨침이고, 교
법은 올바름이며, 승단은 청정이다.
　자심의 붓다에 귀의한다는 것은 사(邪)·미(迷)가 발
생하지 않고, 욕심을 줄이고 만족을 알며,254) 재물과 색
을 벗어나는 것을 지혜와 복덕을 갖추신 거룩한 부처님
이라고 말한다.
　자심의 교법에 귀의한다는 것은 염념에 사견이 없고,
사견이 없으므로 곧 인상과 아상의 공고심 및 탐애와
집착이 없는 것을 욕구(欲垢)와 망염(妄染)을 벗어난
올바른 교법이라고 말한다.
　자심의 승단에 귀의한다는 것은 일체의 번뇌와 애욕
의 경계에 대하여 자성이 전혀 물들지 않는 것을 무위
와 화합을 지향한 청정한 승단이라고 말한다.
　만약 이 삼귀의계를 닦으면 그것이 곧 자신에게 귀의
하는 것이다. 그런데 범부는 이 도리를 모르고 낮부터
시작하여 밤이 되도록 삼귀의계를 받는다. 만약 부처님

---

254) 少欲知足은 욕심을 줄이고 만족을 안다는 의미이다. 『無
量壽經』 卷2, 『法華經』 勸發品 참조.

께 귀의한다면 그 부처님은 어디에 계신단 말인가. 만약 부처님을 친견할 수 없다면 어찌 귀의의 대상으로 의지할 수 있겠는가. 말하자면 그것은 도리어 망상만 될 뿐이다.

선지식들이여, 각자 스스로 관찰해보고 마음을 잘못 쓰지 말라. 경문에서도 분명히 자기를 부처로 삼아 귀의하라[255]고 말했지 타불(他佛)에게 귀의하라고 말하지 않았다. 자불(自佛)에 귀의하지 못하면 어디에도 의지할 곳이 없다. 이제 이미 스스로 그런 줄을 깨쳤으면 각자 모름지기 자심의 삼보에 귀의해야 한다. 그리하여 안으로 심성을 조화시키고 밖으로 타인을 공경하는 그것이야말로 곧 자기에게 귀의하는 것이다.

善知識 旣歸依自三寶竟 各各至心 吾與說一體三身自性佛 令汝等見三身 了然自悟自性 總隨我道 於自色身 歸依淸淨法身佛 於自色身 歸依千百億化身佛 於自色身 歸依圓滿報身佛 善知識 色身是舍宅 不可言歸 向者三身佛 在自性中 世人總有 爲自心迷 不見內性 外覓三身如來 不見自身中有三身佛 汝等聽說 令汝等於自身中 見自性有三身佛 此三身佛 從自性生 不從外得

선지식들이여, 이미 자기의 삼보에 귀의를 마쳤으니 각각 마음을 가다듬어라.[至心] 이제 내가 일체삼신(一體三身)의 자성불(自性佛)[256]을 설하여 그대들로 하여금

---

255) 實叉難陀 譯, 『大方廣佛華嚴經』 卷14, (大正藏10, pp.70下-71上) "自歸於佛 當願衆生 紹隆佛種 發無上意 自歸於法 當願衆生 深入經藏 智慧如海/ 自歸於僧 當願衆生 統理大衆 一切無礙"

삼신을 보아 분명하게 스스로 자성을 깨치도록 하겠다. 그러니 모두 나를 따라서 말하거라

.

자기의 색신에 있는 청정법신
비로자나부처님께 귀의합니다.
자기 색신에 있는 천백억화신
석가모니부처님께 귀의합니다.
자기의 색신에 있는 원만보신
노사나부처님에게 귀의합니다.

　선지식들이여, 색신은 곧 사택(舍宅)과 같은 것이므로 그것에 귀의한다고 말할 수가 없다. 위에서 말한 삼신불은 자성 속에 있어서 세상 사람들이 모두 지니고 있건만 자기의 마음이 미혹하여 안에 있는 자성을 보지 못한다. 밖으로 삼신여래를 찾느라고 자신 가운데 있는 삼신불을 보지 못한다. 그대들은 설법을 듣거라. 그대들로 하여금 자신 가운데 자성의 삼신불이 있음을 보도록 해주겠다. 이 삼신불은 자성에서 발생한 것이지 밖으로부터 터득하는 것이 아니다.

---

256) 여기에서 법신에 대해서는 만법으로 변화하는 자기, 화신에 대해서는 만법 곧 선과 악으로 변화하는 자기, 보신에 대해서는 선법을 실천함으로써 악법이 소멸되는 자기에 대하여 말한다. 이것이 곧 법신·보신·화신의 순서로부터 법신·화신·보신의 순서로 배열되는 이유이다. 이것은 법신·화신·보신이 궁극적으로 一體라는 것으로 선사상의 근저에 性起思想이 존재하고 있음을 보여준다. 자성은 청정한 것이므로 어떤 변화도 없음을 자각하는 것이다. 이것을 짐짓 삼신의 사상으로 파악한 것이 『단경』에서 추구하는 깨침의 구극이다. 나아가서 無相戒가 목적으로 삼는 근본적인 의미는 염념에 善法을 추구하여 자기가 그대로 청정법신임을 自悟하는 것이다.

何名淸淨法身佛 世人性本淸淨 萬法從自性生 思量一切惡
事 卽生惡行 思量一切善事 卽生善行 如是諸法 在自性中
如天常淸 日月常明 爲浮雲蓋覆 上明下暗 忽遇風吹雲散
上下俱明 萬象皆現 世人性常浮游 如彼天雲 善知識 智如
日 慧如月 智慧常明 於外著境 被妄念浮雲 蓋覆自性 不
得明朗 若遇善知識 聞眞正法 自除迷妄 內外明徹 於自性
中 萬法皆現 見性之人 亦復如是 此名淸淨法身佛 善知識
自心歸依自性 是歸依眞佛 自歸依者 除卻自性中不善心·嫉
妒心·諂曲心·吾我心·誑妄心·輕人心·慢他心·邪見心·貢高心 及
一切時中不善之行 常自見己過 不說他人好惡 是自歸依
常須下心 普行恭敬 卽是見性 通達更無滯礙 是自歸依

그러면 청정법신불이란 무엇을 말하는가.

세상 사람들의 성품이 본래청정하여 만법은 자성에서
발생한다. 그래서 일체의 악사(惡事)를 생각하면 곧 일
체의 악행이 발생하고, 일체의 선사(善事)를 생각하면
일체의 선행이 발생한다. 이와 같이 제법은 자성 가운
데 있다. 마치 하늘이 항상 맑으면 해와 달이 항상 밝
지만, 뜬구름에 가려 위는 밝지만 아래는 어둡다가 홀
연히 바람이 불어오면 구름이 흩어져서 위와 아래가 모
두 밝아져 만상이 모두 드러나는 것과 같다. 세상 사람
들의 성품이 항상 들떠있는 것도 저 하늘의 구름과 마
찬가지이다.

선지식들이여, 지(智)는 해와 같고 혜(慧)는 달과 같
아서 지혜가 항상 밝게 빛나지만, 밖으로 경계에 집착
하면 망념의 뜬구름 때문에 자성이 가려 밝게 비추지
못한다. 그러다가 만약 선지식을 만나서 진실한 정법을

들으면 저절로 미망이 사라지고 안과 밖이 명철하여 자성 가운데 만법이 모두 드러난다. 견성한 사람도 또한 그와 같다. 이것을 청정법신불이라 말한다.

선지식들이여, 자심의 자성에 귀의하라. 이것이 진불에 귀의하는 것이다. 자기에게 귀의한다는 것은 다음과 같다.

자성 속의 나쁜 마음[不善心]·미워하고 새암 내는 마음[嫉妬心]·아첨하고 굽신거리는 마음[諂曲心]·자기만 내세우는 마음[吾我心]·속이고 기만하는 마음[誑妄心]·남을 무시하는 마음[輕人心]·남에게 자기를 내세우는 마음[慢他心]·잘못된 견해를 지닌 마음[邪見心]·자기를 높이는 마음[貢高心] 및 일체시의 나쁜 행위[不善行]를 없애고, 항상 자기의 허물을 보고 타인의 호·오(好·惡)를 말하지 않는 것이 곧 자기에게 귀의하는 것이다. 그리고 항상 모름지기 겸손한 마음으로 널리 공경을 실천하면 그것이 견성에 통달하는 것으로 다시는 걸림이 없는데 이것이 곧 자기에게 귀의하는 것이다.

何名千百億化身 若不思萬法 性本如空 一念思量 名爲變化 思量惡事 化爲地獄 思量善事 化爲天堂 毒害化爲龍蛇 慈悲化爲菩薩 智慧化爲上界 愚癡化爲下方 自性變化甚多 迷人不能省覺 念念起惡 常行惡道 廻一念善 智慧卽生 此名自性化身佛

천백억화신이란 무엇을 말하는가.

만약 만법을 사려분별하지 않으면 자성이 본래의 공

과 같지만, 만약 일념이라도 사려분별하면 그것을 변화라고 말한다. 악사(惡事)를 생각하면 변화하여 지옥이되고, 선사(善事)를 생각하면 변화하여 천당이 되며, 독·해(毒·害)는 변화하여 용·사(龍·蛇)가 되고, 자비는변화하여 보살이 되며, 지혜는 변화하여 상계(上界)가되고, 우치는 변화하여 하방(下方)이 된다. 이처럼 자성은 갖가지로 변화한다. 그런데 미혹한 사람은 그 도리를 깨치지 못하고 염념에 악사(惡事)를 일으켜서 항상악도(惡道)에 나아간다. 그러다가 일념에 선도(善道)로돌아서면 곧 지혜가 발생하는데 이것을 자성화신불이라고 말한다.

何名圓滿報身 譬如一燈能除千年闇 一智能滅萬年愚 莫思向前已過 不可得常思於後 念念圓明 自見本性 善惡雖殊本性無二 無二之性 名爲實性 於實性中 不染善惡 此名圓滿報身佛 自性起一念惡 滅萬劫善因 自性起一念善 得恒沙惡盡 直至無上菩提 念念自見 不失本念 名爲報身 善知識 從法身思量 卽是化身佛 念念自性自見 卽是報身佛 自悟自修自性功德 是眞歸依 皮肉是色身 色身是舍宅 不言歸依也 但悟自性三身 卽識自性佛

원만보신이란 무엇을 말하는가.

비유하면 마치 한 개의 등불이 천 년의 어둠을 물리치고,[257] 하나의 지혜가 만 년의 어리석음을 소멸하는것과 같다. 과거에 이미 지나버린 것을 생각하지 말라.

257) 道綽 撰,『安樂集』卷上,（大正藏47, p.10下）"譬如千歲闇室 光若暫至 卽便明朗 豈可得言闇在室千歲而不去也"

항상 지나간 뒤에 생각해서는 안 된다. 염념을 원명(圓明)케 하여 스스로 본성을 보라. 비록 선과 악이 다를지라도 본성은 다름이 없다. 다름이 없는 본성을 실성이라 말한다. 실성의 입장에서는 선과 악에 물들지 않는데 이것을 원만보신불이라 말한다. 자성이 일념에 악사(惡事)를 일으키면 만겁의 선인(善因)이 소멸된다. 그런데 자성이 일념에 선사(善事)를 일으키면 항사(恒沙)258)의 악사(惡事)가 모두 없어지고 곧바로 무상보리에 도달하고, 염념에 자성이 드러나더라도 본념(本念)은 사라지지 않고 그대로인데 이것을 보신이라 말한다.

선지식들이여, 법신의 입장으로부터 사량분별을 하면 그것이 곧 화신불이고, 염념에 자성이 스스로 드러나면 그것이 곧 보신불이며, 자성의 공덕을 스스로 깨치고 스스로 닦으면 그것이 곧 진실한 귀의이다. 피육은 곧 색신이고, 색신은 곧 사택이므로 이것은 귀의할 대상이라 말할 수가 없다. 무릇 자성의 삼신불을 깨치면 그것이 곧 자성불을 터득하는 것이다.

吾有一無相頌　若能誦持　言下令汝積劫迷罪　一時銷滅　頌曰　迷人修福不修道　只言修福便是道　布施供養福無邊　心中三惡元來造　擬將修福欲滅罪　後世得福罪還在　但向心中除罪緣　各自性中眞懺悔　忽悟大乘眞懺悔　除邪行正卽無罪

---

258) 恒河沙로서 일반적으로 수가 많은 것에 비유된다. 한편 수미산 頂上에는 阿耨達池가 있는데 사방으로 물이 흘러내린다. 그 가운데 동방으로 흐르는 물 이름이 恒河이다. 다른 물은 세월이 변함에 따라서 그 명칭이 바뀌지만 恒河의 경우는 억겁의 세월이 흘러도 恒河라는 명칭이 변하지 않는다. 또한 아무리 가물어도 물줄기가 끊기지 않는다. 곧 불법의 영원함을 상징한다.

學道常於自性觀　即與諸佛同一類　吾祖惟傳此頓法　普願見
性同一體　若欲當來覓法身　離諸法相心中洗　努力自見莫悠
悠　後念忽絶一世休　若悟大乘得見性　虔恭合掌至心求

　나한테 하나의 무상송(無相頌)이 있다. 만약 그것을
송지하면 그 찰나에 그대들이 역겁 동안 쌓아온 미혹의
죄업을 일시에 소멸시켜준다. 무상의 게송은 다음과 같
다.”

미인은 복만 닦고 수도하지 않으면서
다만 복 닦는 것을 곧 수도라 말하네
보시하고 공양한 복덕은 끝이 없지만
마음엔 삼독이 본래 그대로 자라나네
복덕 닦음으로써 죄를 소멸하려 해도
후세의 복덕 얻지만 죄는 그대로라네
무릇 심중에서 죄의 반연을 없애야만
각자의 자성이 진실한 참회가 된다네
홀연히 대승법을 깨쳐 진정 참회하여259)
사 없애고 정 닦으면 곧 무죄 된다네
도를 닦으려면 곧 **자성**에서 관찰해야
제불과 더불어 똑같은 부류가 된다네
역대 조사들은 오직 돈법만 전했으니
곧 견성하여 동일체가 되길 바란다네260)
만약 당래세의 법신을 찾고자 한다면

---

259) 대승법은 一佛乘法으로 본래의 자성이 공한 줄을 터득해야 함을
　　말한다.
260) 同一體는 자성의 본질과 딱 부합되는 경지를 가리킨다.

제법의 형상을 떠나서 마음을 맑혀라
열심히 정진하여 세월 허비하지 말라
후념이 홀연히 멈추면 일세가 끝나리
만약 대승법 깨쳐 견성을 터득하려면
정성스레 손 모아 지심으로 추구하라

師言 善知識 總須誦取 依此修行 言下見性 雖去吾千里
如常在吾邊 於此言下不悟 卽對面千里 何勤遠來 珍重好
去 一衆聞法 靡不開悟 歡喜奉行

　대사가 말했다.
　"선지식들이여, 모두들 반드시 외워서 지니거라. 이 무
상송에 의지하여 수행하면 언하에 견성할 것이다. 그러
면 비록 몸은 나와 천 리나 떨어져 있을지라도 항상 내
곁에 있는 것과 같다. 그러나 언하에 깨치지 못한다면
곧 몸이 나와 대면하고 있을지라도 천 리나 떨어진 것
과 같다.261) 그러므로 어찌 수고롭게 멀리서 올 필요가
있겠는가.
　그럼, 안녕히 잘들 돌아가시오.262)"
　대중 일동이 법문을 듣고는 모두 깨쳐서 환희하고 받
들어 실천하지 않는 자가 없었다.263)

---

261) 혜능의 설법을 마치 부처님의 설법에 비유하여 부처님의 유촉과
　　같은 형식을 취한 것이다. 鳩摩羅什 譯, 『佛遺敎經』, (大正藏12,
　　p.1110下) "汝等比丘 於我滅後 當尊重珍敬波羅提木叉 如闇遇明貧
　　人得寶 當知 此則是汝大師 若我住世無異此也" 참조.
262) 珍重은 散會라고도 하여 헤어질 때 하는 작별의 인사말인데 '안
　　녕', '잘 가라.' 내지 '몸조심하라.' 등의 뜻이다.
263) 歡喜奉行은 경문의 형식을 본따서 표현한 대목이다. 歡喜는 信
　　受와 같아서 發心하는 것이고, 奉行은 구경에 수행을 완성한다는

參請機緣第六

師自黃梅得法　回至韶州曹侯村　人無知者　有儒士劉志略
禮遇甚厚　志略有姑爲尼　名無盡藏　常誦大涅槃經　師暫聽
卽知妙義　遂爲解說　尼乃執卷問字　師曰　字卽不識　義卽請
問　尼曰　字尚不識　焉能會義　師曰　諸佛妙理　非關文字　尼
驚異之　遍告里中耆德云　此是有道之士　宜請供養　有晋武
侯玄孫曹叔良　及居民　競來瞻禮

3.-6) 참청기연264)

(1)

대사가 황매에서 득법하고 돌아와서 소주의 조후촌에
이르렀는데 아무도 알아보는 사람이 없었다.265) 유학자

뜻이다. 곧 발심과 수행의 완성을 나타내는 것으로 修證不二의 祖
師禪의 가풍을 드러낸 말이다.

264) 제육 참청기연품 부분은 주로 『景德傳燈錄』 卷5, (大正藏51,
pp.237上-240下)의 내용에 의거한 것이다. 본 『壇經』에서는 無盡
藏尼·法海·法達·智通·智常·志道·行思·懷讓·玄覺·智隍·어떤　승·方弁·
어떤 승 등 13인에 대하여 기록하고 있다. 機緣은 교화되는 중생
의 素質 및 入門의 인연으로서 사람에 따라서 여러 가지 방편이
동원된다. 利根에 대해서는 頓修法으로 교화하고 鈍根에 대해서는
漸修法으로 교화하는 혜능의 안목이 엿보인다.

265) 아무도 혜능을 알아보는 사람이 없었다는 것은 혜능이 출가하여
황매를 찾아가는 길에 조후촌에 이르러 잠시 머물렀던 적이 있었
다. 후에 혜능이 황매로부터 법을 받고 돌아오는 길에 조후촌에 이
르렀는데 이때 알아보는 사람이 없었다는 것을 가리킨다. 『景德傳
燈錄』 卷5, (大正藏51, p.235中) "直抵韶州遇高行士劉志略結爲交
友 尼無盡藏者 卽志略之姑也 常讀涅槃經 師暫聽之卽爲解說其義
尼遂執卷問字 師曰 字卽不識 義卽請問 尼曰 字尚不識曷能會義 師
曰 諸佛妙理非關文字 尼驚異之 告鄕里者艾云 能是有道之人宜請供
養 於是居人競來瞻禮 近有寶林古寺舊地 衆議營緝俾師居之 四衆霧
集俄成寶坊 師一日忽自念曰 我求大法豈可中道而止 明日遂行至昌
樂縣西山石室間 遇智遠禪師 師遂請益 遠曰 觀子神姿爽拔殆非常人

유지략(劉志略)266)이 융숭한 예우를 하였다. 유지략의 고모로서 비구니 무진장이 있었다. 항상 『대열반경』을 독송하였는데 대사가 잠깐 듣고는 곧 경전의 깊은 뜻을 알아차렸다. 그리고는 마침내 그 뜻을 해설해주었다. 이에 비구니는 책을 짚으면서 글자를 물었다. 대사가 말했다.

"글자는 모릅니다. 그러므로 뜻에 대해서 물어보시오."

비구니가 말했다.

"글자도 모른다면서 어찌 뜻인들 알겠습니까."

대사가 말했다.

"제불의 오묘한 도리는 문자와 관계가 없습니다."

이에 비구니가 경이롭게 생각하였다. 그리하여 널리 마을의 기덕(耆德)267)들에게 말하였다.

"혜능 이분이야말로 도인입니다. 반드시 청하여 공양하는 것이 좋겠습니다."

진(晋)의 무후(武侯)의 현손에 해당하는 조숙량268) 및 마을 사람들이 다투어 몰려와서 예배하였다.

吾聞西域菩提達磨 傳心印于黃梅 汝當往彼參決 師辭去直造黃梅之東禪 卽唐咸亨二年也" 참조.

266) 유학자 劉志略에 대한 전기는 알려진 바가 없다. 혹 唐나라 시대 劉志道의 아들일 것이라는 추측이 있다.

267) 덕망이 높은 노인 및 사람에 대한 존칭으로 耆老·老宿·尊宿·古尊宿이라고도 한다.

268) 魏武侯는 魏나라를 건립한 曹操이다. 曹溪는 조조의 후손들이 모여 사는 마을로서 혜능이 방문했을 당시에 曹叔良이 그 문중의 어른이었다. 만약 晋武侯라면 西晋의 武帝로서 司馬炎을 가리킨다. 그런데 그 현손이 조숙량이라는 것에 의하면 魏武侯로 간주된다. 玄孫은 제5대의 후손이다. 그런데 제5대 째의 인물이라면 연대가 맞지 않기 때문에 일설에서는 系孫의 誤記로서 遠孫의 뜻으로 이해해야 한다고 주장한다.

時寶林古寺 自隋末兵火已廢 遂於故基重建梵宇 延師居之
俄成寶坊 師住九月餘日 又爲惡黨尋逐 師乃遁于前山 被
其縱火焚草木 師隱身挨入石中得免 石今有師趺坐膝痕 及
衣布之紋 因名避難石 師憶五祖懷會止藏之囑 遂行隱于二
邑焉

그때 옛날의 보림사는 수나라 말기에 병화(兵火)로 인
하여 이미 폐사가 되어 있었다. 마침내 보리사의 옛터
에 다시 범우(梵宇)269)를 건립하고 대사를 초청하여 머
물도록 하였다. 이에 전격적으로 완성된 보방(寶坊)에
서 대사는 9개월 동안 주석하였다. 한편 악당들의 추격
을 받자 대사는 그 안산으로 몸을 피했다.270) 산의 초
목을 불태워 추격해오자 대사는 바위에 의탁하여 위기
를 모면하였다. 그 바위에는 지금도 대사가 가부좌했던
흔적과 가사의 문양이 남아있다. 그 때문에 그 바위는
피난석(避難石)이라고 불린다. 대사는 오조의 회회지장
(懷會止藏)의 부촉271)을 기억하고는 마침내 길을 떠나

---

269) 사찰을 의미하는데 梵宮·梵室·禪室·禪宇·禪刹·梵刹·梵堂·寶坊 등
으로도 불린다.
270) 무진장 비구니, 유지략, 마을 사람들과의 인연은 혜능이 출가하
여 황매로 홍인을 찾아가는 도중에 묘사되어 있고,(『景德傳燈錄』
卷5, (大正藏51, p.235中) 조숙량과 인연은 홍인으로부터 득법한
이후에 만난 사람으로 묘사되어 있다. 그러나 여기에서는 홍인을
찾아가는 도중에 잠시 들렀던 지역이면서, 더불어 홍인으로부터 득
법한 이후에 다시 방문하여 무진장 비구니, 유지략, 마을 사람들과
의 인연을 맺은 경우로 설정되어 있다. 그 때문에 여기에서 혜능이
難을 당한 것은 혜능의 의발을 빼앗으려는 사람들의 소행으로 보
인다.
271) 위의 제일 오법전의품에서 오조가 혜능에게 예언한 '懷를 만나
면 멈추고 會를 만나면 숨거라.'는 내용이다.

두 고을[二邑]에 은둔하였다.272)

一僧法海 韶州曲江人也 初參祖師 問曰 卽心卽佛 願垂指
諭 師曰 前念不生卽心 後念不滅卽佛 成一切相卽心 離一
切相卽佛 吾若具說 窮劫不盡 聽吾偈曰 卽心名慧 卽佛乃
定 定慧等持 意中淸淨 悟此法門 由汝習性 用本無生 雙
修是正 法海言下大悟 以偈讚曰 卽心元是佛 不悟而自屈
我知定慧因 雙修離諸物

(2)

승 법해273)는 소주 곡강현274) 출신이다. 처음에 조사
를 참문했을 때 다음과 같이 물었다.
"바라건대, 즉심즉불275)에 대하여 가르침을 내려주십시오."

---

272) 광주 남해군의 懷集縣과 四會縣 주변에서 몸을 숨겼다.
273) 法海는 혜능이 大梵寺에서 했던 설법을 기록하였고, 혜능의 임
    종 때에도 곁에서 모시면서 마지막 遺誡를 기록한 인물로서 혜능
    의 10대 門人 가운데 한 사람이다. 『壇經』의 편찬자로서 廣東省
    韶州의 曲江 출신이다. 그러나 오늘날 연구로는 이 法海가 다름아
    닌 본 『六祖大師緣起外記』(『六祖大師法寶壇經略序』의 改題)의 撰
    者인 牛頭宗의 法海(『宋高僧傳』 卷6 「唐吳興法海傳」, 大正藏50,
    pp.738下-739上)로 알려져 있다. 吳興의 法海로 본다면 字는 文
    允이고, 속성은 張씨이며, 출신지는 廣東省 韶州의 丹陽이다. 어려
    서 鶴林寺에서 출가하였고, 天寶 年間(742-756)에 揚州의 法愼律
    師에게 참문하였다. 후에 道俗에게 크게 선법을 폈다.
274) 廣東省에 소속된 지역이다.
275) 卽心卽佛은 卽心是佛·非心非佛·非心卽佛·是心是佛·是心卽佛과
    같은 말이다. 卽心卽佛에서 즉심의 경우 청정심[心]에 계합된다[卽]
    는 의미로서 본래청정한 불심에 계합되는 경우를 곧 佛이라고 말
    한다. 이 말은 일찍이 畺良耶舍 譯, 『佛說觀無量壽佛經』(大正藏
    12, p.343上) "是故 汝等心想佛時 是心卽是 三十二相 八十隨形好
    是心作佛 是心是佛 諸佛正遍知海 從心想生"및 傅大士의 『心王銘
    』, (大正藏51, p.457上) "心王亦爾 身內居停面門出入 應物隨情自
    在無礙 所作皆成 了本識心 識心見佛 是心是佛 是佛是心 念念佛心

대사가 말했다.

"전념(前念)이 발생하지 않으면 곧 즉심(卽心)이고, 후념(後念)이 소멸하지 않으면 곧 즉불(卽佛)이다.276) 일체의 청정상을 성취되어 있는 것이 즉심이고, 일체의 분별상을 벗어나 있는 것이 즉불이다.277) 만약 이에 대하여 내가 자세하게 설한다면 영겁토록 끝이 없을 것이다. 자, 이제 다음과 같은 내 게송을 들어보라.

즉심의 경우를 지혜라 말하고
즉불의 경우 선정이라 말하네
선정과 지혜 평등하게 지니면
마음 그대로 청정한 경지라네
이러한 법문 깨치고 못깨침은
그대들의 자성에 달려 있다네278)
자성의 작용 본래 무생이지만
정혜를 골고루 닦아야 한다네"

법해가 대번에 대오하였다. 이에 게송으로 다음과 같이 찬탄하였다.

佛心念佛 欲得早成 戒心自律 淨律淨心 心卽是佛 除此心王 更無別佛 欲求成佛 莫染一物"등에서 그 맹아를 찾아볼 수가 있다.

276) 前念은 분별심이고, 後念은 청정심이다. 前念이 이미 소멸했기 때문에 不生이고, 後念이 아직 발생하지 않았기 때문에 不滅이다.

277) 일체의 청정상과 분별상에 대하여 조작적인 노력으로 성취된 것이 아니라 그 이전에 이미 그렇게 無念無心으로 현성되어 있는 모습을 가리킨다. 이것이야말로 보리달마로부터 전승되어 온 本來成佛 사상에 근거한 조사선의 가풍 그대로이다.

278) 由汝習性은 習이 性이 된다는 것으로 의식적으로 노력하지 않아도 모르는 새에 저절로 자기의 몸에 배어든다는 뜻이다.

"청정한 마음 원래 부처인데도
그 도리를 모르면 물러난다네279)
저는 반드시 정혜를 쌍수해야
분별번뇌 벗어난 줄 알았다네"

僧法達 洪州人 七歲出家 常誦法華經 來禮祖師 頭不至地
師訶曰 禮不投地 何如不禮 汝心中必有一物 蘊習何事耶
曰 念法華經已及三千部 師曰 汝若念至萬部 得其經意 不
以爲勝 則與吾偕行 汝今負此事業 都不知過 聽吾偈曰 禮
本折慢幢 頭奚不至地 有我罪卽生 亡功福無比

(3)

제자 법달은 홍주280) 출신이다. 일곱 살 때 출가하여
항상 『법화경』을 독송하였다. 조사를 찾아와서 예배를
드리는데 머리가 땅에 닿지 않았다. 이에 대사가 꾸짖
어 말했다.

"예배를 하는데 머리가 땅에 닿지 않는구나. 그대는 어
째서 예법을 따르지 않는가.281) 그대의 마음에는 필시
일물282)이 있는 듯한데, 도대체 어떤 사업283)을 배웠길

---

279) 스스로 모를 뿐만 아니라 오히려 모르기 때문에 자기를 중생으
로 한정시켜 불도수행으로부터 물러나버리는 것이다.
280) 江西省 南昌縣이다. 『景德傳燈錄』 卷5에는 豊城縣으로 기록되어
있다.
281) 如不禮는 사문이 지켜야 하는 도리가 있음에도 불구하고 그 예
법을 지키지 않는 것이다. 곧 정해진 예법대로 따르지 않고 방자하
게 구는 모습을 가리킨다.
282) 一物은 본래 깨침·진여·열반 등의 속성을 가리킨 말인데 渠·此事
등과 같다. 그러나 여기에서는 법달이 의기양양하게 표출하고 있는
아만 내지 자만과 같은 번뇌를 가리킨다.
283) 修行과 동의어이다.

래 그런가."

법달이 말했다.

"『법화경』을 읽었는데 이미 삼천 번이나 됩니다."

대사가 말했다.

"그대가 설령 만 번을 읽고 경전의 뜻을 터득했다 하더
라도 경전의 뜻을 넘어서지 못했다면 이에 나와 더불어
함께 수행하거라. 그대는 지금 하고 있는 사업284)이 모
두 허물인 줄을 모르는구나. 내가 게송으로 말하는 것
을 들어보라."

예배는 아만을 없애는 것인데285)
어째서 머리가 땅에 안닿는가
아만을 두면 허물이 생기지만
공을 잊어야 최고의 복이라네286)

師又曰 汝名什麼 曰 法達 師曰 汝名法達 何曾達法 復說
偈曰 汝今名法達 勤誦未休歇 空誦但循聲 明心號菩薩 汝
今有緣故 吾今爲汝說 但信佛無言 蓮華從口發

---

284) 법달이 지금까지 자기의 방식대로 『법화경』을 수행하는 방식을
가리킨다.

285) 慢幢의 예는 達摩流支 譯, 『寶雨經』 卷7, (大正藏16, p.311下)
"菩薩成就十種法而行於喜 何等爲十 … 四者 我能傾折憍慢久遠之
幢 如是生喜" 참조.

286) 功은 『법화경』을 삼천 번이나 독송한 것을 가리키는데, 그와 같
은 공능에 대한 집착을 없애고 無心하게 독송해야 그것이 곧 비교
할 수 없는 공덕이라는 것을 말한다. 亡功福無比는 無功德이므로
복덕이 무량하다는 것이다. 鳩摩羅什 譯, 『金剛般若波羅蜜經』, (大
正藏8, p.749中) "是福德卽非福德性 是故 如來說福德多"

대사가 다시 말했다.

"그대의 이름은 무엇인가."

법달이 말했다.

"법달입니다."

대사가 말했다.

"그대의 이름이 법달이라면 일찍이 법에 통달했다는 말인가."

그리고는 다시 다음과 같이 게송으로 설하여 말했다.

"지금 그대의 이름은 법달이지만
열심히 독송해도 깨치지 못했네[287]
모름지기 소리로 반복하지 말고
마음을 깨쳐야 보살이라 말하네[288]
지금 그대에게 인연이 있으므로
내가 그대에게 설법을 해주리라
무릇 불법의 무언도리 믿는다면
그대의 입에서 연꽃 피어나리라[289]"

達聞偈 悔謝曰 而今而後 當謙恭一切 弟子誦法華經 未解
經義 心常有疑 和尙智慧廣大 願略說經中義理 師曰 法達
法卽甚達 汝心不達 經本無疑 汝心自疑 汝念此經 以何爲

---

287) 休歇은 모든 번뇌를 멈춘다는 뜻으로 깨침을 의미한다. 달리 歇·
　　休·省·會·證·覺·悟 등으로도 쓰인다.
288) 曇果 共 康孟詳 譯, 『中本起經』 卷上, (大正藏4, p.153下) "息
　　心達本源 故號爲沙門" ; 傅大士의 『心王銘』, (大正藏51, p.457上)
　　"明心大士 悟此玄音" 등 참조.
289) 鳩摩羅什 譯, 『南無妙法蓮華經』 卷6, (大正藏9, p.54下) "若有
　　人聞是藥王菩薩本事品 能隨喜讚善者 是人現世口中常出靑蓮華香"
　　참조.

宗 達曰 學人根性暗鈍 從來但依文誦念 豈知宗趣 師曰
吾不識文字 汝試取經誦一遍 吾當爲汝解說 法達卽高聲念
經 至譬喩品 師曰 止 此經元來以因緣出世爲宗 縱說多種
譬喩 亦無越於此 何者因緣 經云 諸佛世尊 唯以一大事因
緣出現於世 一大事者 佛之知見也 世人外迷著相 內迷著
空 若能於相離相 於空離空 卽是內外不迷 若悟此法 一念
心開 是爲開佛知見

법달이 게송을 듣고서 뉘우치며 감사의 말로 말했다.
"이제부터 그리고 이후에는 반드시 일체에 대하여 겸손
한 자세로 공경하겠습니다. 제자가 『법화경』을 독송해
왔지만, 아직 경전의 뜻을 이해하지 못하고 마음에 항
상 의심이 있었습니다. 화상께서는 지혜가 광대합니다.
바라건대, 경문의 의리에 대하여 간략하게 설해주십시
오."
　대사가 말했다.
"법달이란 법은 곧 그대로 통달해 있다는 것이다. 그런
데도 그대의 마음이 통달하지 못하고 있을 뿐이다. 경
전에는 본래 의심이 없건만 그대의 마음이 스스로 의심
을 하는 것이다. 그대는 『법화경』을 송념하면서 무엇으
로 종취를 삼는가."
　법달이 말했다.
"학인은 근성이 뒤떨어져 종래부터 무릇 경문에만 의지
하여 송념을 하였습니다. 그런데 어찌 종취를 알겠습니
까."
　대사가 말했다.
"나는 문자를 모른다. 그러니 그대가 경전을 한 차례 읽

어다오. 그러면 내가 마땅히 그대한테 설해주겠다."

법달이 곧 큰소리로 경전을 송념하였다. 「비유품」 부분290)에 이르자 대사가 말했다.

"그만 읽어라. 이 경전은 원래 인연의 비유로써 출세간의 종취를 삼는다. 그러므로 설령 여러 가지 비유를 설할지라도 그 또한 인연의 비유291)를 초월하지 않는다. 그러면 인연의 비유란 무엇인가. 경전에서는 '제불세존께서는 오직 일대사의 인연 때문에 세간에 출현하셨다.'292)고 말했다. 일대사란 곧 불지견293)이다. 세간의 사람들은 밖으로 미혹하여 상(相)에 집착하고 안으로 미혹하여 공(空)에 집착한다.294) 만약 상(相)을 대하면 상(相)을 초월하고 공(空)을 대하면 공(空)을 초월하게 되면 그것은 곧 안과 밖으로 미혹되지 않는다. 만약 이 법을 깨치면 일념에 곧 마음이 열리는데 그것이 곧 불지견(佛知見)을 열어주는 것이다.

佛猶覺也 分爲四門 開覺知見 示覺知見 悟覺知見 入覺知見 若聞開示 便能悟入 卽覺知見 本來眞性 而得出現 汝愼勿錯解經意 見他道 開示悟入 自是佛之知見 我輩無分

---

290) 道原 集, 『景德傳燈錄』 卷5, (大正藏51, p.238上)에는 「方便品」으로 기록되어 있다.
291) 좁은 의미로는 『법화경』을 가리키지만 넓은 의미로는 모든 경전을 가리킨다.
292) 鳩摩羅什 譯, 『妙法蓮華經』 卷1, (大正藏9, p.7上)
293) 佛知見은 우리 모두에게 불성이 본래 갖추어져 있음을 일깨워주기 위하여 세간에 출현했다는 것을 가리킨다.
294) 相과 空은 각각 所有相과 無記空을 가리킨다. 소유상은 일체의 형상 및 경계상이고, 무기공은 공을 허무 내지 단멸로 간주하는 것이다.

若作此解 乃是謗經毀佛也 彼旣是佛 已具知見 何用更開
汝今當信 佛知見者 只汝自心 更無別佛 蓋爲一切衆生 自
蔽光明 貪愛塵境 外緣內擾 甘受驅馳 便勞他世尊 從三昧
起 種種苦口 勸令寢息 莫向外求 與佛無二 故云 開佛知
見 吾亦勸一切人 於自心中 常開佛之知見 世人心邪 愚迷
造罪 口善心惡 貪嗔嫉妬 諂佞我慢 侵人害物 自開衆生知
見 若能正心 常生智慧 觀照自心 止惡行善 是自開佛之知
見 汝須念念開佛知見 勿開衆生知見 開佛知見 卽是出世
開衆生知見 卽是世間 汝若但勞勞 執念以爲功課者 何異
犛牛愛尾

불(佛)은 또한 각(覺)으로서 개각지견(開覺知見)·시
각지견(示覺知見)·오각지견(悟覺知見)·입각지견(入
覺知見)의 네 가지로 나뉜다. 만약 부처님께서 개(開)·
시(示)해주는 것을 듣고 곧 오(悟)·입(入)한다면[295]
곧 각지견(覺知見)이 본래의 진성으로 출현한 것이다.
그러므로 그대들은 삼가 경전의 뜻을 잘못 이해하지 말
라. 다른 사람들이 '개·시·오·입은 본래 부처님의
지견(知見)일 뿐이지 우리에게는 없는 것이다.'[296] 라고
말하는 것을 보고서 정작 그와 같이 이해한다면 그것은
경전을 비방하고 부처님을 헐뜯는 짓이다. 그들 자신이
이미 부처이고 이미 지견(知見)을 갖추고 있는데 어째

---

295) 일반적으로 開·示·悟·入을 각각 발심·수행·보리·열반 혹은 因·行·
證·入이라는 구조로 이해하는 것과는 달리 여기에서 혜능은 開·示·
悟·入의 구조에 대하여 開·示는 能化者의 입장으로 간주하고, 悟·
入은 所化者의 입장으로 간주하고 있다.

296) 鳩摩羅什 譯,『南無妙法蓮華經』「신해품」, (大正藏9, p.16下 이
하)에 나오는 窮子의 비유를 가리킨다.

서 다시 그것을 열어볼 필요가 있겠는가. 그대들은 이제 반드시 믿어야 한다. 곧 불지견이란 다만 그대들의 마음일 뿐 다시 별도의 부처가 없다.

무릇 일체중생은 스스로 부처의 광명을 감추고[297] 번뇌의 경계에 탐애(貪愛)하여 밖으로는 반연하고 안으로는 어지러워 그 탐애를 감수하느라고 치달린다. 그 때문에 저 세존이 수고롭게 삼매에서 일어나서 중생의 탐애를 없애주려고[298] 권장하느라고 갖가지로 입이 아프도록 설법을 하신다.[299] 그러나 밖을 향해서 추구하지 않으면 부처와 더불어 다름이 없다. 그 때문에 개불지견(開佛知見)할 것을 말한다. 나 혜능도 또한 모든 사람에게 자심(自心)에서 항상 개불지견(開佛知見)할 것을 권장하는 바이다. 세상의 사람들은 마음이 간사하고 어리석고 미혹하여 죄를 짓는다. 입으로는 선을 말하면서 마음이 사악하여 탐욕[貪]·화냄[嗔]·시기하고 새암 내는 것[嫉妬]·아첨[諂佞]·아만(我慢)을 품고서 남을 침범하고 남에게 해코지를 가하면서 스스로 중생지견(衆生知見)을 열어 간다.

만약 마음을 바르게 가져 항상 지혜를 발생하고 자심을 관조하여 악을 그치고 선을 실천하면[300] 그것이 곧 스스로 불지견을 열어가는 것이다. 그대들은 모름지기

---

297) 망상분별로 인하여 자신의 불성광명을 매몰시켜버린 것이다.
298) 寢息은 休息 및 止息의 두 가지 뜻이 있다.
299) 鳩摩羅什 譯, 『南無妙法蓮華經』 卷1, 「방편품」, (大正藏9, p.5中 이하)에서 세존이 삼매에서 安祥而起하여 설법하려는 상황을 가리킨다.
300) 止惡行善은 諸惡莫作 諸善奉行이다. 瞿曇僧伽提婆 譯, 『增一阿含經』 卷1, (大正藏2, p.551上) 참조.

염념에 불지견을 열어가야지 중생지견을 열어가지 말라. 불지견을 열어가는 것이 곧 출세간이고, 중생지견을 열어가는 것이 곧 세간이다. 그대들이 만약 무릇 애를 쓰면서도 송념에만 집착하여 그것으로 수행의 성과[功課]를 삼는다면 얼룩소가 자기의 꼬리를 핥는 것과 어찌 다르겠는가."301)

達曰 若然者 但得解義 不勞誦經耶 師曰 經有何過 豈障
汝念 只爲迷悟在人 損益由己 口誦心行 卽是轉經 口誦心
不行 卽是被經轉 聽吾偈曰 心迷法華轉 心悟轉法華 誦經
久不明 與義作讎家 無念念卽正 有念念成邪 有無俱不計
長御白牛車

  법달이 말했다.
"만약 그렇다면 무릇 뜻만 이해하면 굳이 송경하지 않아도 되는 것입니까."
  대사가 말했다.
"경전에 무슨 허물이 있기에 그대가 송념하는 것을 장애하겠는가. 단지 미·오(迷·悟)가 사람에 달려있어서 손·익(損·益)은 자기로 말미암을 뿐이다. 따라서 입으로

---

301) 법달이 『법화경』을 삼천 번이나 송념했다는 것에 집착하여 그것으로 功課를 삼는 것을 가리킨다. 犛牛는 인도의 설산에 서식한다는 소인데 꼬리가 길고 아름답지만 그 터럭이 칼날처럼 예리하다. 그런데 犛牛 스스로 자기의 꼬리를 아끼면서 다듬느라고 항상 혓바닥으로 핥아주는데 혓바닥이 터럭에 베여서 피가 나는 줄도 모르고 계속한다. 중생지견의 어리석음을 비유한 것이다. 鳩摩羅什譯, 『南無妙法蓮華經』卷1, 「方便品」, (大正藏9, p.9中) "見六道衆生 貧窮無福慧 入生死嶮道 相續苦不斷 深著於五欲 如犛牛愛尾"; 『增一阿含經』卷44, (大正藏2, 786下 이하) 참조.

송념하고 마음으로 실천하면 곧 그것은 경전을 부리는 것이지만 입으로만 송념하고 마음으로 실천하지 않으면 곧 그것은 경전에게 부림을 당하는 것이다. 내가 게송으로 말할 테니 들어보라."

마음이 미혹하면 법화가 굴리지만
마음을 깨우치면 법화를 굴린다네302)
길이 송경하면서도 깨치지 못하면
경전의 뜻이 중생지견만 키운다네
무념으로 송경하면 송념이 정이고
유념으로 송경하면 송념이 사이네
유념과 무념의 분별을 초월한다면
영원토록 대백우거를 타고 가리라303)

達聞偈 不覺悲泣 言下大悟 而告師曰 法達從昔已來 實未曾轉法華 乃被法華轉 再啓曰 經云 諸大聲聞 乃至菩薩皆盡思 共度量 不能測佛智 今令凡夫但悟自心 便名佛之知見 自非上根 未免疑謗 又經說三車 羊鹿牛車與白牛之車 如何區別 願和尙再垂開示

법달이 게송을 듣고는 어느새 감읍하고서 곧바로 대오하였다. 그리고는 대사에게 다음과 같이 말씀을 드렸

---

302) 마음이 어리석으면 자신이 경전을 읽으면서도 경전의 문자와 언구에 휘둘려 분별에 빠지지만 마음을 터득하면 자신이 경전의 眞意를 되살려 자유자재하게 일상생활에 활용하게 된다.
303) 大白牛車는 一佛乘으로서 방편을 떠나서 行住坐臥 語黙動靜 見聞覺知 모두가 佛思이고 佛行이고 佛事가 되는 실천이다.『법화경』의 「비유품」의 내용을 가리킨다.

다.

"법달은 옛적부터 지금까지 실로 법화경을 부리기는커
녕 오히려 이에 법화경의 부림을 받아왔습니다."

그리고는 다시 말씀을 드렸다.

"경전에서는 모든 대성문304) 내지 보살들이 모든 사량
을 동원하여 다 함께 헤아리려고 해도 부처님의 지혜는
헤아릴 수가 없다고 말했습니다.305) 지금 여기에서는
범부의 경우일지라도 무릇 자심(自心)을 깨치면 곧 불
지견(佛知見)이라고 말한다는 것으로서 본래 최상근기
가 아니면 의심과 비방을 면하지 못하는 것을 가리킵니
다.306)

또한 경전에서 설한 삼거(三車) 곧 양거 · 녹거 · 우
거와 일거(一車) 곧 백우거는 어떻게 구별해야 하는 것
입니까.307) 바라건대, 화상께서는 거듭 가르침을 설해주
십시오."

---

304) 聲聞은 三乘 가운데 하나인 聲聞乘을 가리키는 경우와 부처님의
　　 육성법문을 친히 들은 제자를 가리키는 경우가 있다. 지금 여기에
　　 서는 후자의 뜻으로 가령 1,250명의 大比丘와 같은 제자를 大聲聞
　　 이라 하였다.
305) 鳩摩羅什 譯,『南無妙法蓮華經』卷1, (大正藏9, p.6上) 참조
306) 바로 앞에서 인용한『법화경』의 "대성문 내지 보살들이 모든 사
　　 량을 동원하여 다함께 헤아리려고 해도 부처님의 지혜는 헤아릴
　　 수가 없다."는 대목에 대하여 법달 자신이 이해한 바를 혜능에게
　　 말씀드리는 부분이다. 곧 대승경전을 이해하는 자는 모두 대승의
　　 근기 및 최상승의 근기만 가능하므로 소승의 근기는 대승경전의
　　 법문을 들으면 의심하고 비방하며 받아들이지 못한다는 것이다.
307) 三界內의 법문으로서 轉迷開悟를 상징하는 聲聞乘·緣覺乘·菩薩
　　 乘의 비유로서 羊車·鹿車·牛車를 언급하고, 迷·悟 및 凡·聖을 초월
　　 한 一眞實의 법문을 상징하는 一佛乘의 비유로서 大白牛車를 언급
　　 한다. 이로써 大白牛車를 牛車와 동일하게 간주하는 三車家의 견
　　 해와 삼승은 방편이고 一佛乘만 진실이라는 四車家의 견해에 대하
　　 여 질문한 것이다.

師曰 經意分明 汝自迷背 諸三乘人 不能測佛智者 患在度
量也 饒伊盡思共推 轉加懸遠 佛本爲凡夫說 不爲佛說 此
理若不肯信者 從他退席 殊不知 坐却白牛車 更於門外覓
三車 況經文明向汝道 唯一佛乘 無有餘乘 若二若三 乃至
無數方便 種種因緣譬喩言詞 是法皆爲一佛乘故 汝何不省
三車是假 爲昔時故 一乘是實 爲今時故 只敎汝去假歸實
歸實之後 實亦無名 應知所有珍財 盡屬於汝 由汝受用 更
不作父想 亦不作子想 亦無用想 是名持法華經 從劫至劫
手不釋卷 從晝至夜 無不念時也

대사가 말했다.
"경전의 뜻은 분명한데도 불구하고 그대 스스로 미혹하
여 등지는 것이다. 모든 삼승이 부처님의 지혜를 헤아
리지 못하는 탓은 분별심으로 헤아리기 때문이다. 설령
그들 삼승인이 모든 사량을 기울여 다 함께 헤아린다고
해도 점점 더 아득히 멀어질 뿐이다. 부처님은 본래 범
부를 위하여 설법하였지 부처를 위해서 설법한 것은 아
니었다. 만약 이런 부처님의 도리를 믿지 못하는 자는
부처님의 법석에서 물러나야 한다. 그리고 그들은 자신
이 백우거(白牛車)를 타고 있으면서도 오히려 문밖에서
삼거(三車)만 찾고 있는 줄조차 까맣게 모른다.308) 하
물며 경문에서는 '오직 일불승의 가르침뿐이지 다른 이

---

308) 자신이 佛性 곧 本有의 心牛를 갖추고 있으면서도 그것을 자각
    하지 못한 채 방편의 三乘을 추구하는 모습을 가리킨다. 殊不知는
    자신이 본래 부처이면서도 그런 줄을 까마득히 모르는 것을 말한
    다. 坐却白牛車는 위의 게송에서 말한 長御白牛車를 가리킨다.

승이나 삼승의 가르침은 없다. 내지 무수한 방편 및 갖
가지 인연과 비유에 대한 언사 등의 법은 모두 일불승
을 위한 것이다.'309)고 말하였다. 그런데 그대는 어째서
삼거(三車)는 방편으로서 과거를 나타낸 것이고, 일승
(一乘)은 진실로서 현재를 나타낸 것인 줄을 깨우치지
못하는가.310) 무릇 그대로 하여금 방편을 제거하고 진
실로 돌아가게 하려는 것이다. 그리하여 진실로 돌아간
이후에는 또한 진실이라는 명칭도 없다. 그러므로 모든
재물은 다 그대의 것이고 그대가 수용하는 것에 따른
것임을 반드시 알아야 한다.311) 다시는 아버지라는 생
각도 하지 않고, 아들이라는 생각도 하지 않으며,312) 또
한 그것을 수용한다는 생각도 하지 않아야 곧 『법화경』
을 수지한다고 말한다. 이에 언제나 손에서 경전을 놓
지 말고 밤낮으로 송념하지 않는 때가 없어야 한다
.313)"

達蒙啓發 踊躍歡喜 以偈讚曰 經誦三千部 曹溪一句亡 未

---

309) 鳩摩羅什 譯, 『南無妙法蓮華經』 卷1, (大正藏9, p.7上-中) 참조.
310) 昔時는 방편으로서 『법화경』을 설하기 이전을 말하고, 今時는
    진실로서 『법화경』을 설한 현재를 말한다.
311) 『법화경』 「신해품」의 내용 참조.
312) 본래부터 자신이 지니고 있던 것이지 결코 아버지가 아들에게
    재물을 물려준 것이라는 생각을 하지 말라는 것이다. 아버지는 부
    처님이고 아들은 佛子이다. 부처님이 중생을 제도하는 것이 아니라
    중생이 자신을 제도하는 것을 말한다. 위의 「제육 전향참회품」 부
    분에서 "곧 혜능이 그대들을 제도해준다는 것이 아니다. 且不是慧
    能度"와 같은 뜻이다.
313) 『妙法蓮華經玄義』 卷第八上, (大正藏 p.777下) "如此解字手不執
    卷 常讀是經 口無言聲遍誦衆典 佛不說法恒聞梵音 心不思惟普照法
    界" 참조.

明出世旨 寧歇累生狂 羊鹿牛權設 初中後善揚 誰知火宅
內 元是法中王 師曰 汝今後方可名念經僧也 達從此領玄
旨 亦不輟誦經

　법달은 가르침을 받고 깨우치게 되자 환희하고 용약
하였다. 이로써 게송으로 찬탄하여 말했다.

경문을 삼천 번이나 송념해왔지만
조계는 한마디로 그걸 부정했다네314)
출세간의 의미를 밝히지 못한다면
어찌 누생겁의 번뇌를 멈추겠는가
양 사슴 소 삼승의 방편 시설하여
삼세에 걸친 진실법문 드러냈다네315)
불난 집에 살고 있는 어떤 사람이
본래 법왕자라는 사실을 알겠는가316)

　대사가 말했다.

---

314) 혜능의 가르침에 모든 분별을 벗어나게 된 것으로서 위의 "그대
　　가 설령 만 번을 읽고 경전의 뜻을 터득했다 하더라도 경전의 뜻
　　을 넘어서지 못했다면 이에 나와 함께 수행하거라. 그대는 지금 하
　　고 있는 사업이 모두 허물인 줄을 모르는구나. 汝若念至萬部 得其
　　經意 不以爲勝 則與吾偕行 汝今負此事業 都不知過"라는 부분을
　　가리킨다.
315) 鳩摩羅什 譯,『南無妙法蓮華經』卷1,（大正藏9, p.3下）"演說正
　　法 初善中善後善 其義深遠 其語巧妙 純一無雜 具足清白梵行之相"
　　참조.
316) 法中王은 法王 및 法王子로서 자신이 부처님 나아가서 불제자임
　　을 자각하는 사람을 나타낸다.『永嘉證道歌』,（大正藏48, p.396下）
　　"法中王最高勝 恒沙如來同共證 我今解此如意珠 信受之者皆相應"
　　참조.

"이후부터는 그대를 바야흐로 경전을 송념하는 수행자
라고 부르겠다."
　이리하여 법달은 경전의 깊은 뜻을 터득하고도 또한
결코 송경을 그만둔 적이 없었다.

僧智通　壽州安豊人　初看楞伽經　約千餘遍　而不會三身四
智　禮師求解其義　師曰　三身者　淸淨法身　汝之性也　圓滿
報身　汝之智也　千百億化身　汝之行也　若離本性　別說三身
卽名有身無智　若悟三身無有自性　卽明四智菩提　聽吾偈曰
自性具三身　發明成四智　不離見聞緣　超然登佛地　吾今爲
汝說　諦信永無迷　莫學馳求者　終日說菩提

　(4)
　지통스님은 수주 안풍317) 출신이다. 처음에 『능가경
』318)을 읽었다. 그런데 약 일천 번을 통독할 때까지도
삼신(三身)과 사지(四智)319)를 이해하지 못하였다. 이
에 대사를 참례하여 그 뜻을 해석해달라고 하였다. 대
사가 말했다.
"삼신은 다음과 같다. 청정법신은 그대의 자성이고, 원

317) 安徽省 壽縣(淮南)의 남쪽 지역에 해당한다.
318) 부처님이 마구니들이 살고 있는 楞伽라는 섬에 들어가 설법한
　　경전이다. 如來藏과 唯識과 禪 등 사상적으로 다양한 내용을 포함
　　하고 있다. 宋나라 때 求那跋陀羅가 『楞伽阿跋陀羅寶經』4권을 번
　　역한 이후에 『入楞伽經』과 『大乘入楞伽經』이 번역되었다. 특히 보
　　리달마는 求那跋陀羅가 한역한 4권 『楞伽經』을 전승하여 초기선종
　　시대에 중시된 경전이다.
319) 唯識學에서 말하는 근본적인 교의의 하나이다. 『永嘉證道歌』,
　　(大正藏48, p.395下) "삼신과 사지가 본체에 원만히 갖추어져 있다
　　三身四智體中圓"고 말한다.

만보신은 그대의 지혜이며, 천백억화신은 그대의 일상
행위이다. 그러므로 만약 본성을 떠나서 별도로 삼신을
설한다면 그것은 곧 신(身)은 있지만 지(智)가 없는 꼴
이다.320) 그러나 만약 삼신에도 그 자성이 없음을 깨친
다면 그것은 곧 사지(四智)와 보리(菩提)를 터득한
다.321) 내가 말하는 게송을 들어보라."

자성에 삼신이 다 갖추어져 있는데
그런 줄을 깨치면 사지가 성취되네
견문각지의 모든 반연 떠나지 않고
그대로 초연히 부처님 경지 오르네
내가 지금 그대를 위해 설법해주니
잘 믿어서 영원히 미혹하지 말아라
삼신의 뜻을 밖을 향해 추구하느라
종일 보리를 설해서는 결코 안되네

通再啓曰 四智之義 可得聞乎 師曰 旣會三身 便明四智
何更問耶 若離三身 別談四智 此名有智無身 卽此有智 還
成無智 復偈曰 大圓鏡智性淸淨 平等性智心無病 妙觀察
智見非功 成所作智同圓鏡 五八六七果因轉 但用名言無實
性 若於轉處不留情 繁興永處那伽定(如上轉識爲智也 敎
中云 轉前五識爲成所作智 轉第六識爲妙觀察智 轉第七識
爲平等性智 轉第八識爲大圓鏡智 雖六七因中轉 五八果上

---

320) 有身無智는 三身을 실체적인 有로 이해하고 있는 모습을 가리킨
   다.
321) 李百藥, 「大乘莊嚴論序」(大正藏31, p.589下) "轉八識以成四智
   束四智以具三身" 참조.

轉 但轉其名 而不轉其體也) 通頓悟性智 遂呈偈曰 三身
元我體 四智本心明 身智融無礙 應物任隨形 起修皆妄動
守住匪眞精 妙旨因師曉 終亡染汚名

  지통이 다시 말씀드렸다.

"그러면 사지의 뜻에 대해서도 들려주십시오."

  대사가 말했다.

"이미 삼신을 이해했다면 곧 사지322)에 대해서도 알았
을 터인데 어째서 다시 묻는가. 만약 삼신을 벗어나서
별도로 사지를 담론한다면, 그것은 지(智)는 있지만 신
(身)이 없는 꼴이다.323) 곧 이것은 지혜는 있어도 그것
이 다시 무지(無智)가 되고 만다. 이에 다시 게송으로
말하겠다."

대원경지는 그 자성 본래 청정하고

---

322) 唯識宗에서 말하는 네 가지 지혜이다. 佛果에 이르러 유루의 心
과 八識을 轉하여 터득하는 大圓鏡智는 大圓鏡이 만물을 비추는
것처럼 모든 존재의 진실한 모습을 비추어보는 지혜이다. 그 본체
가 不動하여 기타 三智의 근본이 된다. 자성의 本來智로서 청정법
신의 理體이고 자성법계의 空理이다. 제칠의 末那識을 轉하여 터
득하는 平等性智는 自他一體의 평등을 깨우쳐 대자비에 상응하는
지혜이다. 제육의 意識을 轉하여 터득하는 妙觀察智는 모든 대상
을 걸림없이 관찰하여 모든 의심을 없애고 자유자재하게 설법하는
지혜이다. 前五識을 轉하여 터득하는 成所作智는 五官의 대상에
자재하여 중생을 이롭게 하기 위하여 방편을 통하여 갖가지 부사
의한 행위와 사업을 실천하는 지혜이다. 密宗에서는 四智에 대하
여 각각 대원경지는 동방의 阿閦佛, 평등성지는 남방의 寶性佛, 묘
관찰지는 서방의 阿彌陀佛, 성소작지는 북방의 空成就佛로서 각각
발심, 수행, 보리, 열반에 배대하기도 한다.

323) 有智無身은 공허한 지혜로서 필경에 無智가 되고 마는 경우를
가리킨다.

평등성지는 그 마음 본래 무병이네
묘관찰지는 그 견해 유루공능 없고
성소작지는 대원경지와 동일하다네
오 팔 육 칠처럼 과와 인을 굴림도324)
무릇 명언의 작용으로 실성이 없네
만약 굴려대는 곳에 식정이 없으면
곧 번잡한 곳에서도 나가정에 드네325)
[이상은 분별사식(分別事識)을 전(轉)하여 무분별지(無分別智)로 삼은 것이다. 교학에서는 전오식을 전(轉)하여 성소작지를 삼고, 제육식을 전(轉)하여 묘관찰지로 삼으며, 제칠식을 전(轉)하여 평등성지로 삼고, 제팔식을 전(轉)하여 대원경지로 삼는다고 말한다. 비록 제육식과 제칠식은 인중(因中)에서 전(轉)한 것이고, 전오식과 제팔식은 과상(果上)에서 전(轉)한 것이지만 단지 그 명칭만 전(轉)하는 것이지 그 본체는 전(轉)되지 않는다.]

이에 지통은 자성의 지혜를 돈오하였다. 그리고는 다음과 같은 게송을 바쳤다.

---

324) 轉識得智는 分別事識을 轉하여 無分別智를 증득하는 것이다. 前五識과 第八識은 佛果에 이르러 轉識得智하는 것으로 成所作智와 大圓鏡智를 성취하고, 第六識과 第七識은 初地의 因位에서 轉識得智하는 것으로 妙觀察智와 平等性智를 성취한다.
325) 일상의 번거로운 행·주·좌·와의 행위가 識을 轉하는 행위임을 가리킨다. 그와 같은 번잡한 속진에서도 고요히 안정에 드는 것을 那伽大定이라 한다. 那伽는 龍으로서 본래는 부처님의 선정을 찬탄한 용어로 활용된 말이다. 번거로운 일상의 작용을 그대로 선정의 내용으로 간주하는 것에 대해서는 『楞伽師資記』, (大正藏85, pp.1283下-1284下) 求那跋陀羅章 참조.

삼신은 그대로 원래 나의 본체였고
사지는 본래 마음속에 환하게 있네
삼신 사지가 원융하여 걸림이 없이
만물에 응하여 형체 따라 나타나네326)
수행 일으킨다 해도 모두 망동이고
그대로 묵수함도 바른 정진 아니네327)
화상의 가르침에 곧 묘지 터득하니
단지 오염에 물들지 않을 뿐이라네328)

僧智常 信州貴溪人 髫年出家 志求見性 一日參禮 師問曰
汝從何來 欲求何事 曰 學人近往洪州白峰山 禮大通和尙
蒙示見性成佛之義 未決狐疑 遠來投禮 伏望和尙慈悲指示
師曰 彼有何言句 汝試擧看 曰 智常到彼 凡經三月 未蒙
示誨 爲法切故 一夕獨入丈室 請問 如何是某甲本心本性
大通乃曰 汝見虛空否 對曰 見 彼曰 汝見虛空有相貌否
對曰 虛空無形 有何相貌 彼曰 汝之本性 猶如虛空 了無

---

326) 曇無讖 譯,『金光明經』卷2, (大正藏16, p.344中) "佛眞法身 猶
如虛空 應物現形 如水中月 無有障礙 如焰如化 是故我今 稽首佛
月" 참조.
327) 本有의 三身과 四智는 修治를 말미암지 않기 때문에 修治하려는
그것이 곧 경거망동이다. 그렇다고 三身과 四智만 믿고 그대로 黙
守하는 것도 本分事가 아니다.
328) 혜능의 가르침을 통하여 삼신과 사지의 의미를 터득하고 보니
삼신과 사지는 수행을 통하여 공능으로 터득하는 것이 아니었다.
다만 본래 갖추고 있는 줄을 알았기 때문에 더이상 그것을 오염시
키지 않는 그것이야말로 진정한 수행이고 깨침이며 열반이고 교화
임을 알아차렸다는 것이다. 이와 같은 가르침은 『華嚴經』의 善用
其心을 비롯하여 보리달마로부터 전승된 祖師禪의 기초로서 달마
의 深信壁觀, 혜능의 但用此心, 회양의 但莫染汚, 마조의 道不用
修, 백장의 體露眞常의 전통으로 계승되어 갔다.

一物可見　是名正見　無一物可知　是名眞知　無有靑黃長短
但見本源淸淨　覺體圓明　卽名見性成佛　亦名如來知見　學
人雖聞此說　猶未決了　乞和尙開示

(5)
　지상스님은 신주 귀계329) 출신이다. 어린 나이330)에
출가하여 견성법에 마음을 두고 공부하였다. 어느 날
대사를 참문하자, 대사가 물었다.
"그대는 어디에서 왔고, 무엇을 추구하고자 하는가."
　지상이 말했다.
"학인은 근래에 홍주 백봉산으로 갔습니다. 대통화상을
참례하고 견성성불의 뜻에 대하여 가르침을 받았습니
다.331) 그렇지만 아직까지 그에 대한 의심을 해결하지
못하여 멀리서 화상을 참례하러 왔습니다. 엎드려 바라
건대, 화상께서 자비로써 지시해주십시오."
　대사가 말했다.
"대통화상이 뭐라고 말했는지 그대가 말해 보라."
　지상이 말했다.
"지상은 그곳에 도착한 지 삼 개월이 지났지만 아무런
가르침도 받지 못했습니다. 구법하는 마음이 간절했기
때문에 어느 날 저녁에 홀로 방장실332)에 들어가 다음

---

329) 江西省 上饒縣 지역이다.
330) 髫年은 髫齔으로서 어린 나이를 가리킨다.
331) 백봉산과 대통선사에 대한 자료는 보이지 않는다. 그러나 이하에
　　서 本源 및 本性을 허공에 비유한 내용은 大通神秀의 『大乘無生
　　方便門』에 흔히 등장하는 것으로 보면 大通神秀로 짐작이 된다.
　　그러나 대통신수는 홍주 백봉산과는 인연이 없다. 다만 여기에는
　　혜능은 有存見知라고 말하여 소위 북종의 가르침에 대한 잘못을
　　지적하는 것으로 전개되어 있다.

과 같이 청문(請問)하였습니다. '어떤 것이 저의 본심이
고 본성입니까.' 대통화상이 말했습니다. '그대는 허공을
보았는가.' 제가 말했습니다. '보았습니다.' 대통화상이
말했습니다. '그대가 보았다는 허공은 모습이 있던가.'
제가 말했습니다. '허공은 형체가 없는데 무슨 모습이
있겠습니까.' 대통화상이 말했습니다. '그대의 본성도 허
공과 같다. 그래서 끝내 일물도 볼 수가 없는데 그것을
정견(正見)이라 말하고, 일물도 알 수가 없는데 그것을
진지(眞知)라 말한다. 한다. 그리고 청(靑) · 황(黃) ·
장(長) · 단(短)도 없다. 무릇 본원(本源)이 청정하여
각체(覺體)가 원명(圓明)한 줄 보면333) 그것을 곧 견성
성불이라 말하고, 또한 여래의 지견이라 말한다.' 학인
이 이와 같은 설명을 들었지만, 아직도 해결하지 못하
였습니다. 바라건대, 화상께서 가르쳐 주십시오."

師曰 彼師所說 猶存見知 故令汝未了 吾今示汝一偈 不見
一法存無見 大似浮雲遮日面 不知一法守空知 還如太虛生
閃電 此之知見瞥然興 錯認何曾解方便 汝當一念自知非
自己靈光常顯現 常聞偈已 心意豁然 乃述偈曰 無端起知
見 著相求菩提 情存一念悟 寧越昔時迷 自性覺源體 隨照
枉遷流 不入祖師室 茫然趣兩頭

대사가 말했다.

---

332) 주지가 거처하는 방으로 혹 祖室이라고도 한다. 『유마경』에서
維摩의 거처인 方丈에서 유래되었다.
333) 本源이 淸淨하기 때문에 거기에 주체적인 지혜가 갖추어져 있다
는 것이다.

"대통화상의 설명에는 아직 견·지(見·知)가 남아있다.334) 그 때문에 그대가 아직 해결하지 못한 것이다. 내가 이제 그대한테 게송을 하나 보여주겠다.

일법도 없다고 보지만 없다는 견해가 있어335)
마치 뜬구름이 태양빛을 가리는 것과 같네
일법도 없다고 알지만 비었다는 앎이 있어336)
마치 태허에서 번개가 번쩍이는 것과 같네
그와 같은 무견 및 무지를 불러일으킨다면
그런 잘못으로 어찌 선교의 방편 알겠는가337)
그대가 찰나에 그런 잘못인 줄 알아차리면
그대 자신의 신통과 광명 항상 드러나리라"

지상이 게송을 듣고 나서 마음이 활짝 열렸다. 이에 다음과 같이 게송을 읊었다.

무단히 지와 견을 불러일으켜서
형상에 집착하여 보리 추구했네
맘에 찰나라도 깨침 남아있다면
어찌 옛날의 번뇌 초월하겠는가338)

---

334) 완전한 無一物이 되지 못하고 아직 正見과 眞知라는 분별심이 남아있음을 가리킨다. 소위 북종의 가르침에 대한 비판이다.
335) 일법도 없다고 말하지만, 오히려 그 없다는 견해가 남아있다는 것으로 대통화상의 正見이라는 견해를 비판한 것이다.
336) 일법도 없다고 알지만, 오히려 그 안다는 견해가 남아있는 것으로 대통화상의 眞知를 비판한 것이다.
337) 일물도 아는 바가 없고 일물도 보는 바가 없다는 것은 고인의 방편인데 그것을 액면 그대로 받아들여 이해한다면 그나마 그 방편마저도 상실하고야 만다.

자성은 자각의 근원적 바탕인데
경계를 따라 쓸데없이 헤맸다네
조사의 가르침 받들지 못했다면
망연히 분별의 세계 빠져있겠지[339)

智常一日問師曰 佛說三乘法 又言最上乘 弟子未解 願爲
敎授 師曰 汝觀自本心 莫著外法相 法無四乘 人心自有等
差 見聞轉誦是小乘 悟法解義是中乘 依法修行是大乘 萬
法盡通 萬法俱備 一切不染 離諸法相 一無所得 名最上乘
乘是行義 不在口爭 汝須自修 莫問吾也 一切時中 自性自
如 常禮謝執侍 終師之世

　지상이 어느 날 대사에게 다음과 같이 물었다.
"부처님은 삼승법[340)을 설하였고 또 최상승법[341)을 설
하였습니다. 제자는 아직 모르겠습니다. 바라건대, 가르
쳐 주십시오."
　대사가 말했다.
"그대는 자신의 본심을 보거라. 외부의 법상에 집착하지
말라. 불법에는 사승(四乘)의 분별이 없다. 사람이 마음

---

338) 일념이라도 깨쳤다는 知와 見이 남아 있으면 아직 완전한 無一
　　物이 되지 못함을 비판한 것이다.
339) 僧璨 述, 『信心銘』, (大正藏48, p.376中) "唯滯兩邊 寧知一種"
　　참조.
340) 소승인 성문승은 사성제의 법을 見聞하고, 중승인 연각승은 십
　　이연기의 뜻을 깨우치며, 대승인 보살승은 육바라밀의 수행을 통하
　　여 깨친다.
341) 一佛乘의 법문으로 삼승의 영역을 초월한 圓頓法으로 無所得하
　　고 無所悟하여 어떤 법에도 분별과 집착이 없다. 선법으로 말하면
　　보리달마에 의하여 전승된 조사선법을 가리킨다.

에 차등을 낼 뿐이다. 견·문(見·聞)하여 이리저리 암송하는 것은 소승이고, 법을 깨치고 뜻을 이해하는 것은 중승이며, 여법하게 수행하는 것은 대승이고, 만법에 모두 통하고 만법을 구비하면서도 일체에 물들지 않고 모든 법상을 벗어나서 일법도 무소득한 것을 최상승이라 말한다. 승(乘)은 실천한다는 뜻이므로 입으로 이러쿵저러쿵 다투는 데 있지 않다. 그대가 모름지기 스스로 수행해야지 나한테 묻지 말라. 일체시에 자성은 본래 여여하다.342)"

지상은 감사의 예배를 드렸다. 그리고 화상이 입적하실 때까지 그 곁에서 모셨다.

僧志道 廣州南海人也 請益曰 學人自出家 覽涅槃經十載有餘 未明大意 願和尙垂誨 師曰 汝何處未明 曰 諸行無常 是生滅法 生滅滅已 寂滅爲樂 於此疑惑 師曰 汝作麼生疑 曰 一切衆生皆有二身 謂色身法身也 色身無常 有生有滅 法身有常 無知無覺 經云 生滅滅已 寂滅爲樂者 不審何身寂滅 何身受樂 若色身者 色身滅時 四大分散 全然是苦 苦不可言樂 若法身寂滅 卽同草木瓦石 誰當受樂 又法性是生滅之體 五蘊是生滅之用 一體五用 生滅是常 生則從體起用 滅則攝用歸體 若聽更生 卽有情之類 不斷不滅 若不聽更生 則永歸寂滅 同於無情之物 如是則一切諸法被涅槃之所禁伏 尙不得生 何樂之有 師曰 汝是釋子 何

---

342) 自性은 본래 그대로 如如하고 湛然하며 不動하다. 그리하여 자칫 자성을 실체적인 존재로 오해할 염려가 있다. 그와 같은 자성은 애초에 부정되어야 할 것이지만 여기에서는 무자성의 성을 가리킨다.

習外道斷常邪見 而議最上乘法 據汝所說 卽色身外 別有
法身 離生滅求於寂滅 又推涅槃常樂 言有身受用 斯乃執
吝生死 耽著世樂 汝今當知 佛爲一切迷人 認五蘊和合 爲
自體相 分別一切法 爲外塵相 好生惡死 念念遷流 不知夢
幻虛假 枉受輪迴 以常樂涅槃 翻爲苦相 終日馳求 佛愍此
故 乃示涅槃眞樂 刹那無有生相 刹那無有滅相 更無生滅
可滅 是則寂滅現前 當現前時 亦無現前之量 乃謂常樂 此
樂無有受者 亦無不受者 豈有一體五用之名 何況更言涅槃
禁伏諸法 令永不生 斯乃謗佛毀法 聽吾偈曰

(6)
　지도스님은 광주 남해343) 출신이다. 대사에게 다음과
같이 청익344)하였다.
"학인은 출가하여 지금까지『열반경』345)을 10년 넘도록
열람하였습니다. 그러나 아직 대의를 모르겠습니다. 바
라건대, 화상께서는 가르침을 주십시오."
　대사가 말했다.
"그대는 어떤 대목을 모르겠던가."
　지도가 말했다.
"'일체의 존재는 무상하다. 이것은 생멸의 법칙이다. 그
래서 생멸을 초월하면, 그게 적멸의 즐거움이다.346)'는

343) 廣東省 廣州 南海縣 지역이다.
344) 학인이 스승에게 가르침을 청하는 자신을 이롭게 하는 행위이다.
345)『소승열반경』과『대승열반경』이 있다.『대승열반경』의 경우 北
　涼의 曇無讖이 번역한 40권본을 北本『涅槃經』이라 하고, 劉宋의
　慧觀과 謝靈運이 北本을 再治校合한 36권본을 南本『涅槃經』이라
　한다.
346) 曇無讖 譯,『大般涅槃經卷』卷14, (大正藏12, pp.450上-451中)

145

대목에 의혹이 있습니다."

대사가 말했다.

"그대는 무엇이 의심스럽다는 것인가."

지도가 말했다.

"일체중생에게는 모두 두 가지 몸이 있습니다. 말하자면 색신과 법신입니다. 색신은 무상하여 발생도 있고 소멸도 있습니다. 그러나 법신은 영원하여 알 수도 없고 느낄 수도 없습니다.[347] 그런데 경문에서는 '생멸을 초월하면 그것이 적멸의 즐거움이다.'고 말합니다. 그렇다면 어떤 몸이 적멸하고 또 어떤 몸이 즐거움을 받는지 모르겠습니다. 만약 색신의 경우라면 색신은 소멸할 때 사대로 흩어지기 때문에 그것은 모두 고(苦)일 터인데 고(苦)를 낙(樂)이라고 말할 수는 없습니다. 만약 법신의 경우를 적멸이라 한다면 곧 초(草)·목(木)·와(瓦)·석(石)[348]과 똑같을 터인데 마땅히 무엇이 낙(樂)을 받습니까. 또한 법성은 곧 생멸의 본체이지만 오온은 곧 생멸의 작용입니다. 이것은 동일체(同一體)에 다섯 가지 작용이 있는 것으로 생멸이 곧 영원하다는 꼴입니다. 이를테면 발생이란 곧 본체에서 작용을 일으키는 것이고, 소멸이란 곧 작용을 섭수하여 본체로 돌아가는 것입니다. 만약 다시 발생하는 것을 받아들인

---

347) 색신은 무상하고 법신은 영원하다는 斷見과 常見의 분별에 빠져 있는 관점으로 판단한 견해이다. 『永嘉證道歌』, (大正藏48, p.395 下) "不除妄想不求眞 無明實性卽佛性 幻化空身卽法身 法身覺了無一物 本源自性天眞佛 五陰浮雲空去來" 참조. 혜능은 이하에서 이와 같은 志道의 견해를 색신과 법신의 분별 및 생멸을 싫어하고 적멸을 좋아하는 邪見으로 판단하고 그로부터 벗어날 것을 설한다.

348) 무정물로서 불성을 갖지 않는 존재를 가리킨다.

다면 그것은 곧 유정물의 부류가 부단불멸(不斷不滅)하
다는 것이고, 다시 발생하는 것을 받아들이지 않는다면
그것은 곧 영원히 적멸로 돌아가는 것으로서 무정물과
똑같을 것입니다.349) 그렇다면 곧 일체의 제법이 열반
의 도리에 갇혀있는 모습으로 오히려 발생하지도 못하
는데 어찌 낙(樂)을 받는 일이 가능하겠습니까.350)"

대사가 말했다.

"그대는 불법의 사문이면서 어찌 외도의 단견과 상견의
사견(邪見)을 익혀서 그것으로 최상승법을 논하는 것인
가. 그대의 말에 의거하면 곧 색신 밖에 별도로 법신이
있고 생멸을 벗어나서 적멸을 추구하는 꼴이며,351) 또
한 『열반경』에서 말하는 상(常)과 낙(樂)을 색신으로
수용한다는 것이다. 그것은 생사에 집착하고 세간의 오
욕락에 탐착하는 행위이다. 그대는 이제 반드시 알아야
한다. 부처님은 일체의 어리석은 사람을 위한다. 그들
어리석은 사람은 오온이 화합된 몸을 자체(自體)의 상

---

349) 若聽更生에서 更生은 蘇生 내지 轉生으로서 만약 다시 태어나는
   윤회의 도리를 말한다. 그래서 만약 윤회의 도리를 벗어나지 못하
   여 유정물로 다시 태어나는 更生의 도리를 수용한다면 그것은 곧
   常見이 된다. 그러나 若不聽更生의 경우처럼 윤회의 도리를 벗어
   나서 영원한 적멸의 도리가 되어 更生의 도리를 받아들이지 않는
   다면 그것은 곧 斷見이 된다.
350) 禁伏은 禁錮屈伏의 뜻이다. 그래서 윤회의 생을 받지 않는 것이
   곧 적멸의 열반이라면 제법은 적멸이라는 도리에 禁伏되어 있어서
   어떤 경우에도 결코 발생하지 않아야 한다는 것이다. 이에 제법이
   아예 발생하지 않는다면 적멸의 즐거움은 그 무엇이 받겠는가 하
   는 것이다.
351) '색신 밖에 별도로 법신이 있다.'는 방식의 身滅心不滅을 주장하
   는 先尼外道의 견해에 대하여 혜능의 제자 南陽慧忠은 통렬하게
   비판한다. 그리고 여기에서 '생멸을 벗어나서 적멸을 추구하는 것
   이다.'는 것은 생과 멸을 분별하는 방식을 비판한 말이다.

(相)으로 간주하고, 일체법을 분별한 것을 외진(外塵)의 상(相)으로 간주하며, 생(生)은 좋아하고 사(死)는 싫어하여 염념에 분별로 흐르고, 그것352)이 몽(夢)·환(幻)·허(虛)·가(假)인 줄을 모르기 때문에 하릴없이 윤회를 받으면서 상상(常相)과 낙상(樂相)의 열반을 도리어 고상(苦相)으로 삼아 종일토록 치달린다. 부처님은 이들을 불쌍히 여기는 까닭에 이에 열반의 진락(眞樂)을 보여주었다. 찰나도 생상이 없고 찰나도 멸상이 없으며353) 다시 생과 멸이 소멸하는 것도 없는 그것이 곧 적멸의 현전이다. 적멸이 현전할 경우에도354) 또한 현전한다는 생각이 없는데 그것을 상(常)과 낙(樂)이라 말한다. 이 낙(樂)이야말로 받는 자도 없고 또한 받지 않는 자도 없거늘 어찌 동일체(同一體)에 다섯 가지 작용355)이라는 명칭이 있겠는가. 하물며 어찌하여 다시 열반에 제법이 갇혀있어서 영원히 발생하지 못한다고 말할 수 있겠는가. 그것이야말로 곧 부처님을 비방하고 불법을 훼손하는 꼴이다. 내가 말하는 게송을 들어보라."

無上大涅槃 圓明常寂照 凡愚謂之死 外道執爲斷 諸求二乘人 目以爲無作 盡屬情所計 六十二見本 妄立虛假名 何

---

352) 오온이 화합된 몸과 일체법을 분별한 것을 가리킨다.
353) 열반의 四德으로서 열반에는 찰나도 생멸의 모습이 없다. 곧 常不遷를 常이라 하고, 樂安穩을 樂이라 하며, 我自在를 我라 하고, 淨無漏를 淨이라 한다.
354) 『首楞嚴經』 卷6, (大正藏19, p.128中) "生滅旣滅 寂滅現前 忽然超越 世出世間 十方圓明 獲二殊勝" 참조.
355) 五蘊의 五根이 五境을 상대하여 일으키는 다섯 가지 인식작용을 가리킨다.

爲眞實義 惟有過量人 通達無取捨 以知五蘊法 及以蘊中
我 外現衆色像 一一音聲相 平等如夢幻 不起凡聖見 不作
涅槃解 二邊二際斷 常應諸根用 而不起用想 分別一切法
不起分別想 劫火燒海底 風鼓山相擊 眞常寂滅樂 涅槃相
如是 吾今强言說 令汝捨邪見 汝勿隨言解 許汝知少分 志
道聞偈大悟 踊躍作禮而退

가장 높은 대열반의 경지는
원명하여 늘 적적 조조한데
범부는 곧 죽음이라 말하고
외도는 곧 단멸로 집착하네356)
성문 연각을 구하는 사람은
또한 열반을 무작이라 하네357)
이들은 모두 계탁일 뿐으로
육십 이견의 근본만 된다네358)

---

356) 열반의 灰身滅智하고 常寂圓明한 경지를 범부와 외도는 죽음 내
　　지 단멸로 간주하여 열반을 斷見의 입장에서 간주하는 것을 가리
　　킨다.
357) 無作은 분별이 없는 無所作이고 無功能으로서 三三昧 가운데
　　無願三昧를 가리키기도 한다. 그러나 여기에서는 이승의 경우 열
　　반을 無記空의 입장으로만 간주하여 無作이라고 폄하하는 것을 가
　　리킨다. 『大智度論』 卷93, (大正藏25, p.714下) "邪見者 所謂無作
　　見 雖六十二種皆是邪見 無作最重 所以者何 無作言不應作功德求涅
　　槃"
358) 범부와 외도와 이승의 견해인 죽음과 단견과 무기공은 모두 分
　　別計度으로서 온갖 시비망상의 근본에 해당함을 가리킨다. 62見은
　　석존시대 당시 인도의 사상계를 총징한 제종의 견해를 말한다. 『長
　　阿含經』 卷14, (大正藏1, pp.892下 이하)에서는 외도의 所執 62論
　　에 대하여 과거에 대하여 일으키는 常見인 本劫本見과 미래에 대
　　하여 일으키는 斷見인 末劫末見으로 대별한다. 전자는 我에 대한
　　常論 4가지·世間에 대한 常論 4가지·亦常亦無常論 4가지, 天에 대
　　한 확답을 하지 않는 갖가지 論 4가지, 세간의 창조에 관한 無因

함부로 허가의 명자 내세워

어찌 진실한 뜻을 알겠는가

곧 분별 여읜 과량대인만이[359]

통달하여 취사 분별 없다네

다섯 가지 요소의 오온법과

그 오온으로 구성된 자신이

밖의 갖가지 형체와 색상과

음성을 드러내는 줄 알아라[360]

열반의 평등은 몽환과 같아

범부 성인이라는 견해 없고

열반 깨쳤다는 견해 없으며

유무 및 과미를 단절한다네[361]

항상 육근의 작용을 하지만[362]

論 2가지 등 도합 18견이 속한다. 후자는 사후에 정신작용이 있는
가 없는가에 대하여 有想論 16가지·無想論 8가지·非有想非無想論
8가지·사후에 신체의 소멸을 설하는 斷滅論 7가지·現在涅槃論 5가
지의 도합 44견이 속한다.

359) 過量 곧 沒量은 尺度의 초월이라는 뜻이고, 또한 現量과 比量의
인식을 초월한다는 뜻이다. 곧 凡聖 및 迷悟 등 일체의 범부를 초
월한 사람 곧 見性한 사람을 過量大人이라 한다.『景德傳燈錄』卷
3, (大正藏51, p.220上)“達大道兮過量 通佛心兮出度 不與凡聖同
躔 超然名之曰祖”참조.

360) 범부와 이승과 외도의 견해로는 어리석게도 오온을 자신이라 하
면서도 오온으로 통하여 파악되는 형체와 색상과 소리 등 감각으
로 드러나는 모습을 자신이라 간주함을 말한다. 또한 오온과 오온
으로 구성된 자신이 형체와 색상과 소리 등 감각을 드러내는 줄
알아야 한다는 것을 가리킨다.

361) 시간적으로 과거제와 미래제의 분별이 없고 공간적으로 유와 무
의 차별이 없는 등 62見의 견해를 초월한 열반의 속성을 말한 것
이다.

362)『景德傳燈錄』卷3, (大正藏51, p.218中)“在胎爲身 處世名人 在
眼曰見 在耳曰聞 在鼻辨香 在口談論 在手執捉 在足運奔”참조.

작용에 대한 분별상이 없고
또 일체의 법 분별하면서도
일체 분별상 일으키지 않네363)
괴겁에 불이 바다 불태우고
바람이 산을 서로 부벼대도364)
참되고 영원한 적멸의 낙은
열반의 모습 본래 그대로네365)
내가 지금 그대한테 말하니
한사코 사견을 버려야 한다
언설 따라 이해하지 않으면
그대의 지견이 트인 것이네

　지도는 게송을 듣고 대오하였다. 이에 크게 기뻐하며
예배를 드리고 물러났다.

行思禪師　生吉州安城劉氏　聞曹溪法席盛化　徑來參禮　遂
問曰　當何所務　卽不落階級　師曰　汝曾作什麼來　曰　聖諦
亦不爲　師曰　落何階級　曰　聖諦尙不爲　何階級之有　師深
器之　令思首衆　一日　師謂曰　汝當分化一方　無令斷絶　思

---

363) 鳩摩羅什　譯,『維摩詰所說經』卷上, 537下)“法王法力超群生
　　常以法財施一切　能善分別諸法相　於第一義而不動　已於諸法得自在
　　是故稽首此法王”참조.
364) 成劫·住劫·壞劫·空劫 가운데 壞劫 기간에는 大火災가 우주를 파
　　멸하는 시대이다. 不空　譯,『仁王護國般若波羅蜜多經』卷下, (大正
　　藏8, p.840中)“劫火洞然　大千俱壞　須彌巨海　磨滅無餘　梵釋天龍
　　諸有情等　尙皆殄滅”참조.
365) 壞劫의 시대에도 자성은 여여하여 부동한 모습을 가리킨다. 僧
　　肇,『肇論』, (大正藏45, p.151下)“然則乾坤倒覆　無謂不靜　洪流滔
　　天　無謂其動　苟能契神於卽物　斯不遠而可知矣”참조.

既得法 遂回吉州青原山 弘法紹化

(7)

행사 선사는 길주의 안성 출신으로 성은 유(劉)씨이다.366) 조계 법석의 교화가 성대하다는 말을 듣고 곧바로 찾아가 참례하였다. 그리고는 물었다.

"저는 어떤 수행에 힘써야 분별계급에 떨어지지 않겠습니까.367)"

대사가 말했다.

"그대는 일찍이 어떤 수행을 해왔던가."

행사가 말했다.

"성제(聖諦)조차 수행한 적이 없습니다."368)

대사가 말했다.

"그렇다면 계급에 떨어지고 만 꼴이다."369)

행사가 말했다.

"성제(聖諦)도 오히려 추구하지 않았는데 저한테 어떤 계급이 있단 말입니까."

---

366) 靑原行思(?-740)는 강서성 길주 안성 사람으로 성은 劉씨였다. 어려서 출가하여 육조혜능을 참문하고 그 법을 이었다. 강서성 길주의 청원산 靜居寺에 주석하자 문도들이 운집하였다. 그 문하에서 후에 禪宗五家 가운데 曹洞宗·雲門宗·法眼宗이 출현하였다.

367) 보살의 수행지위에 해당하는 十信·十住·十行·十廻向·十地·等覺·妙覺과 같은 수행의 단계에 집착하는 것으로부터 벗어나려면 어찌해야 하는가를 묻고 있다.

368) 범부지위의 속제와 성인지위의 성제를 분별하여 성인지위의 聖諦 및 第一義諦를 추구하는 수행조차 하지 않았다는 것으로 수행에 대한 일체의 분별과 집착을 초월했다는 것을 나타낸다. 곧 깨침조차도 추구하지 않았음을 가리킨다.

369) 어떤 수행계위 및 깨침조차도 추구하지 않았다는 바로 그 집착에 빠져있음을 지적한다.

대사는 행사를 법기(法器)로 여기고 행사로 하여금 대중을 거느리도록 하였다. 어느 날 대사가 행사에게 말했다.

"그대에게 이제 한 지역을 담당하여 교화하도록 맡겨주겠다.370) 그러니 법이 단절되지 않도록 하거라."

행사는 법을 터득하고 마침내 길주의 청원산371)으로 돌아가서 법을 홍포하며 스승의 교화를 계승하였다.372)

懷讓禪師 金州杜氏子也 初謁嵩山安國師 安發之曹溪參扣 讓至禮拜 師曰 甚處來 曰 嵩山 師曰 什麽物 恁麽來 曰 說似一物卽不中 師曰 還可修證否 曰 修證卽不無 汚染卽 不得 師曰 只此不汚染 諸佛之所護念 汝旣如是 吾亦如是 西天般若多羅讖汝 足下出一馬駒 踏殺天下人 應在汝心 不須速說 讓豁然契會 遂執侍左右一十五載 日臻玄奧 後 往南嶽 大闡禪宗

(8)
회양선사는 금주 두(杜)씨의 후손이다.373) 처음에 숭

---

370) 分化一方은 세존과 마하가섭 사이의 일화로 전해지는 多子塔前 分半座와 같이 스승과 제자 사이에 이루어지는 以心傳心의 전법을 가리킨다.
371) 江西省 廬陵縣 지역이다. 길주 靑原山(淸源山) 靜居寺에 주석하면서 선풍을 진작하였다.
372) 唐 玄宗 開元 28년(740) 11월 13일 입적하였다.
373) 南嶽懷讓(677-744)은 陝西省 安康縣 金州 출신으로 속성은 杜씨이다. 15세 때 湖北省 荊州 玉泉寺에 가서 弘景律師에게 참하여 출가하고 율장을 배웠다. 후에 嵩山에 가서 慧安을 참문하고 그 지시를 받아 曹溪慧能을 참문하였다. 조계에서 15년 동안 隨行하고 법을 이었다. 先天 2년(開元 元年 713)에 湖南省 衡山縣 南嶽의 般若寺 觀音堂에 주석하였다. 개원 년간(713-741)에 馬祖道一

산의 혜안국사374)를 참문하고, 혜안의 지시를 받아375)
조계에서 가르침을 구하였다. 회양이 도착하여 예배를
드리자 대사가 말했다.

"어디에서 왔는가."

회양이 말했다.

"숭산에서 왔습니다."

대사가 말했다.

"무엇이 여기에 왔냐는 말이다."376)

회양이 말했다.

"일물에 대하여 말씀드리자면 곧 이미 어그러지고 맙니
다."377)

이 嗣法하였다. 靑原行思와 더불어 혜능의 兩足으로서 그들 법문
은 후에 중국 선종의 주류가 되었다. 玄宗 天寶 3년(744) 8월 11
일 시적하였다. 시호는 大慧禪師이고, 탑호는 最勝輪이다.

374) 嵩山慧安(582-709)은 홍인의 10대 제자 가운데 한 사람으로 老
安·道安·大安이라고도 한다. 湖北省 荊州 支江 출신으로 속성은
衛씨이다. 貞觀 년간(627-649)에 黃梅山에서 弘忍의 心要를 터득
하였다. 高宗의 부름을 받았지만 사양하고 嵩山의 會善寺에 주석
하였다. 神龍 2년(706)에 中宗은 紫衣를 하사하였다. 景龍 3년
(709)에 시적하였다. 세수 128세이다.

375) 安發之에서 發은 發遣의 뜻으로 혜안의 권유를 따라서 조계에
나아간 것을 가리킨다.

376) 위에서 '어디에서 왔는가.' 하는 말은 회양 그대의 실체가 무엇
인가 하는 本來面目·一物·此事·渠 등을 묻는 말이다. 그러나 숭산
에서 왔다고 말하자, 혜능은 보다 근원적인 질문으로 '무엇이 여기
에 왔냐는 말이다.'라고 재차 묻는다. 『古尊宿語錄』과 『五燈會元』
의 기록으로는 그 순간 회양은 말문이 막혔다. 그리고 8년 동안
회양은 자신의 본래면목을 추구하는 수행으로 일관하였다. 이하의
문답은 8년이 지난 후의 문답이다. 그러나 여기 종보의 유포본은
『祖堂集』과 『景德傳燈錄』의 기록대로 說似一物卽不中으로 이어진
다.

377) 說似一物卽不中에서 說似는 擧似·呈似·說向·知似·何似·擬欲·擬議
등과 같은 경우로서 무엇에 대하여 설명하는 것을 가리킨다. 似는
동사의 조사이다. 不中은 不用中으로서 '그렇지 않다.' 내지 '그렇

육조가 말했다.

"그렇지만 일물에 대한 수행과 깨침은 있어야 하지 않겠는가."

회양이 말했다.

"일물에 대한 수행과 깨침이 없지는 않는데, 곧 염오되지 않도록 했을 뿐입니다."378)

대사가 말했다.

"무릇 그와 같이 염오되지 않게 하는 것이야말로 제불이 호념하신 바이다. 그대는 이미 그와 같은 경지가 되었고 나 또한 그와 마찬가지이다. 인도의 반야다라께서 그대를 두고 다음과 같이 참언하셨다. '발밑에서 말 한 마리가 출현하여 천하의 사람들을 짓밟아 죽일 것이다.'379) 그러니 그대의 마음에만 담아두고 섣불리 발설하

게 해서는 안 된다.'는 부정의 뜻이다. 곧 甚麽物恁麽來처럼 굳이 일물이라는 말로 표현해도 본래면목에 딱히 들어맞는[的中] 것은 아니라는 뜻이다. 『古尊宿語錄』의 내용은 다음과 같다. "육조가 물었다. '어디에서 왔는가.' 회양이 말했다. '숭산의 혜안스님이 계시는 곳에서 왔습니다.' 육조가 말했다. '무엇이 여기에 왔느냐는 말이다.' 회양이 대꾸하지 못했다. 8년이 지난 후에 깨치고나서 육조에게 자신이 깨쳤다고 말씀드렸다. 그러자 육조가 말했다. '무엇을 깨쳤단 말인가.' 회양이 말했다. '일물에 대하여 말씀드리자면 곧 이미 어그러지고 맙니다.' 육조가 말했다. '그렇지만 일물에 대한 수행과 깨침은 있어야 하지 않겠는가.' 회양이 말했다. '일물에 대한 수행과 깨침이 없지는 않지만 곧 염오되지 않도록 할 뿐입니다.'"

378) 이와 같은 내용은 本來成佛에 근거한 것으로 달마의 선법을 계승한 祖師禪의 기본적인 바탕이다. 그 전승은 『華嚴經』卷14, (大正藏10, p.69下)의 善用其心을 이어서 달마의 深信含生同一眞性 - 혜가의 禪心 - 승찬의 信心不二 - 도신의 守一不移 - 홍인의 守心 및 修心 - 혜능의 자성 및 但用此心 - 남악의 修證卽不無但莫染汚 - 마조의 道不用修 - 백장의 體露眞性 등으로 계승되어 갔다. 기타 眞諦 譯, 『大乘起信論』, (大正藏31, p.577上) "菩提之法非可修相非可作相 畢竟無得" 참조.

지 말라."

회양은 활연히 육조의 마음과 계합되었다. 그리고 마
침내 혜능의 문하에서 15년 동안 모셨는데 나날이 현오
(玄奧)에 도달하였다. 후에 남악으로 가서 선종380)을
크게 천양하였다.

永嘉玄覺禪師 溫州戴氏子 少習經論 精天台止觀法門 因
看維摩經 發明心地 偶師弟子玄策 相訪 與其劇談 出言暗
合諸祖 策云 仁者得法師誰 曰 我聽方等經論 各有師承
後於維摩經 悟佛心宗 未有證明者 策云 威音王已前卽得
威音王已後 無師自悟 盡是天然外道 曰 願仁者爲我證據
策云 我言輕 曹溪有六祖大師 四方雲集 並是受法者 若去
則與偕行 覺遂同策來參 繞師三 匝振錫而立 師曰 夫沙門

---

379) 말 한 마리는 馬祖道一을 가리킨다. 보리달마가 중국에 가기 이
전에 스승 般若多羅가 내려준 玄記이다. 『祖堂集』 卷2, 菩提達磨
章 참조. 이 玄記는 이후 중국 禪宗五家의 법계논쟁에 지대한 영
향을 끼쳤다. 소위 禪宗五家 가운데 조동종·운문종·법안종이 청원
계통에 속한다. 그러나 達觀曇穎의 『五家宗派』로부터 연유되는 것
으로 조동종을 제외한 네 종파가 모두 마조도일의 법계에 속한다
는 주장이 제기되었다. 이것은 明代 말기 및 淸代 초기에 크게 논
쟁이 일어났다. 이는 조선시대 淸虛休靜의 『禪家龜鑑』; 喚醒志安
의 『禪門五宗綱要』; 白坡亘璇의 『修禪結社文』 및 『六祖大師法寶
壇經要解』에도 고스란히 수용되었다. 나아가서 虎關師鍊은 선종오
가 모두를 마조도일의 법계에 편입시켰다. 이와 같은 주장은 모두
'발밑에서 말 한 마리가 출현하여 천하의 사람들을 짓밟아 죽일 것
이다.'라는 般若多羅의 玄記에 부합시키려는 의도에서 비롯된 것이
다. 그러나 白巖淨符는 『法門鋤宄』를 통하여 그와 같은 잘못된 주
장을 시정하기도 하였다.
380) 禪宗은 선의 宗旨 내지 선의 교단을 뜻한다. 그러나 『續高僧傳』
에서는 좌선수행하는 모든 사람을 가리키는 의미였지만 南陽慧忠
및 馬祖道一 이후에는 달마의 선법을 계승하는 사람들 내지 그 종
지를 가리키는 뜻으로 사용되었다. 정작 달마의 선법이 중국 선법
의 모든 역사이기 때문이다.

者 具三千威儀 八萬細行 大德自何方而來 生大我慢 覺曰
生死事大 無常迅速 師曰 何不體取無生 了無速乎 曰 體
卽無生 了本無速 師曰 如是 如是 玄覺方具威儀禮拜 須
臾告辭 師曰 返太速乎 曰 本自非動 豈有速耶 師曰 誰知
非動 曰 仁者自生分別 師曰 汝甚得無生之意 曰 無生豈
有意耶 師曰 無意誰當分別 曰 分別亦非意 師曰 善哉 少
留一宿 時謂一宿覺 後著證道歌 盛行于世

(9)

영가현각 선사는 온주 출신으로 대(戴)씨의 후손이
다.381) 젊어서 경론을 공부하였고, 천태의 지관법문382)

---

381) 永嘉玄覺(675-713)의 휘는 玄覺이고, 자는 道明이며, 성은 戴
씨로서 浙江省 溫州府 甌海道 永嘉縣 출신이다. 어릴 때 출가하여
三藏을 섭렵하고 널리 외전에도 통달하였다. 본래 천태종 계통으로
天台止觀을 배우고 항상 禪觀으로 수행하였다. 인도전승 천태종
제7조 天宮慧威에게 배웠으며, 인도 전승 천태종 제8조 左溪玄朗
과 同門이다. 일찍이 온주의 開元寺에 있으면서 홀어머니를 모시
고 지내며 효순하기로 소문이 났으나, 누님까지 함께 지내니 두 사
람을 보살피고 있다 하여 온 寺中과 洞口에서 비방하였다. 어느
날 개원사 玄策이라는 선사를 만나 탁마하였다. 현각은 方等經의
경론 및 維摩經 등을 통해서 佛心宗을 깨쳤지만 아직 인가를 받지
못하였다. 이에 현책과 함께 31세 때 혜능을 찾아갔다. 曹溪山의
六祖大師는 상당법문을 하고 있었다. 영가는 예배도 하지 않고 선
상을 세 번 돌고 나서 六環杖을 짚고 앞에 우뚝 서 있자니 육조대
사께서 물었다. "대저 沙門이라면 三千威儀 八萬細行을 갖추어야
하는데 大德은 어디서 왔기에 도도하게 아만을 부리는가." 그러자
영가는 生死事大 無常迅速이라 말하였다. 이에 육조가 말했다.
"무생을 체득하면 遲速의 도리가 없다는 줄을 어째서 모르는가."
영가가 말했다. "이제야 본체는 무생으로 본래 신속이 없음을 요달
하였습니다." 육조가 "그래, 그렇다." 하고 인가하시니, 1000여 명
의 대중이 모두 깜짝 놀랐다. 그제서야 영가는 육환장을 걸어 놓고
위의를 갖추어 육조에게 정중히 예배하였다. 예배를 드리고 나서
바로 하직 인사를 드리자 육조가 말했다. "왜 그리 빨리 돌아가려
고 하느냐." 영가가 말씀드렸다. "본래 움직임조차 없는데 어찌 빠

을 닦았으며, 『유마경』을 읽고는 마음을 깨쳤다. 혜능의 제자인 현책383)과 자주 왕래하면서 더불어 절차탁마하였는데, 나누는 이야기가 제조사의 본의에 부합되었다. 현책이 말했다.

"그대는 어떤 스승한테 불법을 배웠는가."

현각이 말했다.

"나는 여러 스승을 참문하여 방등의 경론384)을 들었다네. 그러나 후에 『유마경』을 통하여 불심의 종지385)를 깨쳤지만, 아직까지 증명을 받지 못했다네."

현책이 말했다.

"위음왕불 이전에는 그럴 수 있었겠지만, 위음왕불 이후

름인들 있겠습니까." 육조가 말했다. "움직임이 없는 줄을 누가 아는가." 영가가 말씀드렸다. "화상께서 스스로 분별을 내십니다." 육조가 말했다. "그대가 진정 무생의 도리를 알았구나." 영가가 말씀드렸다. "무생인데 어찌 다른 뜻이 있겠습니까." 육조가 말했다. "다른 뜻이 없다면 누가 분별하느냐." 영가가 말씀드렸다. "분별하는 것도 뜻은 못됩니다." 육조가 말했다. "그래, 장하다. 손에 방패와 창을 들었구나. 하룻밤만 쉬어 가거라." 그리하여 조계산에서 하룻밤 자고 갔다 하여 一宿覺이라 불렸다. 이튿날 하직인사를 드리자 육조가 몸소 대중을 거느리고 영가를 전송하였다. 영가가 열 걸음 쯤 걸어가다가 석장을 세 번 내려치고 말했다. "조계를 한 차례 만난 뒤로는 생사와 상관이 없음을 분명히 알았노라." 선사가 고향으로 돌아오자 그의 소문은 먼저 퍼져서 모두들 그를 不思議한 사람이라 하였다. 713년 10월에 입적하였다. 세수 39세이고, 諡號는 無相大師이며, 탑호 淨光이었다. 『祖堂集』 권3 ; 『傳燈錄』 권5 ; 『宋高僧傳』 권8 등에 전기가 전한다.
382) 天台智顗의 『摩訶止觀』을 가리킨다. 天宮慧威에게 천태를 배우고 左溪玄朗(673-754)과 同門이다. 『傳燈錄』에 의하면 玄朗의 권유로 東陽策 선사와 함께 조계를 참문하였다.
383) 婺州 金華 출신으로 처음에 천태교학을 배우고, 이후에 혜능에게 참문하여 그 법을 잇고 開元寺에 주석하였다.
384) 대승의 경론을 가리킨다.
385) 佛心宗은 불심의 宗旨 내지 달마의 선법을 계승한 禪宗을 가리킨다. 『寶林傳』 卷8 참조.

에는 스승이 없이 홀로 깨쳤다는 자는 모두 곧 천연외
도라네."386)

현각이 말했다.

"그렇다면 그대가 내 깨침을 증명해주길 바라네."

현책이 말했다.

"내 말387)은 아직 미진하다네. 그러나 조계에는 육조대
사가 있는데 사방에서 몰려들어 거기에서 법을 받는 자
들이 많다네. 만약 조계로 가겠다면 나와 함께 가지 않
겠는가.388)"

현각은 마침내 현책과 더불어 조계를 내참하였다. 조
계대사를 우요삼잡(右遶三匝)389)하고나서, 석장390)을

---

386) 威音王은 威音王佛로서 『妙法法華經』 卷6, (大正藏9, p.50中-
下) "往古昔 過無量無邊不可思議阿僧祇劫 有佛名 威音王如來 應
供 正遍知 明行足 善逝 世間解 無上士 調御丈夫 天人師 佛世尊
劫名離衰 國名大成"에 보이는데, 시간적으로 맨 처음을 가리킨다.
그 때문에 위음왕불 이전은 空劫已前으로서 天地未分 이전의 무분
별한 상태 및 修證 이전의 본래성을 의미한다. 『祖庭事苑』 卷5,
(卍新纂續藏經64, p.383中) "威音王佛 禪宗不立文字 謂之敎外別
傳 今宗匠引經 所以明道 非循蹟也 且威音王佛已前 蓋明實際理地
威音已]後 卽佛事門中 此借喩以顯道 庶知不從人得 後人謂音王實
有此緣 蓋由看閱乘閱之不審 各本師承 沿襲而爲此言 今觀威王之問
豈不然乎" 참조. 무분별의 상태에서는 깨친 자가 따로 없고 증명
해주는 사람도 따로 없기 때문에 홀로 깨쳤다고 하더라도 무방하
지만, 분별심이 형성된 위음왕불 이후에는 깨친 사람과 그것을 증
명해주는 사람이 없어서는 안 된다는 것이다. 이것은 선의 목적이
깨침이지만 반드시 印可 곧 證明이 필요하다는 것을 말한다. 印可
를 받은 후에는 다시 傳法이 중요하다. 따라서 發心 - 修行 - 悟
道 - 印可 - 傳法 - 敎化의 전통이 전승되어 왔다. 天然外道는
自然外道라고도 하는데, 만물의 성품은 자연이 정해준다는 학설로
서 六派外道의 하나이다.
387) 영가의 깨침을 증명해주는 印可의 말을 가리킨다.
388) 현책은 이미 조계로 가서 득법하기로 마음먹은 상태로서 영가와
함께 가자고 권유하고 있다.
389) 遶師三匝은 조계대사를 右遶三匝하는 행위이다. 三尊을 공경한

흔들고는 우뚝 섰다. 대사가 말했다.

"대저 사문이라면 삼천 가지 위의와 팔만 가지 세행391)을 갖추어야 한다. 그런데 대덕은 어디에서 왔길래 대아만을 내는가.392)"

현각이 말했다.

"생사사대(生死事大)이므로 무상신속(無常迅速)입니다.393)"

다 내지 三毒을 소멸한다는 뜻으로 問佛과 問法의 경우에 하는 예법이다.

390) 錫杖은 범어 Khakkhara로서 隙棄羅·喫吉羅·喫棄羅라 음역하고 德杖·智藏·成長·鳴杖이라고 의역한다. 비구가 소유하는 18物 가운데 하나로서 僧侶나 受驗者 등이 휴대하는 지팡이이다. 上部는 주석 등의 금속, 中部는 나무, 下部는 상아 또는 뿔로 만든다. 머리를 塔婆 형태로 만들어 大鐶을 걸고 大鐶에 다시 여러 개의 小鐶을 건다. 소환은 보통 6개를 거는데 육바라밀을 상징한다. 길을 가면서 땅을 짚고 딸랑딸랑 소리를 내어 禽獸 및 蟲類를 경각시켜 물러가게 함으로써 不殺生을 실천하고, 탁발의 경우 석장을 흔들어서 신호를 보내 시주물을 받기도 한다. 또한 나이가 많거나 기력이 없는 경우에 의지하기도 하고, 개울을 건너는 경우에는 물의 깊이를 재는 도구로 활용하기도 한다.

391) 三千威儀 八萬細行은 비구가 지니는 계율을 말한다. 三千威儀는 250戒 × 4威儀 × 三世가 三千威儀로서 곧 소승비구의 생활을 상징한다. 八萬細行은 八萬四千細行으로서 三千威儀에다 殺·盜·婬·妄의 身業과 兩舌·惡口·綺語의 口業 등 7가지를 곱하여 2만 1천 가지에다 身·受·心·法의 네 가지를 곱하여 八萬四千으로서 대승보살의 생활방식을 상징한다. 나아가서 일상의 모든 행위를 三千威儀 八萬細行이라 한다.

392) 석장을 흔들었을 뿐 예배를 하지 않은 모습을 말한다.

393) 生死事大는 生事大이고 死事大로서 생과 사의 문제가 지극히 중대하여 윤회를 초월하는 것이 가장 중요하다는 말이다. 五祖弘忍이 제자들을 접화할 때에 활용한 말로부터 유래한다. 生과 死가 呼吸之間에 달려 있기 때문에 속히 생사의 문제를 해결해야 한다는 뜻이다. 『雪巖祖欽禪師語錄』卷2, (卍新纂續藏經70, p.610中) "死不知去處 生不知來處 所謂生死事大 無常迅速 … 豈不是死不知去處 謂之死大 卽今眼眨眨地 在這裡 問箇父母未生前面目 開口不得 豈不是生不知來處 謂之生大 灼然生死事大 須是把當一件無大至大底大事" 참조.

대사가 말했다.

"생사(生死)에 대하여 체득394)하면 곧 무생이고 요달하면 본래 신속조차 없는 도리를 어째서 모르는가.395)"

현각이 말했다.

"이제야 본체가 곧 무생으로서 본래 지체와 신속이 없음을 요달하였습니다."

대사가 말했다.

"그래, 바로 그렇다."

현각은 그제서야 위의를 갖추고 예배를 드렸다. 그리고는 곧바로 하직 인사를 드렸다. 그러자 대사가 말했다.

"이대로 돌아간다니 너무 서두르는 것 아닌가."

현각이 말했다.

"본래 움직임조차 없는데 어찌 서두름이 있겠습니까.396)"

대사가 말했다.

"그렇다면 움직임조차 없다는 도리를 아는 주체는 누구란 말인가."

현각이 말했다.

"지금 화상께서 괜시리 분별을 내고 있는 것 아닙니까."

대사가 말했다.

"그대는 진정으로 무생의 뜻을 깨우쳤구나."

---

394) 體取는 體認·體會로서 자신이 몸소 터득하는 것을 말한다.

395) 生死에 대하여 체득하면 곧 무생으로서 분별심이 사라져 生·死 및 遲滯·迅速의 대립을 초월한다. 그런데 그대는 함부로 生·死, 常·無常, 遲滯·迅速을 언급하고 있는 것을 보면 아직 生死가 무생의 도리임을 깨치지 못한 행위라고 꾸짖는 말이다.

396) 본체에는 본래 動과 不動의 분별이 없는데 어째서 서둘러 돌아간다고 도리어 분별을 내느냐는 말이다. 그냥 돌아가는 것이나 잠시 쉬었다가 돌아가거나 서로 피장파장이라는 것이다.

현각이 말했다.

"무생이라는데 어찌 뜻인들 있겠습니까.397)"

대사가 말했다.

"뜻 자체가 없거늘 누가 분별을 내겠는가."

현각이 말했다.

"분별한다고 해도 또한 뜻이 없습니다.398)"

대사가 말했다.

"그래, 그렇다. 좀 머물렀다 일숙(一宿)하고 가거라."

이런 까닭에 일숙각(一宿覺)이라고 불렀다. 이후에
『증도가』399)를 저술하였는데, 세상에 크게 유행하였다.

---

397) 본래 무생이라면 어찌 무생이라는 분별적인 뜻인들 필요하겠는
가 하는 것이다. 그저 그대로 내버려두는 것이야말로 무생의 도리
에 합당하다는 말이다.

398) 항상 분별하면서도 분별한다는 것에 집착이 없는 것을 가리킨다.
鳩摩羅什 譯, 『維摩詰所說經』 卷中, (大正藏14, p.544下) "問 空
可分別耶 答曰 分別亦空" 참조.

399) 현각의 저술로서 『禪宗永嘉集』과 더불어 『證道歌』 혹은 『永嘉證
道歌』라는 명칭으로 현존한다. 『信心銘』·『十牛圖』·『坐禪儀』와 더불
어 「禪宗四部錄」으로 불리운다. 267구로 구성된 『證道歌(佛性歌,
道性歌)』는 인간의 본래모습을 絶學無爲閑道人으로 설정하여 대립
과 분별을 초월한 절대세계에 살아가는 사람을 드러내었다. 無生과
無念을 바탕으로 돈오사상을 전개하였다. 영가현각의 존재와 그 『
증도가』는 돈황본 『단경』에는 보이지 않는 점을 감안하면 8세기
말에 출현한 것으로 보인다. 『證道歌』는 『宗鏡錄』에 자주 인용되
었는데, 돈황사본에는 [禪門秘要決 招覺大師一宿覺]이라는 제목으
로 periot 2104에 수록되어 있고, 기타 stein 2165·4037·6000 등
에도 『증도가』가 수록되어 있다. 송대부터 청대에 걸쳐 다수의 주
석서가 출현하였고, 『祖庭事苑』 권7에 그 語釋이 수록되어 있다.
영가는 『증도가』 이외에 『禪宗永嘉集』이라는 저술이 있는데 주로
止·觀의 강요서의 성격이 잘 나타나 있다.

禪者智隍　初參五祖　自謂已得正受　菴居長坐　積二十年　師
弟子玄策　游方至河朔　聞隍之名　造菴問云　汝在此作什麼
隍曰　入定　策云　汝云入定　爲有心入耶　無心入耶　若無心
入者　一切無情草木瓦石　應合得定　若有心入者　一切有情
含識之流　亦應得定　隍曰　我正入定時　不見有有無之心　策
云　不見有有無之心　即是常定　何有出入　若有出入　即非大
定　隍無對　良久　問曰　師嗣誰耶　策云　我師曹溪六祖　隍云
六祖以何爲禪定　策云　我師所說　妙湛圓寂　體用如如　五陰
本空　六塵非有　不出不入　不定不亂　禪性無住　離住禪寂
禪性無生　離生禪想　心如虛空　亦無虛空之量　隍聞是說　徑
來謁師　師問云　仁者何來　隍具述前緣　師云　誠如所言　汝
但心如虛空　不著空見　應用無礙　動靜無心　凡聖情忘　能所
俱泯　性相如如　無不定時也　隍於是大悟　二十年所得心　都
無影響　其夜河北士庶　聞空中有聲云　隍禪師今日得道　隍
後禮辭　復歸河北　開化四衆

(10)

　지황선자400)가　처음에　오조를　참문했을　때,401)　자신
은　이미　삼매402)를　터득했다고　말씀드렸다.　암자에서
오랫동안　좌선수행을　하여　20년이　되었다.　홍인의　제자
인　현책403)이　유방하다가　하삭(河朔)404)에　이르렀다.

---

400) 智隍에 대한 기록은 그 몇 가지 기연설법이 『曹溪大師別傳』, 『
　　祖堂集』, 『宗鏡錄』에 보인다.
401) 智隍은 弘忍의 만년에 참문한 제자이다. 이후 호남성 湘江道 長
　　沙縣의 祿山寺에서 항상 좌선수행으로 일관하였다.
402) 正受는 三昧 및 禪定을 번역한 용어이다.
403) 『曹溪大師別傳』에서는 大榮, 『祖堂集』에서는 智榮, 『宗鏡錄』에
　　서는 智策, 『景德傳燈錄』에서는 玄策이라고 기록하였다.
404) 黃河의 북쪽 지역이다. 朔은 북방을 가리키는 말이다.

거기에서 지황의 이름을 듣고는 암자로 찾아가서 물었다.

"스님은 여기에서 무엇을 하십니까."

지황이 말했다.

"선정에 들어있습니다."

현책이 말했다.

"스님이 선정에 들어있다고 말하는데 그러면 유심으로 들어있는 것입니까, 무심으로 들어있는 것입니까. 만약 무심으로 들어있다면 초·목·와·석과 같은 일체의 무정물도 마땅히 선정을 터득했어야 할 것이고, 만약 유심으로 들어있다면 살아 있는 일체의 유정물도 마땅히 선정을 터득했어야 할 것입니다."

지황이 말했다.

"저는 선정에 들어있는 바로 그때가 되면 유심이다 무심이다 하는 것을 보지 않습니다.405)"

현책이 말했다.

"유심이다 무심이다 하는 것을 보지 않는다면 곧 상정(常定)406)에 들어있을 터인데 어째서 출정과 입정이 있는 것입니까. 만약 출정과 입정이 있으면 곧 대정(大定)407)이라고 할 수 없습니다."

지황이 대꾸하지 못하였다. 이윽고 양구하고 물었다.

"스님은 누구한테 사법하였습니까."

현책이 말했다.

---

405) 유심과 무심의 분별을 초월해 있음을 가리킨다.
406) 常定은 선정을 도그마처럼 절대적으로 간주하는 것으로 선정에 얽매여 있는 모습을 가리킨다.
407) 욕계의 小定에 상대하여 大定은 색계와 무색계의 有漏善의 根本定을 가리킨다. 달리 那伽大定은 부처님의 선정을 말한다.

"저의 스승은 조계에 계시는 육조대사입니다."

지황이 물었다.

"육조대사께서 말씀하시는 선정은 무엇입니까."

현책이 말했다.

"우리 스승께서 설하신 바는 다음과 같습니다. 묘담하고 원적하여 체와 용이 여여합니다.408) 이에 오음이 본래 공하고 육진은 실유가 아니므로 출정이 따로 없고 입정도 따로 없으며 고요함에 빠지는 것도 없고 산란함에 휘둘리는 것도 없습니다. 따라서 선정 자체에 집착이 없고 그 집착을 벗어나 있으므로 선적(禪寂)의 경지에 머무릅니다. 또한 선정 그 자체에 생멸이 없고 생멸을 벗어나 있으므로 선상(禪想)의 경지가 발생합니다. 이에 마음이 허공과 같이 편만하지만 또한 허공이라는 분별조차 없습니다.409)"

지황이 현책의 말을 듣고는 곧바로 대사를 참문하였다. 그러자 대사가 물었다.

"그대는 어디에서 왔는가."

---

408) 선정의 당체인 자성법신이야말로 오묘하고 담연하며 원만하고 상적해서 여여한 지혜로 여여한 경계를 관조하기 때문에 자성법신의 본체와 그 작용이 항상 여여하다는 것이다.

409) 혜능이 선정의 당체가 無住이고 無生임을 구체적으로 속성과 공능을 통하여 말한 대목이다. "이에 오음이 본래 공하고 육진은 실유가 아니므로 출정이 따로 없고 입정도 따로 없으며 고요함 빠지는 것도 없고 산란함에 휘둘리는 것도 없습니다. 따라서 선정이라 해도 그 자체에 定相이 없어서 집착할 것이 없고, 집착을 벗어났기 때문에 禪寂의 경지에 머무릅니다. 또한 선정이라 해도 그 자체에 생멸이 없어서 생멸의 분별이 발생하지 않고, 생멸의 분별을 벗어났기 때문에 禪想의 경지가 발생합니다. 이에 선정 속에 들어 있는 마음이 허공과 같이 편만하지만 또한 허공과 같이 편만하다는 분별조차 없습니다."

지황이 그간의 상황을 자세하게 말씀드리자, 대사가
말했다.

"진실로 그대가 들었던 말과 똑같다. 그대는 무릇 마음
을 허공과 같이 지니되 공견(空見)에도 집착해서는 안
된다.410) 그러면 응(應)과 용(用)에 걸림이 없고, 동
(動)과 정(靜)에 차별심이 없으며, 범(凡)과 성(聖)의
분별심이 사라지고, 능(能)과 소(所)의 구별이 모두 사
라지며, 성(性)과 상(相)에 여여하여 선정의 경지 아님
이 없다."

이에 지황이 대오하였다. 그러자 20년 동안의 좌선으
로 터득했던 마음411)이 모두 그림자 및 메아리와 같았
다. 그날 밤 하북의 백성들은 허공에서 들려오는 소리
를 듣고는 "지황선사께서 바로 오늘 도를 깨쳤구나."라
고 말했다. 지황은 후에 대사에게 하직 인사를 드리고
다시 하북으로 돌아가서 사부대중을 교화하였다.

一僧問師云　黃梅意旨　甚麼人得　師云　會佛法人得　僧云
和尙還得否　師云　我不會佛法

(11)
어떤 승이 대사에게 여쭈었다.
"황매의 의지(意旨)는 누가 터득하였습니까.412)"

---

410) 不著空見은 本來空이라는 말을 듣고는 그 空이라는 말에만 집착
하면 邊見이 되고 만다는 것을 경계시킨 말이다.
411) 所得心은 무명을 가리킨다. 36권본『大般涅槃經』卷15, (大正藏
12, p.706下) "無所得者　則名爲慧　菩薩摩訶薩得是慧　故名無所得
有所得者　名爲無明　菩薩永斷無明闇故　故無所得　是故菩薩名無所
得" 참조.

　대사가 말했다.
"불법을 아는 사람이 터득하였다.413)"
　승이 물었다.
"그러면 화상께서는 터득하셨습니까."
　대사가 말했다.
"나는 불법을 모른다.414)"

師一日欲濯所授之衣　而無美泉　因至寺後五里許　見山林鬱
茂　瑞氣盤旋　師振錫卓地　泉應手而出　積以爲池　乃跪膝浣
衣石上　忽有一僧　來禮拜云　方辯是西蜀人　昨於南天竺國
見達磨大師　囑方辯速往唐土　吾傳大迦葉　正法眼藏　及僧
伽梨　見傳六代於韶州曹溪　汝去瞻禮　方辯遠來　願見我師
傳來衣鉢　師乃出示　次問　上人攻何事業　曰　善塑　師正色
曰　汝試塑看　辯罔措　過數日　塑就眞相　可高七寸　曲盡其
妙　師笑曰　汝只解塑性　不解佛性　師舒手摩方辯頂曰　永爲
人天福田

---

412) 황매산에 주석하였던 大滿弘忍의 宗旨를 계승한 자가 누구인지
　　를 묻는 말이다.
413) 會佛法人得은 조사선법의 도리를 터득한 사람이 계승했다는 말
　　이다. 곧 本來成佛의 도리를 深信하여 무분별과 무차별과 無生과
　　無作의 도리를 터득한 사람으로서 구체적으로는 會 및 不會를 초
　　월한 무분별의 평상심의 소유자가 홍인의 선법을 계승했다는 것이
　　다.
414) 我不會佛法은 혜능의 경우 이미 會 및 不會의 분별을 초월해 있
　　기 때문에 굳이 會나 不會의 개념에 걸리지 않는다는 것을 표현한
　　말이다. 그 때문에 이 경우 승의 질문에 대하여 會라고 말하건 不
　　會라고 말하건 그것은 상관이 없다. 왜냐하면 그 어떤 답변도 혜능
　　의 무분별심으로부터 나온 것이기 때문이다.

(12)

대사가 어느 날 전수받은 가사를 세탁하고자 하였으
나 깨끗한 물이 없었다. 그 때문에 사찰의 뒤편 5리 쯤
떨어진 곳에 이르니, 산림이 울창하게 우거져 있고 상
서로운 기운이 주위에 가득 서려 있었음을 보았다. 대
사가 석장을 흔들고 땅을 내려치자 샘물이 손에 닿을
정도의 높이까지 솟구쳤는데,415) 그 물이 고여서 연못
이 되었다. 대사가 무릎을 꿇어앉아 바위에 대고 가사
를 세탁하였다. 그런데 홀연히 어떤 승이 다가와서 예
배를 드리고 말했다.

"제 이름은 방변(方辯)인데 서축416) 출신입니다. 어제
남천축국에서 달마대사를 친견했는데, 저한테 속히 당
나라에 가라고 하면서 다음과 같이 부촉하셨습니다.417)
'내가 전수받은 마하가섭의 정법안장418) 및 승가리419)

---

415) 『大明一統志』 卷80에 기록되어 있는 南雄府 霹靂泉의 고사를
 가리키는데, 慧能과 결부된 일화로 인하여 卓錫泉이라고도 한다.
416) 方辯에 대한 기록은 『景德傳燈錄』 卷6, (大正藏51, p.236中) 혜
 능장 참조. 西蜀은 四川省을 가리킨다.
417) 달마가 方辯에게 무엇을 언제 어떻게 부촉했는지, 그리고 方辯
 에 대한 전기도 다른 기록에 보이지 않는다.
418) 『寶林傳』 卷2에 등장하는 일화이다. 正法眼藏은 부처님의 깨침
 그 자체를 가리킨다. 달리 언설로 설해진 삼장을 의미하는데, 이
 경우 정법의 안목을 설한 가르침[藏]을 뜻한다. 부처님이 마하가섭
 에게 부촉하시면서 "나한테 있는 正法眼藏 涅槃妙心 實相無相 微
 妙法門을 마하가섭에게 전수한다."고 말씀하셨다는 기록에서 연유
 한다. 『大梵天王問佛決疑經』 拈華品 第二, (卍新纂續藏經 第一冊,
 pp.442上-442中) 참조.
419) 僧伽梨는 僧伽胝라고도 음역하고 大衣 및 重腹衣라고 의역한다.
 安陀會·鬱多羅僧·僧伽梨의 三衣 가운데 하나인데, 僧伽梨는 설법
 과 걸식 등 공식적인 경우에 수하는 가사이다. 여기에 등장하는 가
 사는 부처님의 金襴袈裟로서 25조로 만들어진 가사를 뜻한다. 그
 러나 『祖堂集』에서는 혜가가 달마로부터 받은 袈裟를 7조 가사로

를 살펴보니, 육대 째로 소주의 조계에 전승되었다. 그
러니 그대는 그리로 가서 첨례하거라.' 이에 저 방변이
멀리서 찾아왔습니다. 바라건대, 저한테 저의 달마스승
께서 전래한 의발을 보여주십시오."

이에 대사가 의발을 보여주었다. 그리고는 물었다.
"상인은 어떤 수행을 했는가.420)"

방변이 말했다.
"흙으로 형상[像]을 만들곤 했습니다."

대사가 진지하게 말했다.
"그렇다면 그대가 나의 소상(塑像)을 한번 만들어 보거
라.421)"

방변이 당황하였다 그러나 며칠이 지나서 육조의 진
상(眞相)이 완성되었다. 그 높이는 7촌쯤인데 아주 세
밀하고 정교하게 만들었다. 대사가 웃음을 지으면서 말
했다.
"그대는 단지 소상(塑像)의 성질만 알았지, 아직 부처의
성품은 모르는구나.422)"

서 七條屈眴布이라 하였다. (『祖堂集』卷2, 高麗大藏經45, p.248
中) "當先天二年, 達摩大師傳袈裟一領, 是七條屈眴布, 靑黑色碧
絹爲裏, 幷鉢一口" 7조의 가사라면 僧伽黎가 아니라 鬱多羅僧에
해당하는데, 궁금하다. 조사선법에서 부처님의 鉢盂와 더불어 정법
안장의 상징으로 전승되었다.

420) 上人은 상대방 승려에 대한 존칭으로서 尙人·和尙·和上이라고도
한다. 이에 비하여 상대방에게 자신을 겸손하게 일컫는 말은 貧道·
小僧·山僧이라고도 한다. 攻은 工으로서 巧의 뜻이다. 事業은 수행
을 가리키는 말이다.

421) 汝試塑看에서 看은 어조사이다.

422) 혜능은 불성을 보여달라고 주문하였는데 정작 형체가 있는 塑像
으로 만들어왔기 때문에 방변으로 하여금 불성을 터득하라는 가르
침으로 제시한 말이다. 여기에서 塑像性은 佛性과 대비되는 의미
로 쓰였다.

대사가 손을 뻗쳐서 방변의 정수리에 얹고 말했다.
"그대는 영원히 인간과 천상의 복전이 되리라."

有僧擧臥輪禪師偈曰　臥輪有伎倆　能斷百思想　對境心不起
菩提日日長　師聞之　曰　此偈未明心地　若依而行之　是加繫
縛　因示一偈曰　慧能沒伎倆　不斷百思想　對境心數起　菩提
作麽長

(13)
　어떤 승이 다음과 같은 와륜선사[423)]의 게송을 읊었
다.

와륜은 기량이 아주 뛰어나서
온갖 사상을 모두 단절한다네[424)]
경계를 대해도 분별심 없으니
나날이 보리의 싹이 자란다네[425)]

---

423) 臥輪(臥倫)에 대해서는 여러 가지 설이 있다. 『景德傳燈錄』 卷5,
　　(大正藏51, p.245中) "臥輪者非名卽住處也" 와륜선사 및 그 사상
　　에 대해서는 宗密, 『禪源諸詮集都序』 卷下之二, (大正藏48, p.412
　　中)에 "求邢.慧稠.臥輪之類"; 『宋高僧傳』 卷27, (大正藏50, p.882
　　下) "上都有臥倫禪師者　雖云隱晦而實闡揚六祖印持　一時難測　化導
　　之方若尸鳩之七子均養也　汝急去從之"; 『弘贊法華傳』 卷7, (大正
　　藏51, p.35上) "汝京內可於禪定道場　依止臥倫禪師　節入京求度　不
　　遂其心"; 『宗鏡錄』 卷98, (大正藏48, p.942下) "臥輪禪師云　詳其
　　心性　湛若虛空　本來不生　是亦不滅　何須收捺　但覺心起　卽須向內反
　　照心原　無有根本　卽無生處　無生處故　心卽寂靜　無相無爲"; 돈황
　　자료 Stein 1494호.5657호.6631호　등 참조.
424) 臥輪有伎倆　能斷百思想에 해당하는 돈황자료 Stein 6631호의
　　기록은 臥輪無伎倆　能定百思想이다. 伎倆은 智謨巧伎의 뜻이다.
　　思想은 四句分別로서 번잡한 計度思量을 가리킨다.
425) 갖가지 번뇌를 부지런히 단제하여 외부의 경계에 물들지 않고

대사가 그 게송을 듣고 말했다.

"이 게송은 아직 마음을 깨치지 못한 것이다. 그러므로 만약 그것에 의지하여 수행한다면 곧 더욱더 얽매일 뿐이다."

그리고는 대중에게 다음과 같은 한 게송을 제시하여 말했다.

혜능은 기량이 뛰어나지 못해
온갖 사상을 소멸하지 못하네
경계를 맞아 항상 흔들리므로
어찌 보리의 싹이 자라겠는가426)

보리도를 성취한다는 것으로 漸修를 의미한다.
426) 조사선의 本來成佛에 근거하고 있기 때문에 특별히 의도적으로 수행할 필요가 없다. 이에 항상 외부의 경계에 상응하면서도 정작 그에 집착이 없다. 와륜이 번뇌를 상대하여 단절함에 비하여, 혜능의 경우 번뇌의 斷과 不斷 및 보리의 悟와 未悟의 분별심이 전혀 없음을 말한다. 곧 本來無一物로 대변되는 남종돈법의 종지를 가리킨다.

南頓北漸第七

時　祖師居曹溪寶林　神秀大師　在荊南玉泉寺　于時兩宗盛
化　人皆稱南能北秀　故有南北二宗頓漸之分　而學者莫知宗
趣　師謂衆曰　法本一宗　人有南北　法卽一種　見有遲速　何
名頓漸　法無頓漸　人有利鈍　故名頓漸　然秀之徒衆　往往譏
南宗祖師　不識一字　有何所長　秀曰　他得無師之智　深悟上
乘　吾不如也　且吾師五祖　親傳衣法　豈徒然哉　吾恨不能遠
去親近　虛受國恩　汝等諸人　毋滯於此　可往曹溪參決　乃命
門人志誠曰　汝聰明多智　可爲吾到曹溪聽法　若有所聞　盡
心記取　還爲吾說

3.-7) 남돈북점

(1)

　그때 혜능조사는 조계의 보림사에 주석하였고 신수대
사는 형남 옥천사에 주석하였는데427) 당시 두 종지가

427) 大通神秀(606-706)는 속성은 李씨이고 河南省 開封 출신이다.
　　신장이 8척이고 龙眉秀目하고 威風堂堂하여 위덕이 넘쳤다. 張說
　　의 비문에 의하면 어려서 經史 곧 儒書를 읽고 박학다식하였으며
　　老莊의 玄旨와 周易의 大義와 三乘의 經論과 四分律儀와 訓詁와
　　音韻 등에 정통하였다. 武德 8년(625)에 낙양의 天宮寺에서 출가
　　한 후에 여러 선지식을 참문하였다. 50여 세 때 호북성 蘄州 黃梅
　　縣 東山의 五祖弘忍에게 참문하고 隨侍하여 700대중의 上座가 되
　　었다. 홍인은 신수를 法器로 여기고 '내가 많은 사람을 제도하였지
　　만 縣解圓照한 자는 신수뿐이다.'고 말했다. 高宗 上元 2년(675)에
　　홍인이 입적하자 湖北省 荊州 江陵의 當陽山에 주석하였다. 僧衆
　　이 모여들어 3,000명에 이르자 宋之問이 주청을 드려 마침내 久視
　　年中(700)에 則天武后가 內道場에 초청하였다. 이후 中宗과 睿宗
　　도 국사로서 예우하여 三帝國師 二京法主라 불렸다. 측천무후는
　　當陽山에 度門寺를 건립하고 神秀大師를 勅住하게 하고 그 덕을
　　현창하였다. 神秀는 離念을 설하고 五方便을 설하였는데, 신회가

성화(盛化)하여 사람들은 남능·북수라 칭하였다.428) 그 때문에 남종과 북종은 돈(頓)과 점(漸)으로 나뉘었는데 납자들은 그 종취(宗趣)를 알지 못하였다. 이에 대사가 대중에게 말하였다.

"불법은 본래 동일한 종지이지만 사람은 남방 출신과 북방 출신이 있다. 불법은 곧 동일한 종류이지만 사람들의 견해에 더디고 빠름이 있다. 그러면 무엇을 돈(頓)과 점(漸)이라 말하는가. 불법에는 돈과 점이 없지만, 사람에게 이근과 둔근이 있다. 그 때문에 돈과 점이라 말한다."

그러나 신수의 제자들은 종종 남종의 조사를 비난하여 다음과 같이 말했다.

"글자도 모르는데 어찌 내세울 것이 있겠는가."

북종을 공격한 이후에 혜능의 선풍을 南宗이라는 것에 상대하여 소위 北宗이라고 불렀다. 이로써 南能北秀라는 말이 생겨났다. 남종선은 華南.江西 지역에 널리 유행하였고, 신수의 선법은 華北과 長安·洛陽 및 江南 지역에 널리 유행하였다. 神龍 2년(706) 2월 28일 101세의 나이로 낙양의 天宮寺에서 입적하였다. 시호는 大通禪師인데 선종에서 禪師라는 시호의 처음이다. 『觀心論』 1권, 『大乘無生方便門』 1권, 『華嚴經疏』 30권, 『妙理圓成觀』 3권 등을 저술하였다. 岐王範·燕國公 張說·徵士 盧鴻 등이 각각 그 비명을 지었다.

428) 兩宗은 남종과 북종의 두 종파를 의미하기도 한다. 그러나 혜능과 신수가 살아있을 당시에는 종파라는 의미는 그다지 부각되지 않았다. 혜능(713 입적)과 신수(706 입적)의 입적 이후에 荷澤神會와 義福.普寂의 정통성 주장이 일어났다. 신회가 720년에 南陽의 龍興寺에 勅住하고 734년에 滑台의 大雲寺에서 無遮大會를 열어 북종배격을 주장한 이래로 736년 義福이 입적하고 739년에 普寂이 입적하면서 북종의 세력이 쇠퇴하여 남종의 정통이 형성되었다. 그 때문에 여기에서는 사람들의 근기에 利根機는 頓悟의 방법으로 깨치고 中下根機는 漸修를 통해서 깨치는 의미로 해석한다. 곧 법에는 頓과 漸이 따로 없지만, 사람에게 利와 鈍의 차이가 있을 뿐이라는 혜능의 말은 이를 시사해 준다.

173

이에 신수는 다음과 같이 말했다.

"혜능은 무사지(無師智)429)를 터득하여 깊이 최상승의 선법을 깨쳤다. 그러나 나는 혜능만 못하다. 또 오조홍인 스승께서 친히 혜능에게 의법을 전수하신 것이 어찌 소용없는 일이겠는가. 내가 안타까운 것은 멀리 떨어져 있어서 친근하지 못하고 헛되이 국은(國恩)만 입는 것이다.430) 그러므로 그대들은 여기에 머무르지 말고 조계로 찾아가서 혜능을 참문하고 결택을 받거라."

(신수대사는) 이에 문인 지성을 불러서 말했다.

"그대는 총명하고 지혜가 많다. 그러므로 나를 위해서 조계에 가서 법문을 듣거라. 그리고 들은 바를 모두 마음에 기억해두었다가 돌아와서 나한테 말해 다오."

志誠稟命 至曹溪 隨衆參請 不言來處 時祖師告衆曰 今有
盜法之人 潛在此會 志誠卽出禮拜 具陳其事 師曰 汝從玉
泉來 應是細作 對曰 不是 師曰 何得不是 對曰 未說卽是
說了不是 師曰 汝師若爲示衆 對曰 常指誨大衆 住心觀靜
長坐不臥 師曰 住心觀靜 是病非禪 長坐拘身 於理何益
聽吾偈曰 生來坐不臥 死去臥不坐 一具臭骨頭 何爲立功
課

---

429) 無師智는 無師獨悟라고도 한다. 곧 다른 사람을 의지하지 않고 본래자성을 깨우쳐 그것을 일상의 생활에서 실천하는 것을 가리킨다.

430) 홍인대사께서 전수한 의발을 친근하지 못하는 것과 홍인의 정법안장을 계승한 혜능을 만나지 못하는 것을 안타깝게 간주하는 말이다. 또한 신수는 자신이 정법안장의 종지를 깨치지 못하였는데 천자의 귀의를 받는 것을 황송하게 생각한다는 겸손의 미덕을 가리킨다.

지성이 명을 받고 조계에 이르러서 대중과 더불어 청 익에 참여했지만 출신처를 말하지 않았다. 그때 혜능조 사가 대중을 불러 말했다.

"지금 법을 훔치려는 자가 있는데 이 법회에 숨어 있구 나."

지성이 곧 자리에서 나와 예배를 드렸다. 그리고는 그 상황을 말하였다. 이에 조사가 말했다.

"그대가 옥천사에서 온 것을 보니 세작431)임이 분명하 구나."

지성이 말했다.

"그것이 아닙니다."

조사가 말했다.

"어째서 아니라는 것인가."

지성이 말했다.

"말씀드리지 않았을 때는 세작이었지만 이미 말씀드린 지금은 세작이 아닙니다."

조사가 말했다.

"그대의 스승은 대중에게 어떤 것을 가르치는가.432)"

지성이 말했다.

"대중에게 항상 '마음을 불성에 집중하여 조용히 관찰하 라.433) 항상 좌선을 하여 눕지 말라.'고 가르칩니다."

조사가 말했다.

"마음을 불성에 집중하여 조용히 관찰하라는 것은 잘못

---

431) 細作은 間諜, 遊偵, 스파이를 가리킨다.
432) 若爲는 무슨·무엇을·어떤·어떻게 등의 뜻이다.
433) 住心觀靜은 고요한 곳에서 좌선을 통하여 불성 곧 자성에 마음 을 모아서 집중하고 불성 곧 자성이 본래 고요한 줄을 관찰하는 것을 가리킨다.

된 가르침으로 진정한 선이 아니다.434) 그리고 항상 좌
선만 하는 것은 몸을 구속하는 것이다.435) 그러니 그런
방식으로 어찌 깨침에 도움이 되겠는가. 이제 내가 말
하는 게송을 들어보라."

살아서는 앉아서 눕지 못하고
죽어서는 누워서 앉지 못하네
좌와는 곧 신체의 모습일진댄
어떻게 공덕이 담겨 있겠는가436)

---

434) 是病非禪은 근본적인 치료를 하지 않고 對症만 치료하는 것은
잘못임을 지적한 것이다. 종밀이 말하는 息妄修心宗의 부류를 가
리킨다. 『禪源諸詮集都序』卷上之二, (大正藏48, p.402中-下) 참
조.
435) 이 대목은 불성에 마음을 집중하는 住라든가 그 고요한 모습을
관찰하는 觀을 禪病으로 간주하고 있다. 곧 神秀의 입장은 본유한
불성은 청정무구할지라도 그것이 현실적으로는 망상번뇌에 휩싸여
있다고 보아 그 망상번뇌를 없애기 위해서는 住心觀靜의 방식으로
수행을 해야 한다는 것이다. 그러나 혜능의 입장은 망상번뇌는 본
래 공이기 때문에 본래부터 청정한 자성을 자각하여 그것을 그대
로 일상의 행위로 드러내는 것뿐이라는 것이다. 그 때문에 住心觀
靜 및 長坐不臥의 행위를 선병으로 간주한다. 이와 같은 입장의
차이는 너무나 도식적인 해석이다. 그 때문에 본래청정한 불성 곧
자성을 어떻게 자각하고 그것을 일상생활에서 어떻게 실천하는가
의 문제는 唐代 이후 지속적인 문제였다. 그것이 조사선에서 송대
에는 간화선과 묵조선이라는 새로운 수행방식으로 창출된다.
436) 살아있는 동안에는 좌선을 한답시고 항상 앉아만 있고 죽어서는
몸이 누워있어 일어나 앉지 못한다. 그래서 앉고 누워있는 모습은
모두 신체가 냄새나는 몸뚱아리에 불과한 것인데 굳이 앉고 눕는
다는 형상에 어찌 수행과 깨침의 공덕이 있겠냐는 것이다. 자성의
깨침은 行·住·坐·臥의 모습에 있는 것이 아니라 자성 본래가 不動
하고 無染하며 淸淨하다는 것을 자각하는 것임을 말한 것이다. 一
具臭骨頭는 사람을 꾸짖고 욕하는 모습으로 骨頭라는 두 글자만으
로도 충분한 뜻이 담겨 있다. 功顆는 功과 같다.

志誠再拜曰 弟子在秀大師處 學道九年 不得契悟 今聞和
尙一說 便契本心 弟子生死事大 和尙大慈 更爲敎示 師云
吾聞汝師敎示學人戒定慧法 未審汝師 說戒定慧 行相如何
與吾說看 誠曰 秀大師說 諸惡莫作名爲戒 諸善奉行名爲
慧 自淨其意名爲定 彼說如此 未審和尙以何法誨人 師曰
吾若言有法與人 卽爲誑汝 但且隨方解縛 假名三昧 如汝
師所說戒定慧 實不可思議 吾所見戒定慧又別 志誠曰 戒
定慧只合一種 如何更別 師曰 汝師戒定慧 接大乘人 吾戒
定慧 接最上乘人 悟解不同 見有遲疾 汝聽吾說 與彼同否
吾所說法 不離自性 離體說法 名爲相說 自性常迷 須知一
切萬法 皆從自性起用 是眞戒定慧法 聽吾偈曰 心地無非
自性戒 心地無癡自性慧 心地無亂自性定 不增不減自金剛
身去身來本三昧 誠聞偈悔<誨?>謝 乃呈一偈曰 五蘊幻身
幻何究竟 廻趣眞如 法還不淨

　지성이 다시 예배를 드리고 말했다.
"제자가 신수대사의 문하에서 9년 동안 수행하였지만
깨치지 못했습니다. 그런데 지금 화상의 설법을 한번
듣고서 곧 본심을 깨쳤습니다. 제자의 생사사대(生死事
大)를 위해서 화상께서는 대자비로써 다시 교시해 주시
기 바랍니다."
　조사가 말했다.
"나는 그대의 스승이 납자들에게 계·정·혜의 삼학법
에 대하여 교시한다고 들었다. 그대의 스승은 계·정·
혜의 행상을 어떻게 설하는지 모르겠다. 그대가 한번
말해 다오."
　지성이 말했다.

"신수대사께서는 다음과 같이 설합니다. 모든 악행을 하지 않는 것은 계(戒)이고, 모든 선행을 실천하는 것은 혜(慧)이며, 본래심을 청정하게 유지하는 것은 정(定)이다.437) 신수대사는 이와 같이 설합니다. 그런데 화상께서는 어떤 법으로 사람들을 가르치는지 궁금합니다."

조사가 말했다.

"내가 만약 어떤 법을 가지고 사람들에게 설해준다고 말한다면 곧 그대를 속이는 꼴이 된다. 무릇 방편에 따라서 계박을 풀어주는 것을 짐짓 삼매라고 말할 뿐이다.438) 그대의 스승이 설한 바 계·정·혜의 방식은 실로 불가사의하다.439) 내가 보는 계·정·혜는 그와

---

437) 신수가 七佛通戒(誡)의 諸惡莫作 諸善奉行 自淨其意 是諸佛教 가운데 앞의 삼구를 無漏三學에 배대하여 설명했다는 대목이다. 그러나 칠불통계게의 본래의미는 七佛은 過去七佛이란 뜻이고, 通戒(誡)는 하나의 계란 뜻이며, 偈는 게송이란 뜻이다. 따라서 과거 칠불 시절에는 사람들의 마음이 순수하여 하나의 게송만 가지고도 모든 질서와 규율이 잘 준수되었기 때문에 通戒(誡)라고 하였는데, 달리 禁戒라고도 한다. 이에 과거칠불에게는 각각의 通戒(誡)가 있다. 毘婆尸佛의 통계는 "忍辱爲第一 佛說無爲最 不以剃鬚髮 害他 爲沙門"이다. 式詰佛의 통계는 "若眼見非邪 慧者護不著 棄捐於衆 惡 在世爲黠慧"이다. 毘舍羅婆佛의 통계는 "不害亦不非 奉行於大 戒 於食知止足 床座亦復然 執志爲專一 是則諸佛教"이다. 拘樓孫 佛의 통계는 "譬如蜂採華 其色甚香潔 以味惠於他 道士遊聚落 不 誹謗於人 亦不觀是非 但自觀身行 諦觀正不正"이다. 拘那含牟尼佛의 통계는 "執志莫輕戲 當學尊寂滅 賢者無愁憂 常滅志所念"이다. 迦葉佛의 통계는 "一切惡莫作 當奉行其善 自淨其志意 是則諸佛教"이다. 釋迦佛의 통계는 "護口意法淨 身行亦清淨 淨此三行跡 修行仙人道"이다. 『增一阿含經』 卷44, (大正藏2, pp.786下-787中)

438) 본래의 입장에서는 설해야 할 법도 없고 설해주는 대상의 사람도 없지만 隨宜方便의 입장에서 미혹한 사람의 계박을 풀어주기 위하여 짐짓 설법한다는 것이다.

439) 여기에서의 不可思議는 이해가 되지 않는다·불합리하다·어이가 없다 등의 뜻이다.

다르다."

지성이 말했다.

"계 · 정 · 혜는 무릇 한 가지인데 어째서 또 다르다는 겁니까."

조사가 말했다.

"그대의 스승이 말하는 계 · 정 · 혜는 대승인을 제접하지만 내가 말하는 계 · 정 · 혜는 최상승인을 제접한다. 그러므로 그 오(悟)와 해(解)가 다르고 見에도 더디고 빠름이 있다. 그대는 내 설법이 신수의 설법과 같은지 다른지 들어 보라. 내가 설하는 일체법은 자성을 떠나지 않는다. 그러나 신수의 경우는 근본체를 떠나서 법을 설하는데 그것은 상설(相說)이다.440) 모름지기 일체 만법은 모두 자성으로부터 일어나는 작용임을 알아야 한다. 이것이야말로 진실한 계 · 정 · 혜의 법이다. 내 게송으로 말하는 것을 들어보라."

마음에 그릇됨이 없는 것은 자성계이고
마음에 어리석음 없는 것은 자성혜이며
마음에 어지러움 없는 것은 자성정이네441)

---

440) 혜능 자신의 입장과 신수의 입장을 비교하는 대목이다. 곧 자성의 본체에는 분별이 없다. 그런데 신수는 선행을 하고 악행을 하지 말라고 하여 善과 惡의 相을 분별한다. 그러므로 본래심을 청정하게 유지해야 한다는 것은 相說로서 眞實이 아니다. 이에 이미 선과 악을 분별하여 선행을 하라는 것은 도리어 犯戒가 되고 만다는 것이다. 여기에서 신수의 가르침은 본질을 벗어나서 설한 가르침이라는 것이다.

441) 돈황본 『壇經』의 경우는 (大正藏48, p.342中) "心地無疑非自性戒 心地無亂是自性定 心地無癡自性是惠"처럼 三句만으로 구성되어 있고 그 순서가 계·정·혜이다. 『景德傳燈錄』 卷5, (大正藏51, p.237中)의 경우는 "一切無心自性戒 一切無礙自性慧 不增不退自

본래부터 증감이 없는 금강체와 같아서442)
몸이 태어나고 죽어도 본래의 삼매라네443)

　지성은 게송을 듣고 가르침에 감사를 드렸다. 그리고
는 이에 다음과 같은 게송을 하나 바쳤다.

몸은 오온으로 만들어진 허깨비
그 허깨비가 어찌 구경이겠는가
이에 진여를 향해 나아가려해도
그것은 도리어 부정법이 된다네

師然之　復語誠曰　汝師戒定慧　勸小根智人　吾戒定慧　勸大
根智人　若悟自性　亦不立菩提涅槃　亦不立解脫知見　無一
法可得　方能建立萬法　若解此意　亦名佛身　亦名菩提涅槃
亦名解脫知見　見性之人　立亦得　不立亦得　去來自由　無滯
無礙　應用隨作　應語隨答　普見化身　不離自性　卽得自在神
通　游戲三昧　是名見性　志誠再啓師曰　如何是不立義　師曰
自性無非·無癡·無亂　念念般若觀照　常離法相　自由自在　縱
橫盡得　有何可立　自性自悟　頓悟頓修　亦無漸次　所以不立
一切法　諸法寂滅　有何次第　志誠禮拜　願爲執侍　朝夕不懈
(誠吉州太和人也)

金剛 身去身來本三昧"처럼 四句로 구성되어 있는데 四句의 게송형
태를 맞추려는 까닭에 계와 혜만 드러나 있다.
442) 본래부터 자성의 계·정·혜이기 때문에 깨쳤다고 해서 늘어나는
　　것도 아니고 깨치지 못했다고 해서 줄어드는 것도 아니다. 마치 不
　　壞의 속성을 지닌 금강과 같다는 것이다. 금강은 자성을 가리킨다.
443) 일상의 行·住·坐·臥와 見·聞·覺·知와 語·黙·動·靜의 모두가 본래부
　　터 자성의 삼매 아님이 없음을 가리킨다. 곧 去·來가 자유롭고 生
　　死卽涅槃의 경지를 말한다.

조사가 지성의 게송에 긍정하고, 다시 지성에게 말했다.

"그대 스승의 계·정·혜는 소근지인(小根智人)에게 권장하는 가르침이고 나의 계·정·혜는 대근지인(大根智人)에게 권장하는 가르침이다. 만약 자성을 깨치면 보리·열반도 내세울 것이 없고 또 해탈지견도 내세울 것도 없다. 그래서 어떤 법도 터득할 것이 없지만 바야흐로 만법을 건립한다. 만약 이 뜻을 터득하면 또한 불신(佛身)이라고도 말하고,[444] 또한 보리·열반이라고도 말하며, 또한 해탈지견이라고도 말한다. 견성한 사람은 만법을 긍정하기도 하고 만법을 부정하기도 하며,[445] 가고 옴에 자유롭고 막힘도 없고 걸림도 없다. 따라서 작용에 따라서 마음대로 활동하고 질문에 따라서 마음대로 답변하며, 널리 화신을 드러내지만 자성을 떠나지 않는다.[446] 그리하여 곧 자재한 신통과 유희삼매[447]를 터득하는데, 이것을 견성이라고 말한다.[448]"

---

444) 鳩摩羅什 譯, 『維摩詰所說經』卷上, (大正藏14, p.542上) "諸如來身卽是法身非思欲身 佛爲世尊過於三界 佛身無漏諸漏已盡 佛身無爲不墮諸數"

445) 여기에서 立을 肯定으로 간주하고, 不立을 否定으로 간주하는 것은 立은 動起 내지 造作의 뜻이고 不立은 掃蕩 내지 消滅의 뜻이기 때문이다.

446) 佛馱跋陀羅 譯, 『大方廣佛華嚴經』卷33, (大正藏9, p.610上) "不動於本座 一念遊十方 無量無邊劫 常化諸衆生 不可說諸劫 卽是一念頃 亦不令劫短 究竟刹那法" 참조.

447) 獅子游戲三昧로서 遊戲는 自在의 뜻이다. 곧 중생을 제도해도 제도의 相이 없는 경우이다.

448) 游戲三昧를 터득하여 見佛性한 사람에게는 일체법에 자재무애한 작용이 드러남을 가리킨다. 곧 體로부터 用을 일으켜야 비로소 완전하게 되는 것이 아니라 用이 일어나지 않을 때도 體를 상실하지

지성은 거듭 조사에게 여쭈었다.

"만법을 부정한다는 것은 무엇입니까."

조사가 말했다.

"자성에 그릇됨이 없고 어리석음이 없으며 어지러움이 없어서 염념에 반야를 관조하여 항상 법상까지 벗어나 자유자재함이 종횡무진하니, 어디에 긍정할 것인들 있겠는가.[449] 그러므로 자성을 자오(自悟)하면 돈오돈수로서 또한 점차가 없다. 그 때문에 일체법을 내세울 것이 없어 제법이 적멸한데[450] 어디 차제인들 있겠는가.[451]"

지성은 예배를 드리고나서 수행(隨行)할 것을 희망하여 조석으로 부지런히 정진하였다.[지성은 길주(吉州)의 태화(太和) 출신이다[452]]

一僧志徹 江西人 本姓張 名行昌 少任俠 自南北分化 二宗主雖亡彼我 而徒侶競起愛憎 時北宗門人 自立秀師爲第六祖 而忌祖師傳衣 爲天下聞 乃囑行昌來刺師 師心通 預知其事 卽置金十兩於座間 時夜暮 行昌入祖室 將欲加害

않는 도리를 말한다.
449) 자성의 계·정·혜를 터득한 반야삼매로서 자유자재한 작용이 종횡무진하기 때문에 따로 부정할 것조차 없는데 하물며 어디에 긍정할 것인들 있겠는가.
450) 鳩摩羅什 譯, 『妙法蓮華經』 卷1, (大正藏9, p.8中) "諸法從本來常自寂滅相" 참조.
451) 悟해도 悟의 집착이 없고 修해도 修에 집착이 없어서 一超直入如來地하므로 漸次의 계위가 없다. 이것은 悟와 修가 역력하게 일상의 생활에서 실천되는 평상심의 작용으로서 沒修와 沒證의 모습을 가리킨다.
452) 江西省 吉州의 太和이다. 처음에 신수의 제자였으나 이후에 혜능의 설법을 듣고 그 十大弟子 가운데 한 사람이 되었다.

師舒頸就之 行昌揮刃者三 悉無所損 師曰 正劍不邪 邪劍
不正 只負汝金 不負汝命 行昌驚仆 久而方蘇 求哀悔過
卽願出家 師遂與金言 汝且去 恐徒衆翻害於汝 汝可他日
易形而來 吾當攝受 行昌稟旨宵遁 後投僧出家

(2)

지철이라는 한 스님453)은 강서 출신으로 본성은 장
(張)씨이고 이름은 행창(行昌)인데 어려서부터 협객이
되었다.454) 남과 북으로 교화가 나뉘면서부터 두 종
파455)의 종조에게는 남(南)과 북(北)이라는 대립의식이
없었지만, 그 문도들은 다투어 애증을 일으켰다.456) 그
때 북종의 문도들은 자칭 신수대사를 제육조로 간주하
여 혜능조사가 전의부법(傳衣付法)한 사실이 천하에 알
려지는 것을 증오하였다.457) 이에 행창(行昌)을 불러서

---

453) 志徹에 대한 기록은 『景德傳燈錄』 卷5, (大正藏51, pp.238下
-239上)의 내용을 인용한 것이다. 이 밖에 大慧, 『正法眼藏』 卷三
之上, (卍新纂續藏經67, p.619中-下)의 내용도 동일하다.

454) 神會, 『菩提達摩南宗定是非論』에는 開元 2년(714) 3월에 荊州의
자객 張行昌이 가짜로 僧이 되어 혜능화상을 죽이려고 시도하였다
는 기록이 있다. 『神會和尙禪語錄』, 楊曾文 編校. 中國佛敎典籍選
刊. 1990년. p.31.

455) 남종과 북종의 의미는 각각 두 가지가 있다. 남종의 경우 첫째는
菩提達磨南宗으로서 인도로부터 직접 전승된 정통의 종파라는 뜻
이고, 둘째는 혜능선을 계승한 일군의 선풍을 가리킨다. 북종의 경
우 첫째는 장안과 낙양을 중심으로 황실과 귀족을 중심으로 홍포
된 종파라는 뜻이고, 둘째는 신수선을 계승한 일군의 선풍을 가리
킨다. 남종과 북종의 선풍과 그 정통성의 주장은 각각 둘째의 의미
에 해당한다.

456) 宗密, 『禪源諸詮集都序』 卷上之一, (大正藏48, p.402中) "其有
性浮淺者 纔聞一意卽謂已足 仍恃小慧便爲人師 未窮本末多成偏執
故頓漸門下相見如仇讎 南北宗中相敵如楚漢" 참조.

457) 神會, 『菩提達摩南宗定是非論』에는 "普寂禪師가 神秀和尙의 비

혜능조사를 시해하라고 시켰다.458) 조사는 타심통으로
미리 그 사실을 알아차리고 곧 돈 10냥을 방안에 준비
해두었다.459) 이윽고 밤이 되자 행창이 조실로 들어와
서 가해(加害)하려고 하자, 조사는 목을 대주면서 베어
가라고 하였다. 행창이 세 차례나 칼을 휘둘렀지만, 번
번이 손해를 입히지 못하였다. 이에 조사가 말했다.
"정의로운 칼은 삿되지 않고 삿된 칼은 정의롭지 못하
다. 다만 그대한테 돈을 빚졌을 뿐이지 그대한테 목숨
까지 빚진 적은 없다."

행창이 까무라치게 놀라 자빠졌다가 한참 후에 깨어
났다. 그리고는 용서를 구하면서 잘못을 뉘우치고는 곧
출가시켜줄 것을 바랐다. 이에 조사는 돈을 주고는 말
했다.

"그대는 곧 돌아가거라. 곧 제자들이 몰려와서 도리어
그대를 해칠 것이다. 그대는 훗날에 모습을 바꾸어 찾
아오거라.460) 그때 내가 그대를 받아주겠다."

행창이 조사의 뜻을 받들고 어둠속으로 사라졌다. 이

명을 지어 신수화상을 제육대조사로 내세웠다."는 신회의 주장이
있다. 『神會和尙禪語錄』, 楊曾文 編校. 中國佛教典籍選刊. 1990
년. p.32. "普寂禪師爲 秀和上竪碑銘 立秀和上爲第六代 今修法寶
紀 又立如禪師爲第六代 未審此二大德各立爲第六代 誰是誰非 請普
寂禪師仔細自思量看"

458) 囑行昌來刺師에서 囑은 시킨다는 뜻이고 來는 부른다는 뜻이다.
곧 行昌을 불러서 자객의 심부름을 시켰다는 것이다.

459) 혜능은 張行昌이 자객으로 온 것을 알면서도 그가 돈을 훔치러
온 것이지 자신을 죽이러 온 것이 아니라는 변명의 구실을 주기
위하여 일부러 제스처를 취한 것이다. 혜능의 자비로운 모습이 잘
나타나 있는 대목이다.

460) 지금과 같은 자객의 신분이 아니라 출가자의 신분으로 찾아오라
는 것이다.

후에 어떤 스님에게 출가하였다.

一日 憶師之言 遠來禮覲 師曰 吾久念汝 汝來何晚 曰 昨
蒙和尙捨罪 今雖出家苦行 終難報德 其惟傳法度生乎 弟
子常覽涅槃經 未曉常·無常義 乞和尙慈悲 略爲解說 師曰
無常者卽佛性也 有常者卽一切善惡諸法分別心也 曰 和尙
所說 大違經文 師曰 吾傳佛心印 安敢違於佛經 曰 經說
佛性是常 和尙卻言無常 善惡諸法 乃至菩提心 皆是無常
和尙卻言是常 此卽相違 令學人轉加疑惑 師曰 涅槃經吾
昔聽尼無盡藏讀誦一遍 便爲講說 無一字一義不合經文 乃
至爲汝 終無二說

　행창은 어느 날 조사의 말씀을 기억하고서 멀리서 찾
아와 문안하며 예배를 드렸다. 조사가 말했다.
"나는 오랫동안 그대를 생각해왔다. 그런데 그대는 어찌
이리도 늦게 온 것인가."
　행창이 말했다.
"예전에 화상으로부터 죄를 용서받았습니다. 지금은 비
록 출가하여 수행에 힘쓰고 있지만, 끝내 그 은혜를 다
갚을 수가 없습니다. 그래서 오직 전법하여 중생을 제
도하고자 할 뿐입니다.461) 제자는 항상 『열반경』을 읽
었습니다. 그런데 아직도 상(常)과 무상(無常)의 뜻을
알 수가 없습니다. 바라건대, 화상께서 자비심으로 간략

---

461) 傳法度生에 대해서는 長水子璿, 『起信論疏筆削記』卷2, (大正藏
　　44, p.305上) "故智論云 假使頂戴經塵劫 身爲床座遍三千 若不傳
　　法利衆生 畢竟無能報恩者 若有傳持正法藏 宣揚敎理度群生 修習一
　　念契眞如 此是眞報如來者"참조.

하게 해설해주십시오."

조사가 말했다.

"무상(無常)은 곧 불성이고, 유상(有常)은 곧 일체의 선과 악 그리고 제법을 분별하는 마음이다.462)"

행창이 말했다.

"화상의 말씀은 경문463)과 크게 다릅니다."

조사가 말했다.

"나는 부처님의 심법을 전승한 사람인데 어찌 감히 불경(佛經)에 어긋난다는 말인가."

행창이 말했다.

"경문에서는 불성은 곧 상(常)이라 말하는데,464) 화상께서는 반대로 무상이라 말씀하십니다. 곧 경문에서는 선과 악의 제법 내지 보리심까지도 모두 무상이라 말하는데, 화상께서는 반대로 상(常)이라 말합니다. 이것은 곧 경문과 어긋나는 것으로 납자들에게 의혹을 전가(轉加)시키는 것입니다."

조사가 말했다.

"『열반경』에 대해서는 내가 옛날에 무진장 비구니가 일

---

462) 佛性은 본래 常과 無常의 양변을 떠나 있으면서 常이기도 하고 無常이기도 하다. 여기에서 혜능은 佛性에 대하여 常見에 빠져 있는 지철을 그 邊見으로부터 벗어나도록 해주려고 無常을 佛性이라 말한 것이다. 그러나 지철은 오히려 혜능의 그와 같은 善巧方便을 파악하지 못하여 이하에서 그에 대한 이의를 제기한다.

463) 曇無讖 譯,『大般涅槃經』卷27, (大正藏12, p.522下)"一切衆生 悉有佛性 如來常住無有變易"참조.

464) 求那跋陀羅 譯,『楞伽阿跋陀羅寶經』卷2, (大正藏16, p.494下) "大慧 何故一切法常 謂相起無生 性無常常 故說一切法常"; 實叉 難陀 譯,『大乘入楞伽經』卷3, (大正藏16, p.604下) "何故一切法 無常 謂諸相起無常性故 何故一切法常 謂諸相起卽是不起 無所有故 無常性常 是故我說一切法常"참조.

편(一遍) 독송하는 것을 듣고 그것에 대하여 강설해주었는데 일자(一字)·일의(一義)도 경문에 부합되지 않은 바가 없었다. 내지 그대한테 말해준 것도 궁극적으로 경문과 다른 설명이 아니다."

曰學人識量淺昧 願和尙委曲開示 師曰 汝知否 佛性若常更說什麽善惡諸法 乃至窮劫無有一人發菩提心者 故吾說無常 正是佛說眞常之道也 又一切諸法若無常者 卽物物皆有自性 容受生死 而眞常性 有不遍之處 故吾說常者 正是佛說眞無常義 佛比爲凡夫外道 執於邪常 諸二乘人 於常計無常 共成八倒 故於涅槃了義敎中 破彼偏見 而顯說眞常眞樂眞我眞淨 汝今依言背義 以斷滅無常 及確定死常而錯解佛之圓妙 最後微言 縱覽千徧 有何所益 行昌忽然大悟 說偈曰 因守無常心 佛說有常性 不知方便者 猶春池拾礫 我今不施功 佛性而現前 非師相授與 我亦無所得 師曰 汝今徹也 宜名志徹 徹禮謝而退

행창이 말했다.
"학인의 학식과 재량[識量]이 미천합니다. 바라건대, 화상께서 자세히 가르쳐 주십시오."
조사가 말했다.
"만약 불성이 상(常)이라면 곧 어째서 선과 악의 제법에 대하여 설하고, 내지 궁겁토록 보리심을 일으키는 자가 한 명도 없는 도리를 그대는 아는가.465) 그 때문

---

465) 불성이 常이라는 것은 소위 行佛性으로서 누구에게나 언제든지 그대로 작용하고 있는 것을 가리킨다. 그 때문에 불성이 常일 것 같으면 모든 중생은 굳이 수행할 필요도 없이 그대로 불성이기 때

에 내가 무상(無常)이라 말한 것은 바로 불설(佛說)로서 진상(眞常)의 도(道)이다.466) 또한 반대로 만약 일체의 제법이 무상(無常)이라면 그것은 곧 일체 사물의 모든 자성이 생사의 법칙을 수용하는 꼴이 되므로 진상(眞常)의 성(性)임에도 불구하고 편만하지 못하는 도리가 되어버린다.467) 그 때문에 내가 여기에서 상(常)이라 말한 것은 바로 부처님의 설법으로는 진정 무상(無常)의 뜻에 해당한다. 부처님은 당시에 범부와 외도의 경우는 잘못 상(常)에 집착하고 모든 이승의 경우는 상(常)을 무상(無常)으로 계탁하여 그들 모두가 팔도(八倒)에 빠져있었다고 진단하였다.468) 그 때문에 열반요

문에 선과 악에 대하여 어떻게 수행하고 실천해야 하는지 설법할 필요가 없다. 또한 이미 불성이 작용하고 실천되고 있기 때문에 굳이 새롭게 발심할 필요도 없으므로 발심이라는 행위조차 아무런 의미가 없다. 그러나 그와는 달리 중생의 경우는 아직 行佛性이 되지 못하고 소위 理佛性에 머물러 있다. 그 때문에 理佛性의 경우를 行佛性으로 착각하는 중생을 일깨워주기 위해서 行佛性을 의미하는 常이라 하지 않고 理佛性을 의미하는 無常이라 설한다는 것이다.

466) 어리석은 사람은 常을 말해주면 常見에 집착하고 無常을 말해주면 斷見에 집착한다. 그러나 여래에게는 常이 곧 無常이고 無常이 곧 常으로서 常과 無常에 대한 분별망상이 없다. 일체중생에게 불성이 있건만 닦지 않으면 드러나지 않고 깨치지 못하면 터득되지 않는다. 그 때문에 혜능은 불성에 대하여 無常이라 설하여 범부와 이승에게 발보리심을 권장한다.

467) 일체의 불성이 無常이라면 불성 자체의 공능에 해당하는 平等과 遍滿과 法身의 성질까지 모두 부정하는 꼴이 되기 때문에 바로 앞에서 불성을 常이라 말한 것에 상대하여 여기에서는 불성을 無常이라 말한다는 것이다. 곧 앞에서는 중생의 常見을 대치하기 위하여 불성의 無常을 말했지만, 여기에서는 중생의 斷見을 대치하기 위하여 불성의 常을 말한 것이다.

468) 佛比爲凡夫外道에서 比는 당시의 상황을 잘 살펴서 대치한다는 뜻이다. 八倒는 八顚倒로서 범부와 외도의 경우는 常·樂·我·淨의 四顚倒에 빠져 있고, 모든 이승의 경우는 無常·無樂·無我·無淨의

의교(涅槃了義敎)469)에서는 그들의 편견을 타파하려고
진상(眞常)·진락(眞樂)·진아(眞我)·진정(眞淨)을
설하였다. 그런데도 그대는 지금 언(言)에 의거할 뿐
의(義)를 등지고서 단멸적인 무상(無常) 및 단정적인
사상(死常)으로470) 부처님의 원묘한 뜻과 최후의 미묘
한 말씀471)을 잘못 이해하고 있다. 그런 상태라면 가령

四顚倒에 빠져 있는 것을 가리킨다. 그 때문에 부처님은 범부와
외도에 대해서는 諸行無常을 常이라 착각하므로 제행무상이라고
가르쳐주고, 一切皆苦를 樂이라고 착각하므로 일체개고라고 가르
쳐주며, 諸法無我를 我라고 착각하므로 제법무아라 가르쳐주고, 不
淨한 육체를 淨이라고 애착하여 그것을 有라고 집착하므로 육체를
不淨이라고 가르쳐준다. 또한 모든 이승에 대해서는 그들이 범부와
외도의 四顚倒를 이해하여 無常·苦·無我·不淨인 줄을 알지만, 常에
대한 無常, 樂에 대한 苦, 我에 대한 無我, 淸淨에 대한 不淨의 일
방적인 측면에만 고착되어 있으므로 眞常·眞樂·眞我·眞淨 등 여래
의 四德을 설해준다. 勒那摩提 譯, 『究竟一乘寶性論』 卷3, (大正
藏31, p.829中) "四種顚倒가 있으므로 四種不顚倒법이 있음을 알
아야 한다. 四種不顚倒란 무엇인가. 말하자면 色 등의 무상한 제법
에 대하여 無常의 想과 苦의 想과 無我의 想과 不淨의 想을 발생
시키는데, 이것을 곧 四種顚倒에 반대되는 四種不顚倒라고 말한
다. … 이러한 四種顚倒를 대치하기 위하여 여래법신에 의거하여
다시 顚倒를 내세우는 줄을 알아야 한다. 四種顚倒故 有四種非顚
倒法應知 何等爲四 謂於色等無常事中生無常想苦想無我想不淨想等
是名四種不顚倒對治應知 … 如是四種顚倒對治 依如來法身 復是顚
倒應知"참조.
469) 了義敎는 第一義諦의 가르침으로서 眞諦에 해당하고 未了義(不
了義)는 第二義諦로서 俗諦에 해당한다. 그 때문에 가령 열반교학
에서 敎義敎는 『涅槃經』을 가리키고, 화엄교학에서 了義敎는 『華
嚴經』을 가리키며, 천태교학에서 了義敎는 『法華經』을 가리킨다.
470) 斷滅無常은 無常에 집착하여 常의 도리를 모르고, 確定死常은
常에 집착하여 無常의 도리를 모르는 것이다. 鳩摩羅什 譯, 『維摩
詰所說經』 卷上, (大正藏14, p.541上) "時維摩詰來謂我言 唯迦旃
延 無以生滅心行說實相法 迦旃延 諸法畢竟不生不滅 是無常義"참
조.
471) 佛之圓妙 最後微言은 『열반경』을 了義敎로 간주하는 열반교학의
입장에서 말한 것이다.

천 번을 읽은들 무슨 이익이 있겠는가."

행창이 홀연히 대오하였다. 이에 게송으로 말씀드렸다.

"무상을 고수하는 사람들에게는
부처님께서 유상이라 설하셨네
방편교설을 모르는 사람들이란
연못의 돌 건지는 것과 같다네472)
제가 곧 애써 공들이지 않아도473)
불성은 자연적으로 현전한다네
곧 스승은 가르쳐준 적도 없고474)
저도 또한 터득한 바가 없다네"

조사께서 말했다.
"그대는 이제 철오하였다. 그러므로 마땅히 이름을 지철이라 하거라."

지철은 감사의 예배를 드리고 물러갔다.

有一童子 名神會 襄陽高氏子 年十三 自玉泉來參禮 師曰

---

472) 南本『大般涅槃經』卷2, (大正藏12, p.617下) "譬如春時有諸人等 在大池浴乘船遊戱 失琉璃寶沒深水中 是時諸人悉共入水求覓是寶 競捉瓦石草木砂礫 各各自謂得琉璃珠 歡喜持出乃知非眞" 참조.

473) 『永嘉證道歌』, (大正藏48, p.396上) "깨치고 난 이후부턴 공용조차 필요없어, 일체의 유위법을 위한 수단이 사라졌다. 형상에 집착하는 보시 하늘에 태어나니, 허공을 향하여 화살을 쏘아대는 택이다 覺卽了不施功 一切有爲法不同 住相布施生天福 猶如仰箭射虛空" 참조.

474) 非師相授與에서 相은 형편을 도와서 성취하도록 하는 것을 가리킨다.

知識遠來艱辛 還將得本來否 若有本則合識主 試說看 會
曰 以無住爲本 見卽是主 師曰 這沙彌 爭合取次語 會乃
問曰 和尙坐禪還見不見 師以拄杖打三下云 吾打汝 痛不
痛 對曰 亦痛亦不痛 師曰 吾亦見亦不見 神會問 如何是
亦見亦不見 師云 吾之所見 常見自心過愆 不見他人是非
好惡 是以亦見亦不見 汝言亦痛亦不痛如何 汝若不痛 同
其木石 若痛則同凡夫 卽起恚恨 汝向前見·不見是二邊 痛·
不痛是生滅 汝自性且不見 敢爾弄人 神會禮拜悔謝 師又
曰 汝若心迷不見 問善知識覓路 汝若心悟 卽自見性 依法
修行 汝自迷不見自心 卻來問吾見與不見 吾見自知 豈代
汝迷 汝若自見 亦不代吾迷 何不自知自見 乃問吾見與不
見 神會再禮百餘拜 求謝過愆 服勤給侍 不離左右

(3)

이름이 신회라는 한 동자는 양양(襄陽)의 고(高)씨
출신이다.[475] 13세 때[476] 옥천사로부터 와서[477] 참례

---

[475] 荷澤神會(684-754)는 曹溪慧能의 法嗣로서 호북성 襄陽 출신으
로 속성은 高씨이다. 荷澤宗의 조사로서 어려서 五經과 老莊을 배
웠다. 『後漢書』를 통해서 불교를 접하고 仕官의 뜻을 버리고 國昌
寺의 顥元法師에게 출가하였다. 후에 호북성 荊州 玉泉寺의 神秀
문하에 들어갔다. 그러나 大足 元年(701)에 神秀가 入內했을 때
그 권유를 받고 혜능을 참문하였다.(宗密의 『圓覺經大疏鈔』 및 『
禪門師資承襲圖』의 기록에 의하면 14세 때 혜능에게 참문하였고,
이전 신수에게 3년 동안 참문하였으며, 다시 혜능에게 참문했다고
한다. 본 『단경』에서는 13세 때 혜능을 참문한 것으로 기록되어
있다) 후에 開元 8년(720) 河南省 南陽의 龍興寺에 勅住하였다.
그해 정월 보름날 하남성 滑台의 大雲寺에서 無遮大會를 열어 崇
遠法師와 宗論을 벌였다. 그 결과 長安과 洛陽에서 전성기를 구가
하였던 神秀派의 普寂과 義福 등의 北宗禪을 '師承是傍 法門是漸'
이라 批難하고 혜능이야말로 달마의 정통법계임을 주장하였다. 이
후 북종선의 배격에 진력하였다. 天寶 12년(753)에는 普寂에게 가

하자 조사가 말했다.

"그대는 멀리서 오느라 수고가 많았다. 그런데 근본478)은 터득하고 왔는가. 만약 근본을 터득했다면 곧 도리[主]479)를 알았을 것이다. 자, 한번 설명해 보라."

신회가 말했다.

"무주로써 근본을 삼는데480) 그것을 보는 것이 곧 도리[主]입니다."

담했던 盧奕의 誣奏를 받아 강서성 弋陽郡으로 물러났다가 다시 호북성 武當郡으로 옮겼다. 754년에 恩命으로 襄陽으로 돌아갔다가 다시 荊州 開元寺 般若院에 주석하였다. 天寶 14년(755) 安祿山의 亂이 일어나자 唐朝의 재정을 보충하기 위하여 度牒을 팔아 香水錢을 모았다. 그 공을 인정받아 肅宗으로부터 入內供養을 받고 洛陽의 荷澤寺 내에 禪宇를 건립하고 그곳에 주석하였다. 示寂한 연도에 대해서는 여러 가지 설이 있다. 『宋高僧傳』卷8에서는 上元 元年(760) 建午月 13일로 기록하여 世壽 93세(668-760)라 하였고, 『圓覺經大疏鈔』卷三之下에서는 乾德 元年(758) 5월 13일로 기록하여 世壽 75세(684-758)이며, 『景德傳燈錄』卷5에서는 上元 元年(760) 5월 13일로 기록하여 世壽 75세이고, 『祖堂集』卷3에서는 上元 元年(760) 5월 13일로 기록하고 世壽는 不明하다. 大曆 5년(770) 洛陽의 龍門寺에 탑을 건립하고 眞宗般若塔이라 하고, 시호를 眞宗大師라 하였다. 어록으로는 『景德傳燈錄』卷30에 『荷澤大師顯宗記』(일명 頓悟無生般若頌)가 수록되어 있고, 돈황출토 『南陽和上頓敎解脫禪門直了性壇語』, 『菩提達摩南宗定是非論』, 『南陽和尙問答雜徵義』가 있다.

476) 『景德傳燈錄』, 『五燈會元』, 『禪宗正脈』 등에는 14세로 기록되어 있다. 그러나 神會의 부탁을 받고 王維가 쓴 혜능의 「六祖能禪師碑銘」에는 中年의 나이에 혜능을 참문한 것으로 기록되어 있다.

477) 神秀가 주석했던 곳으로 神秀의 권유를 받고 찾아왔다는 것을 암시한다.

478) 還將得本來否의 本은 本有의 靈覺을 가리킨다. 이하에 나오는 無住爲本의 本과 같은 의미이다.

479) 主는 本有한 靈覺의 핵심적인 도리 및 주요한 원리를 가리킨다.

480) 無住는 일체의 경계에 집착이 없는 것을 말한다. 鳩摩羅什 譯, 『維摩詰所說經』卷中, (大正藏14, p.547下) "又問 顚倒想孰爲本 答曰 無住爲本 又問 無住孰爲本 答曰 無住則無本 文殊師利 從無住本立一切法" 참조.

조사가 말했다.

"어린 사미481) 주제에 어찌 그렇게 손쉽게 지껄이는 가.482)"

이에 신회가 물었다.

"화상께서 좌선해보니 그것이 보입디까 보이지 않습디 까.483)"

조사가 주장자484)로 세 차례 때려주고서 말했다.

"내가 그대를 때렸는데 아픈가 아프지 않는가."

신회가 대답하였다.

"아프기도 하고 아프지 않기도 합니다."

조사가 말했다.

"나한테도 그것이 보이기도 하고 보이지 않기도 한다."

신회가 물었다.

"보이기도 하고 보이지 않기도 한다는 것은 무슨 뜻입 니까."

조사가 말했다.

"내 소견에는 항상 자심(自心)의 허물은 보이지만 타인

---

481) 沙彌는 범어 室羅末尼羅로서 勤策男 또는 息慈라고 의역한다. 스승으로부터 부지런히 책려받는 사람, 또는 세간의 染淨을 息하 고 중생교화의 慈心을 일으키는 사람이라는 뜻이다. 十戒를 받아 불도를 수행하는 사람으로서 여기에 3종이 있다. 7세부터 13세까 지는 驅鳥沙彌, 14세부터 19세까지는 應法沙彌, 20세 이상은 名字 沙彌이다.

482) 取次는 草次·急遽라고도 하는데, 손쉽게 말하는 모습을 가리킨 다.

483) 견성을 했습니까, 견성을 하지 못했습니까, 하는 질문이다. 또는 좌선을 하면서 선정 가운데서 마음을 봅니까, 보지 않습니까라고 묻는 말이다.

484) 拄杖은 행각할 경우에 사용하는 杖 및 몸을 의탁하는[拄] 경우에 사용하는 杖이 있다. 여기에서는 설법할 경우 활용하는 법구이다.

의 시(是)·비(非)·호(好)·오(惡)는 보이지 않는다. 이것이 곧 보이기도 하고 보이지 않기도 하는 것이다. 그대가 말한 아프기도 하고 아프지 않기도 하다는 것은 무엇인가. 만약 그대가 아프지 않다면 목석과 같다는 것이고, 만약 아프다면 범부와 마찬가지로 곧 성냄과 원한을 일으킬 것이다. 그대가 아까전에 말했던 보이기도 하고 보이지 않기도 하다는 것은 곧 이변(二邊)의 경우이고, 아프기도 하고 아프지 않기도 하다는 것은 생·멸(生·滅)의 경우이다. 그대는 자성조차도 또한 보지 못하면서 감히 사람을 희롱하는구나."

신회가 예배하고 사죄를 드렸다. 조사가 다시 말했다. "그대가 만약 마음이 미혹하다면 아직 보지 못했을 터이니, 선지식한테 물어서 길을 찾거라. 그러나 그대가 만약 이미 마음을 깨우쳤다면 곧 스스로 견성해서 법에 의하여 수행하거라. 그대가 스스로 미혹하여 자심(自心)을 보지 못했으면서 도리어 보이느니 보이지 않느니 하고 나한테 묻는구나. 그러나 내가 이미 보아서 스스로 알고 있다 한들 어찌 그대의 미혹을 대신해 주겠는가. 반대로 그대가 만약 스스로 보았다고 한들 그 또한 나의 미혹을 대신할 수가 없다. 그런데도 어찌 그대 스스로 알려고도 않고 그대 스스로 보려고도 않으면서 이에 나한테는 보이느니 보이지 않느니 하고 묻는단 말인가."

신회가 다시 예배하고, 백여 번의 절을 드리면서 잘못에 사죄를 청하였다. 이에 부지런히 시봉하면서 그 곁을 떠나지 않았다.

一日師告衆曰 吾有一物 無頭無尾 無名無字 無背無面 諸
人還識否 神會出曰 是諸佛之本源 神會之佛性 師曰 向汝
道 無名無字 汝便喚作本源佛性 汝向去有把茆蓋頭 也只
成箇知解宗徒 祖師滅後 會入京洛 大弘曹溪頓敎 著顯宗
記 盛行于世

어느 날 조사가 대중에게 말했다.

"우리 모두가 지니고 있는 일물(一物)485)은 머리[頭]도
없고 꼬리[尾]도 없으며 이름[名]도 없고 글자[字]도
없으며 등[背]도 없고 얼굴[面]도 없다. 그대들은 그것
이 무엇인지 알겠는가."

신회가 나서서 말했다.

"그것은 제불의 본원(本源)이고,486) 또한 저 신회의 불
성이기도 합니다."

조사가 말했다.

"아까전에 내가 그대한테 이름[名]도 없고 글자[字]도
없다고 말했는데도 불구하고 그대는 곧 본원(本源)이니
불성이니 하고 들먹이는구나. 그대는 이후로487) 작은
암자나 지어놓고 단지 지해종도(知解宗徒)의 노릇은 하

---

485) 一物은 깨침·열반·진여·본래면목 등을 가리키는 말인데 那一物·
這箇·此事·渠·一圓相·一著者라고도 한다. 『祖堂集』卷18, (高麗大
藏經45, p.349中) "汝不聞 六祖在曹溪說法時 我有一物 本來無字
無頭無尾 無彼無此 (無內外) 無方圓大小 不是佛 不是物 反問衆僧
此是何物 衆僧(無對) …."참조.
486) 鳩摩羅什 譯, 『梵網經盧舍那佛說菩薩心地戒品』第十卷下, (大正
藏24, p.1003下) "金剛寶戒是一切佛本源 一切菩薩本源 佛性種子
一切衆生皆有佛性 一切意識色心是情是心皆入佛性戒中 當當常有因
故 有當當常住法身"참조.
487) 汝向去에서 向去는 속어로서 向後·今後·以後 등의 시간을 가리
킨다.

195

겠구나.488)"

조사가 입적한 후에 신회는 경락(京洛) 곧 낙양에 입성하여 조계의 돈교(頓敎)를 널리 펼쳤다.489) 신회가 저술한 『현종기(顯宗記)』490)는 세상에 크게 유행하였다. (하택신회491) 선사에 대한 기연이다)

師見諸宗難問 咸起惡心 多集座下 愍而謂曰 學道之人 一切善念惡念 應當盡除 無名可名 名於自性 無二之性 是名實性 於實性上 建立一切敎門 言下便須自見 諸人聞說 總皆作禮 請事爲師

(4)

조사는 제종(諸宗)에서 따지고 물으며[難問] 모두가 악심을 일으켜 혜능의 법좌에 모여드는 것을 보고서492)

---

488) 把茆蓋頭의 把茆는 작은 초막을 가리키고, 蓋頭는 한 사람이 겨우 들어가 살 수 있는 좁은 집을 가리킨다. 따라서 협소하고 보잘 것없는 암자나 소박하고 겸손한 모습을 비유한 말이다. 知解宗徒는 郭凝之 編集, 『金陵淸涼院文益禪師語錄』, (大正藏47, p.592下) "古人受記人終不錯 如今立知解爲宗 卽荷澤是也" 참조.

489) 天寶 4년(720)으로 신회가 南陽의 龍興寺에 들어가 수계설법을 하면서 교두보를 확보하고 소위 北宗의 배격을 위한 준비에 착수한 시기이기도 하다. 신회가 이곳 南陽의 龍興寺에서 했던 설법은 『南陽和上頓敎解脫禪門直了性壇語』로 현재 전한다.

490) 『顯宗記』, (『景德傳燈錄』 卷29, 『全唐文』 卷960에 수록되어 있다)는 돈황본(스타인 468호) 자료에서는 『頓悟無生般若頌』이라는 명칭으로 전한다.

491) 荷澤이라는 명칭은 天寶 4년에 龍興寺에서 수계설법을 하고 낙양의 荷澤寺에 들어갔는데 그 이후의 이름이다. 荷澤寺는 『唐會要』 卷48의 기록에 의하면 太極 元年(712) 2월 17일에 睿宗이 藩王으로 있을 때 則天武后의 追福을 기원하기 위하여 건립한 사찰인데, 처음에는 慈澤寺라고 명명했던 것을 神龍 2년(706)에 荷澤寺라고 개명하였다.

불쌍히 여겨 다음과 같이 말했다.

"납자들은 일체의 선념과 악념을 반드시 다 버려야 한다. 이름을 붙이려고 해도 이름을 붙일 수가 없는 것493)을 자성(自性)이라 말한다. 그리고 분별이 없는 성품을 곧 실성(實性)이라 말한다.494) 바로 그 실성에 의거하여 일체의 교문이 건립된다. 그러므로 대번에 그것을 스스로 보아야 한다."

모든 사람이 그 설법을 듣고서 다 함께 예배를 드렸다. 그리고는 스승으로 떠받들기로 하였다.

---

492) 혜능조사는 여러 사람이 각기 다른 견해를 가지고 혜능의 선법을 힐난하고 또한 악심을 품고 모여드는 것을 알아보았다는 것을 가리킨다.

493) 『老子』의 제1장의 常道와 常名의 내용 참조.

494) 實性은 자성이 本來不二이고 一味平等한 도리이다. 이것을 터득하면 분별심 때문에 혜능의 선법을 비난하고 악심을 품었던 것이 저절로 사라진다는 것을 말한다. 曇無讖 譯, 『大般涅槃經』 卷8, "凡夫之人 聞已分別生二法想 明與無明 智者了達 其性無二 無二之性卽是實性" 참조.

唐朝宣詔第八

神龍元年上元日　則天·中宗詔云　朕請安·秀二師　宮中供養
萬機之暇　每究一乘　二師推讓云　南方有能禪師　密授忍大
師衣法　傳佛心印　可請彼問　今遣內侍薛簡　馳詔迎請　願師
慈念　速赴上京　師上表辭疾　願終林麓

　3.-8) 당조선조

　신룡 원년(705) 상원일[495]에 측천과 중종이 조칙을
내려 말했다.
"짐이 혜안대사와 신수대사를[496] 청하여 궁중에서 공양

---

495) 神龍 元年(705) 5월 15일 則川皇后 및 中宗이 혜능에게 조칙을
　　내렸다. 則天皇后는 705년 12월에 崩御하였다. 이 第九 宣詔品은
　　『全唐文』卷16 및 『宋高僧傳』에도 기록되어 있어 역사적인 사실로
　　간주된다. 上元은 정월 15일, 中元은 7월 15일, 下元은 10월 15일
　　을 가리키는데, 셋을 합하여 三元이라 한다.
496) 玉泉寺의 大通神秀(606-706)와 嵩山慧安(582-709)을 가리킨다.
　　慧安은 老安이라고도 불렸는데, 荊州 支江 출신으로 속성은 衛씨
　　이고 開皇 2년(582)에 태어났다. 56세 이후에 홍인에게 참문하였
　　다. 노년에 入內하여 신수와 더불어 국사가 되었다. 景龍 3년(709)
　　3월 입적하였다. 중국의 거의 중앙부인 호북성의 蘄州에 「동산법
　　문」으로 성립한 선종은 「십대제자」에 의하여 각 지역으로 전해졌
　　다. 대표적인 제자로는 동쪽으로 장강 하류지역 강소성의 우두산에
　　거처를 정한 法持(635-702), 서쪽으로 사천성의 자주에 거처를 정
　　한 智詵(609-702), 득법한 후에 남방의 고향인 광동성의 조계로
　　돌아갔던 慧能(638-713), 그리고 북쪽으로 당시에 정치의 중심이
　　었던 중원지방으로 진출한 法如(638-689).慧安(582-709).神秀
　　(?-706) 등이 있었다. 법지계통 : 法持 - 智威 - 慧忠과 玄素. 지
　　선계통 : 智詵 - 處寂 - 無相, 혜능계통 : 慧能 - 神會 - 無名.
　　법여계통 : 法如 - 元珪(- 靈運)와 杜朏. 혜안계통 : 慧安 - 陳楚
　　章(- 無住)과 候莫陳琰. 신수계통 : 神秀 - 普寂(- 宏正과 道璿)
　　과 義福과 候莫陳琰. 이들은 일부를 제외하고는 대부분 당시에 지
　　배층이었던 왕후귀족들의 귀의를 받았다. 처음에 중원에 발을 내디
　　던 것은 홍인 문하의 젊고 준수했던 法如였지만 일찍이 沒한 까닭

을 청하고, 정무를 보는 틈틈이 항상 일승을 궁구하였습니다. 그런데 두 국사께서는 남을 추천하고 자신들은 사양하며[推讓] 말했습니다. '남방에 혜능선사가 있습니다. 그는 홍인대사의 의법을 밀수(密授)하고 부처님의 심인(心印)을 전승하였습니다. 그를 청하여 법을 물으시는 것이 좋겠습니다.' 그래서 이에 내시(內侍)⁴⁹⁷⁾ 설간을 보내서 마음으로 앙청하는 바입니다. 바라건대, 대사께서는 자념(慈念)으로 속히 상경해주셨으면 합니다."

그러나 조사는 병을 핑계로 사양하면서 끝까지 산림[林麓]에 남고자 희망하는 표를 올렸다.⁴⁹⁸⁾

薛簡曰 京城禪德皆云 欲得會道 必須坐禪修定 若不因禪定 而得解脫者 未之有也 未審 師所說法如何 師曰 道由心悟 豈在坐也 經云 若言如來若坐若臥 是行邪道 何故無所從來 亦無所去 無生無滅 是如來淸淨禪 諸法空寂 是如來淸淨坐 究竟無證 豈況坐耶

설간이 말했다.
"경성의 선덕들은 모두 다음과 같이 말합니다. '도를 터득하려면 반드시 좌선으로 선정을 닦아야 한다. 만약 선정을 말미암지 않고 해탈한 사람이 있다면 그것은 있

에 그것을 계승한 혜안과 신수 그리고 최후까지 홍인의 휘하에 남아있었던 玄賾 등이 入京한 이후 측천무후에게 입내공양을 받고 조야로부터 숭배를 받게 되었다. 혜안은 후에 숭산으로 물러갔기 때문에 양경(장안과 낙양)에서는 신수와 그 제자였던 보적(651-739)이 당시에 대표적인 선사로서 추앙을 받았다.
497) 內供奉의 직무를 가리킨다.
498) 勅김를 아무런 이유가 없이 물리칠 수는 없다. 그 때문에 질병을 핑계로 사양한다는 최소한도의 예를 보인 것이다.

을 수 없는 일이다.'499) 그런데 잘 모르겠습니다. 대사의 설법은 어떤 것입니까."

조사가 말했다.

"도는 마음을 말미암아 깨치는 것인데 어찌 좌선의 형식에 있겠습니까.500) 경전에서 다음과 같이 말합니다.

---

499) 선정이라는 수행과 깨침이라는 결과를 별개의 것으로 간주하는 것을 가리킨다. 이에 반하여 혜능은 수행과 깨침을 나누지 않는 定慧一體의 입장이다.

500) 이와 같은 혜능의 전통은 이후에 그의 제자 南嶽懷讓이 馬祖道一을 일깨워주는 가르침에 고스란히 전승되었다. 「남악이 마조에게 가서 물었다. "그대는 무엇을 하려고 좌선을 하는가." 마조가 말했다. "부처가 되려고 합니다" 그러자 남악은 벽돌 하나를 가져다 그 암자 앞에 있는 바위에다 대고 갈았다. 이에 마조가 물었다. "스님은 뭘 하는 겁니까." 남악이 말했다. "갈아서 거울을 만들려고 하네." 마조가 말했다. "벽돌을 간다고 어찌 거울이 되겠습니까." "마찬가지로 그대가 좌선을 한다고 해서 어찌 부처가 되겠는가." 마조가 물었다. "그러면 어찌하면 좋겠습니까." 남악이 말했다. "사람이 수레를 타고 가는데 수레가 움직이지 않으면 수레를 때려야 하겠는가 소를 때려야 하겠는가." 마조가 대꾸하지 못했다. 그러자 남악이 말했다. "그대는 좌선을 배우는가, 아니면 좌불을 배우는가. 만약 좌선을 배운다 해도 선은 앉고 누움에 있는 것이 아니네. 그리고 만약 좌불을 배운다 해도 불에는 정해진 형상이 없다네. 無住法에서는 취사를 하려고 해서는 안 되네. 그대가 만약 앉은 그 모습으로 부처가 되고자 한다면 그것은 부처를 죽이는 꼴이고, 만약 坐相에 집착한다면 성불의 도리에는 통달할 수가 없다네."『傳燈錄』卷5, (大正藏51, p.240下) "往問曰 大德坐禪圖什麼 一曰 圖作佛 師乃取一塼 於彼庵前石上磨 一曰 師作什麼 師曰 磨作鏡 一曰 磨塼豈得成鏡耶 坐禪豈得成佛耶 一曰 如何卽是 師曰 如人駕車不行 打車卽是 打牛卽是一無對 師又曰 汝學坐禪 爲學坐佛 若學坐禪禪非坐臥 若學坐佛佛非定相 於無住法不應取捨 汝若坐佛卽是殺佛 若執坐相非達其理」이와 같이 남악은 좌선과 좌불에 대하여 어디까지나 좌선을 하는 자신과 좌선을 통해서 깨침을 얻는다는 그 집착의 잘못을 지적하여 배척하고 있다. 요컨대 성불이든 좌선이든 그 진실한 의의가 해탈에 있는 이상 불에 집착하고 법에 집착하고 좌선에 집착하고 진리에 집착하고 신에 집착하고 죄에 집착하고 자비에 집착하고 은총에 집착하고 그 어떤 것에 집착하든지 간에 그것이 繫縛이라는 점은 마찬가지여서 진실한 성불

'만약 여래가 앉기도 하고 눕기도 한다고 말하면 그것은
사도(邪道)를 행하는 것이다. 왜냐하면 온 바도 없고
또한 간 바도 없기 때문이다.'501) 발생도 없고 소멸도
없는 그것이 곧 여래청정선502)입니다. 제법이 공적한
그것이 곧 여래의 청정좌입니다.503) 그리하여 구경에
증득조차 없는데,504) 어찌 하물며 좌(坐)의 형식인들
있겠습니까."

簡曰 弟子回京 主上必問 願師慈悲 指示心要 傳奏兩宮
及京城學道者 譬如一燈 然505)百千燈 冥者皆明 明明無盡
師云 道無明暗 明暗是代謝之義 明明無盡 亦是有盡 相
待506)立名故 淨名經云 法無有比 無相對故 簡曰 明喩智

이라 할 수 없다. 불이란 자재한 사람·無事한 사람·일체를 초월한
사람이 아니어서는 안 된다. 그 때문에 본래성을 자각한다는 것은
스스로가 무자각하고 있었음을 자각하는 것이다. 『楞伽師資記』,
(大正藏85, p.1284下) "從師而學 悟不由師";『祖堂集』卷18, (高
麗大藏經45, p.350上) "汝不聞六祖云 道由心悟 亦云悟心"참조.
501) 鳩摩羅什 譯,『金剛般若波羅蜜經』, (大正藏8, p.752中) "若有人
言 如來若來若去 若坐若臥 是人不解我所說義 何以故 如來者無所
從來 亦無所去故 名如來"참조.
502)『禪源諸詮集都序』卷上之一, (大正藏48, p.399中) "만약 자심이
본래청정하여 애당초 번뇌가 없고 무루지성이 본래구족하여 그 마
음이 곧 부처여서 필경에 차이가 없음을 돈오하여 그로써 수행한
다면, 그것은 최상승선인데 여래청정선이라고도 하고 일행삼매라고
도 하며 진여삼매라고도 한다. 이것이야말로 모든 삼매의 근본이
다. 若頓悟自心本來淸淨 元無煩惱 無漏智性本自具足 此心卽佛 畢
竟無異 依此而修者 是最上乘禪 亦名如來淸淨禪 亦名一行三昧 亦
名眞如三昧 此是一切三昧根本"
503) 鳩摩羅什 譯,『妙法蓮華經』卷4, (大正藏9, p.31下) "如來座者
一切法空是"참조.
504) 곧 沒修沒證이라는 修證一如의 입장으로서 修는 證의 修이고
證은 修의 證임을 말한다.
505) 然은 燃과 통하는 말이다.

201

慧 暗喩煩惱 修道之人 倘不以智慧照破煩惱 無始生死 憑
何出離 師曰 煩惱卽是菩提 無二無別 若以智慧照破煩惱
者 此是二乘見解 羊鹿等機 上智大根 悉不如是

설간이 말했다.

"제자가 경성에 돌아가면 주상(主上)께서 반드시 하문
하실 것입니다. 바라건대, 대사께서 자비로써 심요(心
要)를 지시하여 양궁(兩宮)507)에 전주(傳奏)하고 또한
경성의 학도자들에게도 미치도록 해주십시오. 이에 비
유하면 하나의 등불이 백 개 천 개의 등에 불을 당기는
것과 같아서 어두운 자는 모두 눈을 뜨고 또한 그 밝고
밝음이 끝이 없을 것입니다.508)"

조사가 말했다.

"도에는 밝고 어둠이 없습니다. 밝고 어둠은 도(道)의
대사(代謝)일 뿐입니다. 그래서 밝고 밝음이 끝이 없다
는 것에도 또한 끝이 있다는 것은 서로 대립되는 명칭
이기 때문입니다. 『정명경』에서 다음과 같이 말합니다.
'법에는 비교가 없는데 그것은 곧 상대가 없기 때문이
다.'509)"

설간이 말했다.

---

506) 相待는 相對와 통하는 용어이다.
507) 兩宮은 則天皇后와 中宗皇帝를 가리킨다. 위에서 측천무후와 중
    종황제가 더불어 혜능의 입내설법을 위하여 조칙을 내린 것과 관
    계된다.
508) 鳩摩羅什 譯, 『維摩詰所說經』卷上, (大正藏14, p.543中) "無盡
    燈者 譬如一燈燃百千燈 冥者皆明 明終不盡" 참조.
509) 鳩摩羅什 譯, 『維摩詰所說經』卷上, (大正藏14, p.540上) "法無
    我所 離我所故 法無分別 離諸識故 法無有比 無相待故 法不屬因
    不在緣故 法同法性 入諸法故 法隨於如 無所隨故" 참조.

"밝음은 지혜를 비유하고 어둠은 번뇌를 비유합니다. 도를 닦는 사람이 혹 지혜로써 번뇌를 타파하지 못한다면 무시이래의 생사를 무엇에 의지하여 벗어나야 합니까."

조사가 말했다.

"번뇌가 곧 보리입니다.510) 그래서 다름도 없고 차별도 없습니다. 만약 지혜로써 번뇌를 타파한다면 그것은 곧 이승의 견해로서 양거(羊車) 및 녹거(鹿車)의 근기입니다.511) 상지(上智)의 대승근기는 모두 그렇지 않습니다."

簡曰 如何是大乘見解 師曰 明與無明 凡夫見二 智者了達其性無二 無二之性 卽是實性 實性者 處凡愚而不滅 在賢聖而不增 住煩惱而不亂 居禪定而不寂 不斷不常 不來不去 不在中間 及其內外 不生不滅 性相如如 常住不遷 名之曰道

설간이 말했다.

"그러면 대승의 견해는 어떤 것입니까."

조사가 말했다.

"명(明)과 무명(無明)을 범부는 둘로 봅니다. 그러나 지자(智者)는 명과 무명의 성품이 둘이 아닌 줄 요달합니

---

510) 神會, 『南陽和上頓教解脫禪門直了性壇語』, (『神會和尙禪語錄』, 楊曾文 編校. 中國佛教典籍選刊. 1990) "爲知識聊簡 煩惱卽菩提義 擧虛空爲喩 如虛空本無動靜 明來是明家空 暗來是暗家空 暗空不異明 明空不異暗虛空明暗自來去虛空本來無動靜 煩惱與菩提 其義亦然 未悟別有殊 菩提性元不異"참조.

511) 鳩摩羅什 譯, 『妙法蓮華經』 卷2, (大正藏9, p.12下) "如此種種羊車鹿車牛車 今在門外 可以遊戲"

다. 둘이 아닌 성품은 곧 실성(實性)입니다.512) 실성이
란 범·우(凡·愚)의 경우라고 해서 줄어들지 않고 현·성
(賢·聖)의 경우라고 해서 늘어나지 않으며, 번뇌의 경우
라고 해서 어지럽지 않고 선정의 경우라고 해서 고요하
지 않으며, 단(斷)도 없고 상(常)도 없으며, 거(去)도
없고 래(來)도 없으며, 중간에 있지도 않고 그 내·외
(內·外)에 있지도 않으며, 생(生)도 없고 멸(滅)도 없으
며, 성(性)과 상(相)에 여여하여513) 상주불천(常住不
遷)합니다. 이것을 가리켜 도(道)라고 말합니다."

簡曰 師說不生不滅 何異外道 師曰 外道所說不生不滅者
將滅止生 以生顯滅 滅猶不滅 生說不生 我說不生不滅者
本自無生 今亦不滅 所以不同外道 汝若欲知心要 但一切
善惡 都莫思量 自然得入淸淨心體 湛然常寂 妙用恒沙 簡
蒙指敎 豁然大悟 禮辭歸闕 表奏師語

　　설간이 말했다.
"대사께서 설하는 불생불멸은 외도들의 경우와 어떻게
다릅니까."
　　조사가 말했다.
"외도가 말하는 불생불멸이란 소멸을 가지고는 발생의

---

512) 『永嘉證道歌』, (大正藏48, p.395下) "수행을 완성한 무위법의
　　한가한 도인은, 망상을 끊지도 참됨을 구하지도 않는다. 무명의 본
　　래 성품이 그대로 참불성이고, 허깨비 텅빈 몸뚱아리 그대로 법신
　　이다. 絶學無爲閑道人 不除妄想不求眞 無明實性卽佛性 幻化空身
　　卽法身" 참조.
513) 性은 본성의 도리이고 相은 性이 현현한 모습이다. 여기에서는
　　事理冥合하고 性相互融한 實性의 이치를 말한다.

끝이라 말하고, 발생을 가지고는 소멸의 현현이라 말합
니다. 그래서 소멸을 그대로 불멸로 간주하고, 발생을
그대로 불생(不生)으로 간주합니다. 그러나 내가 말하
는 불생불멸이란 본래부터 발생이 없고 지금도 또한 소
멸이 없습니다.514) 그 때문에 외도들의 설과 다릅니다.
그대가 만약 심요(心要)를 알고자 한다면 무릇 일체의
선(善)과 악(惡)을 모두 사량해서는 안됩니다.515) 그러
면 저절로 청정한 심체(心體)에 들어가 담연(湛然)하고
상적(常寂)하여 그 묘용(妙用)이 항사(恒沙)와 같을 것
입니다."

설간이 그 가르침을 받고 활연히 대오하였다. 이에
감사의 예배를 드리고 대궐로 돌아가서 조사의 법어를
표주(表奏)하였다.

其年九月三日 有詔奬諭師曰 師辭老疾 爲朕修道 國之福
田 師若淨名 托疾毘耶 闡揚大乘 傳諸佛心 談不二法 薛
簡傳師指授 如來知見 朕積善餘慶 宿種善根 値師出世 頓
悟上乘 感荷師恩 頂戴無已 幷奉磨衲袈裟 及水晶鉢 敕韶
州刺史 修飾寺宇 賜師舊居 爲國恩寺

그해 9월 3일 다시 조칙을 내려서 대사를 다음과 같

---

514) 鳩摩羅什 譯, 『維摩詰所說經』 卷上, (大正藏14, p.541上) "無以
生滅心行說實相法 迦旃延 諸法畢竟不生不滅 是無常義 五受陰洞達
空無所起 是苦義 諸法究竟無所有 是空義 於我無我而不二 是無我
義 法本不然 今則無滅 是寂滅義" 참조.
515) 都莫思量은 아무런 사량도 하지 않는 것이 아니라 일체의 대립
적이고 분별적인 사량을 초월한다는 것이다. 위 오법전의품에서 혜
능이 慧明에게 설한 "不思善 不思惡 正與麽時 那箇是明上座本來
面目"도 같은 맥락이다.

이 찬탄하였다.516)

"대사께서는 노환 때문에 사양하셨지만, 짐에게는 도를 닦는 것이었고 국가에는 복전이었습니다.517) 대사께서는 마치 정명거사가 병환으로 비야리성에 있으면서도 대승법을 천양하고 제불의 심인법을 전승하며 불이법을 말한 것과 같습니다.518) 대사께서 설간을 통하여 전해주신 가르침은 곧 여래의 지견이었습니다. 이야말로 짐에게는 적선을 통하여 받은 기쁨과 숙세에 심은 선근으로 인하여 대사의 출세법을 만나 최상승법을 돈오한 것이었습니다.519) 대사의 은혜를 입었기에 정대(頂戴)하지 않을 수 없습니다."

이에 마납가사 및 수정발우를 하사하였다.520) 후에

---

516) 그 해는 神龍 元年(705)으로서 則天皇后와 中宗이 앞의 정월 15일에 이어서 다시 9월 3일에 거듭 조칙을 내린 것을 가리킨다. 獎諭는 어떤 사람이나 그 행위 등에 대하여 격려 및 찬탄하는 것을 말한다.

517) 대사께서는 노환 때문에 상경하는 것을 사양하셨습니다. 그러나 대사께서 설간을 통하여 애써 보내주신 법어는 짐을 위하여 수도의 방법을 일러준 것이었을 뿐만 아니라 또한 국가의 백성에게는 크나큰 복전이 되었습니다.

518) 淨名은 維摩詰 곧 유마거사로서 無垢稱이라고도 불렸다. 毘耶는 毘耶離國이다. 부처님께서 비야리국에 가셨을 때 유마거사가 질병을 앓고 있었기 때문에 10대 제자들을 보내 문병할 것을 말했다. 모두 사양하였지만 문수보살이 부처님의 말씀에 따라 문병하였다. 이때 유마거사가 문수보살 및 그 권속들에게 入不二法門에 대하여 설법한 것을 가리킨다.

519) 積善餘慶은 『周易』의 坤卦에 나오는 말이다. 곧 짐의 선조께서 과거에 선행을 쌓아주신 덕택을 받고 또한 전세에 짐이 심어두었던 선근의 종자가 마침 대사께서 설법하신 출세법문을 듣고서 최상승의 법문을 돈오한 것과 같다는 말이다.

520) 신라에서 생산된 고급 비단으로 만든 가사를 가리킨다. 수행자들의 발우는 鐵鉢盂였지만 부처님의 발우는 石鉢盂였다. 특별히 尊宿의 덕을 기리기 위하여 水晶 및 옥으로 만들어 바치기도 하였

소주의 자사에게 칙명을 내려서 사찰을 보수하고, 대사
의 옛집을 국은사(國恩寺)로 개명하였다.521)

다. 그 해(705) 12월 19일에 칙명을 내려서 寶林寺를 中興寺라 개
명하였다.

521) 神龍 3년(707. 그러나 실제로는 그해 8월부터 景龍 元年이 시작
되었다.) 11월 18일에 소주의 자사에게 칙명을 내려 대사가 주석
하는 中興寺의 佛殿 및 대사의 經坊을 보수하도록 하고, 勅額으로
法泉寺라 하고, 대사의 舊宅을 國恩寺라고 하였다.

法門對示第九

師一日　喚門人法海·志誠·法達·神會·智常·智通·志徹·志道·法
珍·法如等曰　汝等不同餘人　吾滅度後　各爲一方師　吾今敎
汝說法　不失本宗"先須擧三科法門　動用三十六對　出沒卽
離兩邊　說一切法　莫離自性　忽有人問汝法　出語盡雙　皆取
對法　來去相因　究竟二法盡除　更無去處

3.-9) 법문대시

　조사는 어느 날 법해(法海) · 지성(志誠) · 법달(法
達) · 신회(神會) · 지상(智常) · 지통(智通) · 지철(志
徹) · 지도(志道) · 법진(法珍) · 법여(法如)522) 등의 문
인을 불러놓고 다음과 같이 말했다.

"그대들은 나의 다른 제자들과는 달리 내가 멸도한 후
에 각자 한 지역의 선지식이 될 것이다. 내 이제 그대
들한테 설법하여 본래의 종지를 상실하지 않도록 해주
겠다.

　먼저 모름지기 삼과법문(三科法門),523) 동용(動用)의
삼십육대(三十六對),524) 출·몰(出·沒)525) 및 즉·리(卽·

---

522) 이들을 혜능의 十大弟子라고 말하는 경우도 있는데, 주로 혜능
　　의 만년에 곁에 있었던 제자들을 가리킨다. 法珍과 法如의 이름은
　　여기에만 등장하고 다른 기록에는 전혀 보이지 않는다. 『景德傳燈
　　錄』 卷5, (大正藏51, p.235中)에 보이는 慧能大師의 法嗣 43인 가
　　운데 "廣州吳頭陀 … 廣州淸苑法眞禪師"로 기록되어 있을 뿐 그
　　전기는 보이지 않는다. 이 밖에 永嘉玄覺·南陽慧忠·南嶽懷讓·靑原
　　行思·荷澤神會 등을 혜능의 五大弟子라고 말하는 경우도 있다.
523) 羅什의 번역으로는 陰.入.界이고, 玄奘의 번역으로는 五蘊·十二
　　處·十八界이다.
524) 상대적인 사고유형을 36종류로 언급한 것이다. 動用은 자성의
　　動用으로서 주체적인 작용을 말한다. 『祖堂集』 卷18의 仰山章(高

離)의 양변526) 등을 들어서 일체법을 설하는 경우에 결
코 자성을 벗어나지 말라. 말하자면 누가 그대한테 교
법을 물으면 언제나 상대적인 법을 내세워 모든 경우에
상대적인 입장에서[雙] 답변해야 한다. 그러면 오고 감
이 서로 인유(因由)하여 구경에 상대적인 두 가지 법이
모두 사라져서 더 이상 나아갈 것이 없다.527)

三科法門者 陰界入也 陰是五陰 色·受·想·行·識是也 入是十
二入 外六塵色·聲·香·味·觸·法 內六門眼·耳·鼻·舌·身·意是也
界是十八界 六塵·六門·六識是也 自性能含萬法 名含藏識
若起思量 卽是轉識 生六識 出六門 見六塵 如是一十八界
皆從自性起用 自性若邪 起十八邪 自性若正 起十八正 若
惡用卽衆生用 善用卽佛用 用由何等 由自性有

　삼과법문이란 음(陰) · 계(界) · 입(入)이다. 음(陰)은
오음(五陰)으로서 색 · 수 · 상 · 행 · 식이다. 입(入)은
십이입(十二入)으로서 색 · 성 · 향 · 미 · 촉 · 법 등 바
깥의 육진(六塵)과 안 · 이 · 비 · 설 · 신 · 의 등 내부
의 육문(六門)이다. 계(界)는 십팔계(十八界)로서 육진

麗大藏經 45, p.349中-下)에 그 일단이 엿보인다.
525) 出沒은 十八變化 가운데 하나로서 다음 18종 가운데 (6-2) 此沒
彼出에 해당한다. 『涅槃經』에서 말한 八自在 또는 八神變을 다음
과 같이 18종으로 분류한 것이다. (1) 能小 (2) 能大 (3) 能輕 (4)
能自在 (5) 能有主 (6) 能遠至 (6-1) 飛行遠至 (6-2) 此沒彼出
(6-3) 移遠而近 不往而到 (6-4) 於一念徧到十方 (7) 能動 (7-1)
動 (7-2) 涌 (7-3) 震 (7-4) 擊 (7-5) 吼 (7-6) 爆 (8) 隨意
526) 出·沒 및 卽·離는 離·微와 마찬가지로 肯定과 不定, 一과 異, 去
와 來, 生과 滅, 斷과 常 등의 대립적인 관계성을 가리킨다.
527) 更無去處는 질문에 대하여 더 이상 이러쿵저러쿵 답변할 것이
없이 온전히 해결되었다는 것을 말한다.

· 육문 · 육식이다.

자성이 만법을 머금은 것을 함장식(含藏識)528)이라고 말한다. 따라서 만약 사량을 일으키면 그것이 곧 전식(轉識)529)되어 육식이 발생하고 육문이 일어나며 육진이 드러난다. 이와 같이 십팔계는 모두 자성에서 일어나 작용한다. 그러므로 만약 자성이 사(邪)로 작용하면 십팔사(十八邪)가 일어나고, 만약 자성이 정(正)으로 작용하면 십팔정(十八正)이 일어나며, 만약 자성이 악용하면 곧 중생의 작용이고, 만약 자성이 선용하면 곧 부처의 작용이다. 이에 십팔계의 작용은 무엇을 말미암는가 하면 곧 자성을 말미암아 존재한다.530)

對法外境無情五對 天與地對 日與月對 明與暗對 陰與陽對 水與火對 此是五對也 法相語言十二對 語與法對 有與無對 有色與無色對 有相與無相對 有漏與無漏對 色與空對 動與靜對 淸與濁對 凡與聖對 僧與俗對 老與少對 大與小對 此是十二對也 自性起用十九對 長與短對 邪與正對 癡與慧對 愚與智對 亂與定對 慈與毒對 戒與非對 直與曲對 實與虛對 險與平對 煩惱與菩提對 常與無常對 悲與害對 喜與瞋對 捨與慳對 進與退對 生與滅對 法身與色身對 化身與報身對 此是十九對也

---

528) 含藏識은 藏識이라고도 하는데 第八阿賴耶識이다. 여기에서는 藏識 그 자체가 자성이라는 것이 아니라 자성이 근본이라는 것을 비유한 것으로 일념이 발생하기 이전의 상태를 가리킨다.
529) 轉識은 前五識과 第六識과 第七末那識과 第八阿賴耶識의 모두에 해당되지만, 여기에서는 前五識과 第六識과 第七末那識이 第八阿賴耶識에 所依되어 발생하는 根(門)·境(塵)·識을 말한다.
530) 위에서 말한 '일체법을 설하는 경우에 결코 자성을 벗어나지 말라.'는 것과 상응된다.

36가지 상대법은 무정물의 경우 5대가 있다.531) 천
(天)과 지(地)의 대, 일(日)과 월(月)의 대, 명(明)과
암(暗)의 대, 음(陰)과 양(陽)의 대, 수(水)와 화(火)의
대 등 이것이 곧 5대이다.

다음으로 법상(法相)의 어언(語言)에 12대가 있
다.532) 어(語)와 법(法) 대, 유(有)와 무(無)의 대, 유
색(有色)과 무색(無色)의 대, 유상(有相)과 무상(無相)
의 대, 유루(有漏)와 무루(無漏)의 대, 색(色)과 공(空)
의 대, 동(動)과 정(靜)의 대, 청(淸)과 탁(濁)의 대,
범(凡)과 성(聖)의 대, 승(僧)과 속(俗)의 대, 노(老)와
소(少)의 대, 대(大)와 소(小)의 대 등 이것이 곧12대
이다.

다음으로 자성(自性)의 기용(起用)에 19대가 있
다.533) 장(長)과 단(短)의 대, 사(邪)와 정(正)의 대,
치(癡)와 혜(慧)의 대, 우(愚)와 지(智)의 대, 난(亂)과
정(定)의 대, 자(慈)와 독(毒)의 대, 계(戒)와 비(非)의
대, 직(直)과 곧(曲)의 대, 실(實)과 허(虛)의 대, 험
(險)과 평(平)의 대, 번뇌(煩惱)와 보리(菩提)의 대, 상
(常)과 무상(無常)의 대, 비(悲)와 해(害)의 대, 희(喜)
와 진(瞋)의 대, 사(捨)와 간(慳)의 대, 진(進)과 퇴
(退)의 대, 생(生)과 멸(滅)의 대, 법신(法身)과 색신
(色身)의 대, 화신(化身)과 보신(報身)의 대 등 이것이

---

531) 無情의 五對는 세간을 기준으로 형체를 지니고 있어 감각적으로
인식되는 것을 가리킨다.
532) 法相의 語言은 불법에서 말하는 제법의 상대적인 범주에 대한
것을 가리킨다.
533) 自性의 起用은 자성 그 자체가 그대로 二相으로 현현한 것을 기
준하여 자성의 속성에 대한 것을 가리킨다.

곧 19대이다."

師言 此三十六對法 若解用 卽道 貫一切經法 出入卽離兩
邊 自性動用 共人言語 外於相離相 內於空離空 若全著相
卽長邪見 若全執空 卽長無明 執空之人有謗經 直言不用
文字 旣云不用文字 人亦不合語言 只此語言 便是文字之
相 又云<云-?> 直道不立文字 卽此不立兩字 亦是文字
見人所說 便卽謗他言著文字 汝等須知 自迷猶可 又謗佛
經 不要謗經 罪障無數 若著相於外 而作法求眞 或廣立道
場 說有無之過患 如是之人 累劫不得見性 但聽依法修行
又莫百物不思 而於道性窒礙 若聽說不修 令人變生邪念
但依法修行 無住相法施 汝等若悟 依此說 依此用 依此行
依此作 卽不失本宗

　조사가 말했다.
"이 36대법에 대하여 그 작용을 잘 이해하면 일체의 경
법에 관통한다. 출·입(出·入) 및 즉·리(卽·離)의 양변은
자성의 동용으로서 남과 더불어 이야기할 경우 밖으로
는 상(相)에 대하면 상(相)을 벗어나고 안으로 공(空)
을 대하면 공(空)을 벗어나야 한다. 만약 그대로 상
(相)에 집착하면 곧 사견(邪見)이 증장하고, 만약 그대
로 공(空)에 집착하면 곧 무명(無明)이 증장한다.534)
　공에 집착하는 사람은 경전을 비방하고 심지어 언어
문자는 필요가 없다고도 말한다.535) 원래 언어문자가

---

534) 曇無讖 譯,『大般涅槃經』卷36,(大正藏12, p.580中)"若人信心
　　無有智慧 是人則能增長無明 若有智慧無有信心 是人則能增長邪見"
　　참조.

필요가 없다고 말하면 그렇게 말하는 사람도 역시 말해서는 안 되는 것이다. 왜냐하면 무릇 그렇게 말하는 것 자체가 곧 문자를 말하고 있기 때문이다.536)

또 말하자면 직접 불립문자라고 말한 것의 경우에537) 곧 그 불립(不立)이라는 두 글자도 역시 문자이기 때문이다. 남들이 말하는 것을 보고서538) 남들의 말은 문자에 집착한다고 비방한다.

그러므로 그대들은539) 곧 자기가 미혹한 것은 그래도 괜찮겠지만, 더욱이 불경(佛經)까지 비방하는 꼴이 된다는 것을540) 반드시 알아야 한다. 경전을 비방해서는 안 된다. 왜냐하면 그 죄업장은 헤아릴 수가 없기 때문이다.

만약 밖의 형상에 집착해서 작법하고 진리를 추구하거나,541) 또 널리 도량을 건립하여 유무의 허물을 설한

---

535) 不立文字의 용례는 吉藏,『淨名玄論』卷1, (大正藏38, p.862中) "旣不立文字性故 不二敎不攝之也"참조.
536) 이 부분은 스스로 자성을 파악하고 남에게 법을 설명하는 데 있어 문자의 필요성을 강조한 대목으로서 불립문자에 대한 올바른 이해와 그 활용에 대하여 말한 것이다.
537) 원래 언어문자가 필요없다고 말하는 사람의 두 번째의 경우를 가리킨다.
538) 원래 언어문자가 필요없다고 말하는 사람의 세 번째의 경우를 가리킨다.
539) 汝等은 지금 혜능의 설법을 듣는 대상에 해당하는 십대제자들을 가리킨다. 곧 원래 문자가 필요없다고 주장하는 사람들의 말에 속아서는 안 된다는 것을 주의시키는 것이다.
540) 원래 언어문자가 필요없다고 말하는 사람의 경우에 곧 그들 자신이 미혹한 것은 어쩔 수 없다고 치더라도 그로 인하여 더욱이 佛經까지 비방하는 꼴이 되어서는 안 된다는 줄을 그대 십대제자들은 반드시 알아야 한다는 것이다. 自迷猶可에서 自는 원래 언어문자가 필요없다고 말하는 그들 자신을 가리킨다.
541) 공능이나 조작적인 행위를 통하여 무형의 부처를 추구하거나 진

다면542) 그와 같은 사람들은 누겁토록 견성하지 못한다. 무릇 들은 대로 여법하게 수행하라.

또한 온갖 대상에 대하여 사량을 물리침으로써 결코 도성(道性)에 꽉 막히는543) 결과를 초래해서는 안 된다.544)

만약 설법을 듣기만 하고 실천하지 않으면 그 사람에게는 그 설법이 도리어 사념(邪念)으로 발생한다. 그러므로 무릇 여법하게 실천하면 그것이 곧 무주상법시이다.545) 만약 그대들이 지금 내가 가르쳐준 그대로 설법하고 그대로 수용하며 그대로 실천하고 그대로 작법할 줄 알면546) 본래의 종지를 상실하는 일은 없을 것이다.

리를 추구하는 것은 생사의 인이 될 뿐이다. 『鳩摩羅什 譯, 『金剛般若波羅蜜經』, (大正藏8, p.752上) "若以色見我 以音聲求我 是人行邪道 不能見如來"; 『臨濟錄』, (大正藏47, p.497下) "若欲作業求佛 佛是生死大兆" 참조.

542) 무형의 부처를 구하거나 진리를 추구하는 바로 앞의 내용과 관련하여 여기에서는 유형의 도량을 크게 지어놓고 사람을 끌어모아서 有無에 빠지지 말라고 가르치면서 오히려 惡性空의 견해에 빠지는 것을 가리킨다.

543) 窒礙는 흐름이 통하지 못하고 막혀서 더 이상 나아가지 못하고 그 자리에 머물러 있는 것을 가리킨다.

544) 莫百物不思而於道性窒礙의 내용에 대해서는 위에서 두 차례나 언급되었다. 첫째는 '만약 온갖 대상에 대하여 애써 사려하지 않으려 한다거나 반대로 애써 念을 단절시키려 하는 것은 곧 法縛으로서 邊見일 뿐이다.'이고, 둘째는 '만약 온갖 대상에 대하여 사량을 그만두고 상념을 모두 물리치는 것으로만 간주한다면 그것은 일념의 단절로서 곧 죽은 뒤에 다른 세상에 태어나는 꼴이 되고 말 것이다. 그것이야말로 큰 착각이다.'는 것이었다.

545) 鳩摩羅什 譯, 『金剛般若波羅蜜經』, (大正藏8, p.749上) "復次須菩提 菩薩於法應無所住行於布施 所謂不住色布施 不住聲香味觸法布施 須菩提 菩薩應如是布施不住於相 何以故 若菩薩不住相布施 其福德不可思量" 참조.

546) 若悟에서 悟는 혜능의 가르침을 제대로 알아듣고 받아들이는 것을 가리킨다.

若有人問汝義 問有將無對 問無將有對 問凡以聖對問聖以
凡對 二道相因 生中道義 如一問一對 餘問一依此作 卽不
失理也 設有人問 何名爲闇 答云 明是因 闇是緣 明沒卽
闇 以明顯闇 以闇顯明 來去相因 成中道義 餘問悉皆如此
汝等於後傳法 依此轉相敎授 勿失宗旨

　만약 누가 그대들한테 교의(敎義)547)에 대하여 질문
할 경우, 곧 유(有)에 대하여 물으면 무(無)를 가지고
응대하고, 무(無)에 대하여 물으면 유(有)를 가지고 응
대하며, 범(凡)에 대하여 물으면 성(聖)을 가지고 응대
하고, 성(聖)에 대하여 물으면 범(凡)을 가지고 응대하
라. 그러면 그 두 가지[二道]가 서로 인유(因由)하여
중도(中道)의 뜻이 발생한다.548) 마치 하나의 질문에
하나로써 응대하듯이 그 밖의 질문에 대해서도 동일하
게 그처럼 응수해가면 곧 도리에서 벗어나는 일은 없을
것이다.549)
　설령 누가 '무엇을 어둠이라 말하는가.'라고 물으면
'밝음은 인(因)이고 어둠은 연(緣)으로서 밝음이 사라지
면 곧 어둠이다.'라고 답변한다. 밝음으로써 어둠을 드
러내고 어둠으로써 밝음을 드러내며, 오고 감이 서로
인유(因由)하여 중도(中道)의 뜻이 성립된다. 그 밖의

---

547) 義는 敎義로서 구체적으로는 中道實相의 뜻이고 眞如의 義이다.
　　鳩摩羅什 譯, 『金剛般若波羅蜜經』, (大正藏8, p.751上) "如來者
　　卽諸法如義"참조.
548) 『大智度論』卷43, (大正藏25, p.370上) "復次 常是一邊 斷滅是
　　一邊 離是二邊行中道 是爲般若波羅蜜"참조.
549) 三十六對法의 활용방식에 대하여 전체적으로 종합해서 말한 것
　　으로 자성에 근거하여 中道의 義를 벗어나서는 안 된다는 것을 말
　　한다.

질문에 대해서도 모두 다 이와 같이 하라. 그대들은 이후에 전법할 경우 이상의 가르침에 의거하여 서로서로 교수하여 종지가 상실되지 않도록 하라."

付囑流通第十

師於太極元年壬子 延和七月 （玄宗八月卽位 方改先天元年 次年逐改爲開元 先天卽無二年 他本作先天二年者非）命門人往新州國恩寺建塔 仍令促工 次年夏末落成 七月一日 集徒衆曰 吾至八月 欲離世間 汝等有疑 早須相問 爲汝破疑 令汝迷盡 吾若去後 無人敎汝 法海等聞 悉皆涕泣 惟有神會 神情不動 亦無涕泣 師云 神會小師卻得 善不善等 毀譽不動 哀樂不生 餘者不得 數年山中 竟修何道 汝今悲泣 爲憂阿誰 若憂吾不知去處 吾自知去處 吾若不知去處 終不預報於汝 汝等悲泣 蓋爲不知吾去處 若知吾去處 卽不合悲泣 法性本無生滅去來 汝等盡坐 吾與汝說一偈 名曰眞假動靜偈 汝等誦取此偈 與吾意同 依此修行 不失宗旨

3.-10) 부촉유통550)

조사가 태극(太極) 원년 임자년(712)551) 곧 연화(延和) 원년(712) 7월에[현종이 8월에 즉위하자, 바야흐로

---

550) 付囑은 付法依囑의 뜻으로 혜능이 제자들을 불러서 입멸 이후에 벌어질 상황에 대하여 여러 가지로 설명한 것이다. 그러나 일반적인 付囑이라기보다 혜능의 부촉은 주로 그 내용이 自性自度를 표현한 것이다. 付囑을 부탁하고 위촉한다는 점에서 보자면 付는 직접적인 부탁이고 囑은 간접적인 위촉에 해당한다.

551) 710년 6월에 中宗이 붕어하고, 혼란한 정국에서 그 해 710년에 景雲 원년이 시작되었다. 景雲 2년(711)에 睿宗이 즉위하여 임시로 景雲의 연호를 사용하다가 이듬해 712년 정월에 바야흐로 睿宗의 연호인 太極 원년이 시작되었고, 같은 해 5월에는 睿宗의 연호가 延和 원년으로 바뀌었으며, 또 같은 해 8월에는 玄宗이 즉위하면서 연호가 先天 원년이 되었고, 이듬해 713년 12월에는 玄宗의 연호가 바뀌어 開元 원년이 되었다.

연화의 연호를 고쳐서 선천 원년으로 삼았다. 이듬해는
마침내 선천을 고쳐서 개원으로 삼았기 때문에 선천 2
년은 없다. 다른 판본552)에서 선천 2년이라고 기록한
것은 잘못이다]553) 문인들에게 신주 국은사를 방문하여
묘탑을 건립토록 명했다.554) 이에 공사를 서둘도록 하
여 이듬해 하안거가 끝날 무렵에 묘탑이 낙성되었
다.555)

7월 1일에 대중을 모아놓고 말했다.556)
"나는 8월에 세간을 떠나고자 한다. 그러므로 그대들은

---

552) '다른 판본'은 돈황본을 가리킨다. (大正藏48, p.343下) "大師先
天二年八月三日滅度。七月八日，喚門人告別。大師先天元年於新州
國恩寺造塔，至先天二年七月告別。大師言：「汝眾近前，吾至八
月，欲離世間，汝等有疑早問，為汝破疑，當令迷者盡悟，使汝安
樂。吾若去後，無人教汝"

553) 先天의 연호가 712년 8월부터 시작되었으므로 712년 7월에다
先天의 연호를 붙인 것은 잘못된 기록이라는 것이다. 혜능은 先天
원년(712) 7월에 제자들을 시켜서 新州 國恩寺에 묘탑을 건립토록
했다. 이듬해(713) 묘탑이 낙성되자, 先天 2년(713)에 7월에 임종
을 준비하기 위하여 新州로 돌아갔다. 그리고 8월에 입적하였다.

554) 神龍 3년(707) 곧 景龍 元年(707년 8월 시작)에 칙명으로 대사
의 舊宅을 國恩寺라 하였던 곳이다. 혜능은 그 무렵 延和 원년
(712) 7월에 신주 국은사에 도착해 있으면서 제자들을 불러서 묘
탑건립을 부탁하였다. 命門人往新州國恩寺建塔에서 往은 방문한다
는 뜻이다.

555) 묘탑의 낙성은 713년 하안거가 끝날 무렵 곧 음력 6월 내지 7
월에 해당한다. 그러나 혜능은 묘탑이 완성되기 이전 712년 9월
75세 때 신주로 돌아갔다.

556) 여기 7월 1일은 묘탑건립을 부탁한 이듬해인 713년이다. 곧 하
안거가 끝날 무렵에 묘탑이 완성된 이후 얼마 되지 않은 시기로서
묘탑의 완성을 계기로 다음 달(8월)에 입적할 것이라는 예언에 해
당한다. 그런데 이하에서는 다시 713년 7월 8일에 다시 신주로 돌
아가려고 한다는 대목이 나온다. 이것은 후인이 『壇經』에 내용을
보입시킨 과정에서 보이는 오류이다. 이미 1년 전(712년 7월)에 신
주로 돌아와 주석하고 있었다.

의심이 있거든 곧 모름지기 자세하게 묻거라.557) 그대
들의 의심을 타파하여 그대들에게 다시는 미혹이 없도
록 해주겠다. 내가 떠난 이후에는 누구도 그대들에게
가르쳐줄 사람이 없다.558)"

법해 등이 모두 다 눈물을 흘리며 울었다. 그러나 오
직 신회만은 얼굴빛559)이 변하지 않고 또한 눈물을 흘
리며 울지도 않았다. 그러자 조사가 말했다.

"신회 제자560)만 내 가르침을 터득하여 선(善)·불선
(不善)에 평등한 마음을 유지하고, 훼(毁)·예(譽) 등
에 전혀 흔들림이 없으며, 애(哀)·락(樂)에 분별심을
내지 않는다. 그 밖의 사람들은 그렇지 못하다. 수년 동
안 산중에 있으면서 결국 무슨 도를 닦았는가. 그대들
이 지금 슬피 우는 것은 누구를 위한 연민인가. 만약
내가 가는 곳을 모르고 있을까 봐 연민하는 것이라면
나는 내가 가는 곳을 본래부터 알고 있다. 만약 내가
가는 곳을 모르고 있었다면 끝내 그대들에게 미리 알리
지도 않았다. 그대들이 슬피 우는 것은 필시 내가 가는

---

557) 若那跋陀羅 譯, 『大般涅槃經後分』 卷上, (大正藏12, p.903中-
下) "佛復告諸大衆 汝等莫大愁苦 我今於此垂欲涅槃 若戒若歸若常
無常 三寶四諦六波羅蜜十二因緣 有所疑者當速發問爲究竟問 佛涅
槃後無復疑悔 三過告衆" 참조. 早須相問의 相問은 구체적이고 자
세하게 다시는 의심이 없도록 묻는 것이다. 입적 이후에는 직접 질
문받을 수 없다는 것을 가리킨다.
558) 혜능 자신의 법문을 다시는 들을 수가 없음을 가리킨다. 아울러
제자들에게 혜능 자신이 설한 자성법문에 대한 확신을 심어주려는
것이기도 하다.
559) 神情은 얼굴에 나타나는 감정의 표현이다.
560) 神會小師의 小師는 법랍이 10년 미만의 下座를 가리키는데, 여
기에서는 제자를 지칭한다. 법랍이 10 이상 20년 미만의 경우는
中座이고, 20년 이상은 上座라고 말하기도 한다. 卻得의 卻은 조
사로서 了의 쓰임새와 같다.

곳을 그대들이 모르고 있기 때문이다. 만약 내가 가는
곳을 그대들이 안다면 곧 그렇게 슬피 울지는 않을 것
이다. 법성은 본래부터 생(生)·멸(滅)·거(去)·래
(來)가 없다.561) 그대들은 모두 앉거라. 내가 그대들에
게 진가동정게(眞假動靜偈)562)라는 게송 하나를 설해주
겠다. 그대들이 이 게송을 송취(誦取)563)하면 내 의도
와 동일해지고, 이 게송에 의지하여 수행하면 내 종지
를 상실하지 않을 것이다."

衆僧作禮請 師說偈曰 一切無有眞 不以見於眞 若見於眞
者 是見盡非眞 若能自有眞 離假卽心眞 自心不離假 無眞
何處眞 有情卽解動 無情卽不動 若修不動行 同無情不動
若覓眞不動 動上有不動 不動是不動 無情無佛種 能善分
別相 第一義不動 但作如此見 卽是眞如用 報諸學道人 努
力須用意 莫於大乘門 卻執生死智 若言下相應 卽共論佛
義 若實不相應 合掌令歡喜 此宗本無諍 諍卽失道意 執逆
諍法門 自性入生死

대중이 예를 갖추어 청하였다. 이에 조사가 게송을
설하여 말했다.

일체만법은 진실이 없으니
진실하다고 보아선 안되네564)

---

561) 법신의 성품은 본래부터 생사가 없기 때문에 그런 줄 깨쳐서 그
생사에 집착하지 말라는 것을 말한다.
562) 우선 眞·假 및 動·靜의 차이를 설하지만 결국 眞·假가 圓融하고
動·靜이 不二함을 일깨워주는 게송이라는 뜻이다.
563) 誦取는 讀·誦·受·持하는 것이다.

만약에 진실하다고 본다면
다 진실 아닌 것만 본다네565)
본래부터 진실한 것이라면
가 떠난 심에 즉한 진실뿐566)
자심은 가 떠난 적 없듯이
진도 역시 찾을 진이 없네567)
유정물은 기거동작 알지만
무정물은 기거동작 모르네568)
만약에 부동행을 닦는다면
무정의 부동과 한가지라네569)
진실에서 부동을 찾고나면

---

564) 假相을 벗어나 달리 진실이 있는 것이 아니므로 假相과 진실을
분별해서는 안 된다는 것이다. 이것은 眞과 假에 대한 근본적인
이해를 정의한 것이다.

565) 일체만법은 그대로일 뿐이지 진실하다 거짓이다 하는 분별이 없
다. 그 때문에 진실한 것이 있다고 간주하여 추구하면 진실이라는
개념에 집착하는 꼴이 되고 만다. 진실하다는 개념뿐만 아니라 거
짓이라는 개념도 초월하는 무분별의 입장을 강조한다.

566) 假는 일체법의 假相에 불과하다. 그 假相이야말로 自心의 현현
인 줄 깨쳐서 청정심에 卽한 경우에야 비로소 진실하다고 말할 수
가 있다.

567) 자심은 본래부터 假를 떠난 적도 없고 또한 진실을 떠난 적도
없다. 그 때문에 자심의 입장으로 보자면 어찌 假相 내지 진실을
분별할 수 있겠느냐는 것이다.

568) 유정물은 佛種子가 있는 경우로서 行·住·坐·臥의 일체행에 있어
서 그 행위에 대하여 자각할 줄 알지만, 무정물은 佛種子가 없는
경우로서 行.住.坐.臥의 일체행에 있어서 그런 줄을 모르는 것을
말한다. 이것은 짐짓 佛種子의 유무를 대비시켜서 진여자성의 작
용을 터득하느냐 못하느냐에 대한 설명을 가한 것이다.

569) 그렇다고 해서 일체의 번뇌에 흔들리지 않는 不動行을 추구한다
면 그것은 곧 不動行에 집착하는 꼴이 된다. 그것은 차라리 기거
동작을 자각하지 못하는 무정물만도 못하다는 것이다. 왜냐하면 무
정물은 기거동작이 없는 것에 그치지만, 不動行에 집착하는 것은
도리어 번뇌만 일으키고 말기 때문이다.

기동이 그대로 부동이라네570)
부동은 애초부터 부동이고
무정은 그대로 무불종이네571)
만법에 분별상을 내더라도
제일의는 그대로 부동이네572)
무릇 이와같이 터득한다면
곧 진여작용이라 말한다네573)
모든 납자들에게 부탁하니
모름지기 제대로 노력하라
자칫하여 대승의 법문에서
생사지를 초래해선 안되네574)
이런 가르침에 상응한다면
더불어 불교를 논의하리라
불교에 상응치 못하더라도
합장하여 수회공덕 하리라575)

---

570) 不動의 참된 의미를 자각하면 動과 不動의 분별이 없어져 動에
　　서 不動을 터득하고 不動에서 動을 터득한다. 이것은 平等智를 가
　　리킨다.
571) 진여자성을 자각하여 動과 不動에 대한 분별이 없을지라도 역시
　　動은 여전히 動이고 不動은 여전히 不動이다. 이것은 差別智를 가
　　리킨다. 여기에서 無佛種이란 말에는 무정물에도 佛種이 있음을
　　전제로 한 것으로 佛種의 否定이다.
572) 差別智에 의하여 제법을 분별할지라도 그것은 중생의 제도를 위
　　한 분별일 뿐이지 第一義諦인 眞諦에서는 佛種子가 그대로 眞如自
　　性일 뿐이다.
573) 無分別의 分別과 無功用의 功用의 입장에서 일으키는 진여의 작
　　용을 가리킨다.
574) 부지런히 精進하는 것이 중요하지만 자각을 통한 올바른 안목을
　　바탕으로 정진하는 것이 아니면 오히려 대승법문마저도 번뇌의 업
　　장만 증장시키는 결과를 초래한다. 그 올바른 안목이란 眞如自性
　　의 작용이고, 生死智는 分別事識을 가리킨다.
575) 진실하게 정진한다면 설령 공덕을 성취하지 못한다고 하더라도

무쟁이 우리의 종지이므로
다투면 도에서 멀어진다네576)
법문으로 대립하여 다투면
자성조차도 생사업 된다네577)

時 徒衆聞說偈已 普皆作禮 並體師意 各各攝心 依法修行
更不敢諍 乃知大師不久住世法海上座 再拜問曰 和尙入滅
之後 衣法當付何人 師曰 吾於大梵寺說法 以至于今抄錄
流行 目曰法寶壇經 汝等守護 遞相傳授 度諸群生 但依此
說 是名正法 今爲汝等說法 不付其衣 蓋爲汝等信根淳熟
決定無疑 堪任大事 然據先祖達磨大師 付授偈意 衣不合
傳 偈曰 吾本來茲土 傳法救迷情 一華開五葉 結果自然成

그때 대중이 진가동정게(眞假動靜偈)를 듣고 나서 한
사람도 빠짐없이 모두 예배를 드렸다. 아울러 조사의
의도를 체득하고 각각 마음을 가다듬었으며578) 그 가르

정진한 보답으로 임종에 이르러 지옥의 문에는 끌려가지 않는다는
것이다.
576) 鳩摩羅什 譯, 『金剛般若波羅蜜經』, (大正藏8, p.749下) "世尊
佛說我得無諍三昧人中最爲第一 是第一離欲阿羅漢 我不作是念 我
是離欲阿羅漢 世尊 我若作是念我得阿羅漢道 世尊則不說須菩提是
樂阿蘭那行者 以須菩提實無所行 而名須菩提是樂阿蘭那行" 참조.
577) 진여자성도 분별로 다투면 되려 번뇌의 업이 된다. 그 때문에 혜
능은 진여자성의 소극적인 측면보다 무분별의 적극적인 측면을 강
조한다. 나아가서 諍과 無諍의 근본적인 분별을 초월할 것을 말한
것이다. 그 때문에 진여자성을 마치 百物不思의 경우처럼 온갖 대
상에 대하여 사량을 그만두고 상념을 모두 물리치는 것으로만 간
주한다면 그것은 일념의 단절에 불과하여 斷滅相에 빠지고 만다.
實叉難陀 譯, 『大方廣佛華嚴經』 卷16, (大正藏10, p.83上) "有諍
說生死 無諍卽涅槃 生死及涅槃 一俱不可得" 참조.
578) 攝心은 마음을 다잡는 것으로서 자기에 대한 攝心은 攝收이고

침에 의거하여 수행하고 다시는 다투지 않았다.

이에 대사께서 세상에 더 이상 오래 계시지 못할 것을 알고서 법해상좌가 재배하고 다음과 같이 물었다. "화상께서 입멸하신 후에 의법(衣法)579)은 누구한테 당부해야 합니까."

조사가 말했다.

"내가 대범사에서 설법을 시작한 이후로 지금에 이르렀다. 그것을 초록하여 유행시키고 제목을 『법보단경(法寶壇經)』이라 하거라. 그대들은 그것을 잘 수호하고 지속적으로 서로 전수하여 모든 군생을 제도하거라. 무릇이 『법보단경』에 의지하거라. 그것을 정법이라 말한다.580) 지금 그대들에게 설법은 하지만 그 의발은 부촉하지 않겠다. 왜냐하면 그대들은 신근이 순숙하여 결정코 의혹이 없으므로 대사(大事)를 감당할 수 있기 때문이다.581) 그리고 선조인 달마대사가 부촉으로 전수한

타인에 대한 攝心은 折伏이다.

579) 衣法은 구체적으로는 正法眼藏을 상징하는 物證의 金襴袈裟와 心證의 傳法偈이다. 이에 가사가 그대로 전법게로서 모두 正法眼藏 자체에 해당한다. 여기에서 혜능의 전법게는 본 『法寶壇經』이 기도 하다.

580) 此說은 『法寶壇經』을 가리키는데, 나아가서 혜능의 설법이야말로 正法임을 말한 것이다. 또한 『法寶壇經』을 가지고 衣鉢의 역할로 대체한 것이다. 이것은 의발을 더 이상 전승하지 않겠다는 암시를 보인 것이다.

581) 제자들에게 正法眼藏을 계승하도록 부촉하는 것이다. 이것은 혜능이 자신의 설법과 그 설법을 수용하는 제자들에 대한 절대적인 자긍심과 무한한 신뢰를 보여준 것이다. 곧 淳熟한 身根이야말로 정법안장의 상징인 衣鉢 자체임을 말한 것이다. 鳩摩羅什 譯, 『妙法蓮華經』 卷7, 卷6, (大正藏9, p.52下) "於我滅度後 應受持斯經 是人於佛道 決定無有疑"; (大正藏9, p.60上) "二子白言 大王 彼雲雷音宿王華智佛 今在七寶菩提樹下法座上坐 於一切世間天人衆中 廣說法華經 是我等師 我是弟子 父語子言 我今亦欲見汝等師 可共

게송의 뜻에 비추어보아도 의발은 전수하지 않는 것이
합당하다.582) 그 게송은 다음과 같다.

내가 일부러 이 땅을 찾아온 것은
전법하여 중생을 건지기 위함이다
한 꽃봉오리에 다섯 개 꽃잎 피니
다섯 개의 열매 저절로 맺혀 가네583)"

師復曰 諸善知識 汝等各各淨心 聽吾說法 若欲成就種智
須達一相三昧 一行三昧 若於一切處而不住相 於彼相中不
生憎愛 亦無取捨 不念利益成壞等事 安閒恬靜 虛融澹泊
此名一相三昧 若於一切處 行住坐臥 純一直心 不動道場
眞成淨土 此名一行三昧 若人具二三昧 如地有種 含藏長
養 成熟其實 一相一行 亦復如是 我今說法 猶如時雨 普
潤大地 汝等佛性 譬諸種子 遇茲霑洽 悉得發生 承吾旨者
決獲菩提 依吾行者 定證妙果 聽吾偈曰 心地含諸種 普雨
悉皆萌 頓悟華情已 菩提果自成 師說偈已曰 其法無二 其

俱往 於是二子從空中下 到其母所合掌白母 父王今已信解 堪任發阿
耨多羅三藐三菩提心 我等爲父已作佛事 願母見聽於彼佛所出家修
道"참조.
582) 달마가 혜가에게 정법안장과 의발을 부촉하면서 전수한 전법게
의 의미를 가리킨다. 이하의 전법게에는 정법안장만 전수하였지 의
발을 전수한 내용은 보이지 않았다는 것이다.
583) 『祖堂集』卷2, (高麗大藏經45, p.245上) "吾本來此土 傳敎救迷
情 一花開五葉 結果自然成" 참조. 여기 덕이본 『단경』의 제일구
가운데 茲土는 다른 기록에는 唐國·此土·東土 등으로도 기록되어
전한다. 제삼구의 一華開五葉에 대해서는 달마 이후부터 五代를
지난 혜능 시대에 선법이 크게 일어난다는 해석과, 혜능을 一華로
간주하고 이후에 禪宗五家가 번성한다는 해석이 있다. 그러나 정
작 중요한 것은 '한 꽃봉오리에 다섯 개 꽃잎 피니'에서 一華가 곧
五葉임을 터득하는 것이다.

225

心亦然 其道淸淨 亦無諸相 汝等愼勿觀靜 及空其心 此心
本淨 無可取捨 各自努力 隨緣好去 爾時徒衆作禮而退

조사가 다시 말했다.

"모든 선지식이여, 그대들은 각각 마음을 청정히 하고
내 설법을 들어라. 만약 일체종지(一切種智)584)를 성취
하고자 하면 모름지기 일상삼매와 일행삼매585)에 통달
해야 한다.

만약 일체처에서 제상(諸相)에 집착이 없어서 그 제
상에 대하여 증(憎)·애(愛)를 내지 않고, 또한 취(取)
·사(捨)가 없으며, 이(利)·익(益)과 성(成)·괴(壞)
등에 괘념치 않고, 마음이 편안하고 고요하며 청쾌하고
담박한 상태를586) 일상삼매라 말한다.

만약 일체처에서 행(行)·주(住)·좌(坐)·와(臥)에
순일한 직심으로 부동의 도량에서587) 진정한 정토를 성

---

584) 種智는 三智로서 성문과 연각의 一切智, 보살의 道種智, 제불의
一切種智로서 각각 空·假·中의 三智이기도 하다.

585) 一相三昧는 차별이 없는 삼매이다. 佛은 중생의 근기에 따라 갖
가지로 설법하지만 실은 일상삼매의 법이기 때문에 차별이 없다.『
妙法蓮華經』卷3, (大正藏9, p.19下)"如來知是一相一味之法 所謂
解脫相離相滅相 究竟涅槃常寂滅相 終歸於空"참조. 위의 第四 定
慧品에서 말한 一切處·一切時·一切事에서 直心을 실천하는 것을
말한다. 곧 一行三昧는 도신선법의 중심이다.『文殊說般若經』과『
大乘起信論』의 설명으로 천태의 四種三昧 가운데 常坐三昧의 내용
이기도 하다. 다만 혜능은 일행삼매를『유마경』의 直心에 비추어서
일상적인 선법의 실천으로 간주하고 있다. 이하에서 혜능은 다시
일상삼매와 일행삼매에 대하여 자신만의 독특한 해석을 가한다.

586) 安閒恬靜 虛融澹泊은 마음이 和敬淸寂하고 淸安淸樂하여 거추
장스러운 번뇌가 없이 安靜한 상태를 말한다.

587) 不動道場에서 不動은 흐트러뜨림이 없는 상태를 말한다. 진리의
도량을 그대로 일으켜 세우고 유지하여 전승하는 것이다. 僧肇,『
肇論』「不眞空論」, (大正藏45, p.153上)"故經云 甚奇世尊 不動眞

취하면588) 그것을 일행삼매라 말한다.

어떤 사람이 일상삼매와 일행삼매를 갖추면 마치 땅이 종자를 품고 길러서 열매로 성숙시키는 것과 같다. 일상삼매와 일행삼매의 경우도 또한 그와 마찬가지이다. 지금 내가 말하는 설법도 마치 적절한 시기에 내린 비가 널리 대지를 적셔주는 것과 같다. 그대들의 불성의 경우도 비유하면 모든 종자가 비에 흠뻑 젖어 빠짐없이 일제히 싹이 트는 것과 같다. 그러므로 내가 가르치는 종지를 받드는 자는 반드시 보리를 획득하고 내가 가르치는 수행에 의지하는 자는 반드시 묘과를 증득한다. 내가 말하는 게송을 들어보라.

마음에 모든 종자 머금으니
단비에 모두 싹이 피어나네
꽃의 마음 단번에 깨친다면
보리의 열매 저절로 맺히네589)"

조사가 게송을 읊고나서 말했다.

"그 법에는 둘이 없고 그 마음도 또한 그렇다.590) 그 도는 청정하고 또한 어떤 차별상도 없다.591) 그대들은

際爲諸法立處 非離眞而立處 立處卽眞也 然則道遠乎哉 觸事而眞 聖遠乎哉 體之卽神"참조.

588) 모든 중생에게 청정한 불국토가 現前成就되는 것을 가리킨다.

589)『祖堂集』卷2, (高麗大藏經45, p.249上)"心地含諸種 普雨悉皆 生 頓悟花情已 菩提果自成"참조. 이것이 혜능의 涅槃頌이다. 곧 혜능 선법의 특징인 自性은 제일구에, 慈悲는 제이구에, 頓修는 제삼구에, 頓悟는 제사구에 모두 드러나 있다.

590) 法은 法性이고 心은 自性이다.

591) 道는 正法眼藏인데 本來成佛로서 일체의 분별상도 없는 것을 가

본래의 마음이 고요하다고 관찰하지도 말고 본래의 마음을 비우려고도 말라.592) 그 마음은 본래 청정하여 취(取)·사(捨)할 수도 없다. 그러므로 그대들은 제각기 노력하되 인연을 따라 잘들 가거라."

　그때 그곳의 대중이 예배를 드리고 물러갔다.

大師 七月八日 忽謂門人曰 吾欲歸新州 汝等速理舟楫 大
衆哀留甚堅 師曰 諸佛出現 猶示涅槃 有來必去 理亦常然
吾此形骸 歸必有所 衆曰 師從此去 早晚可回 師曰 葉落
歸根 來時無口 又問曰 正法眼藏 傳付何人 師曰 有道者
得 無心者通 又問 後莫有難否 師曰 吾滅後五六年 當有
一人來取吾首 聽吾記曰 頭上養親 口裏須餐 遇滿之難 楊

리킨다. 여기에서 其法·其心·其道의 其는 불성이나 자성이나 법성이나 진여의 경우로서 연기적인 변화의 존재가 아닌 본래적인 의미를 상징한다. 그 때문에 이 其야말로 달마로부터 전승된 조사선풍의 本來成佛의 종지이기도 하다. 鳩摩羅什 譯,『金剛般若波羅蜜經』, (大正藏8, p.748下) "應云何住 云何降伏其心"의 其 ; (p.749下) "應無所住 而生其心"의 其의 경우와 같다.

592) 愼勿觀靜 及空其心은 愼勿住心觀靜 及空其心의 뜻으로 여기에서는 소위 북종 계통의 선자들이 수행하는 방식을 가리킨다. 곧 본래적인 其心에 대하여 조작적이고 의도적인 漸修漸悟의 방식을 비판한 것이다. 위의 제일 오법전의품의 "선지식들이여, 또한 어떤 사람은 坐를 가르치는 데 있어 마음을 살피고 적정을 관찰하여 움직이지 않고 일어나지도 않으면 그로부터 공이 쌓인다고 말하기도 한다. 그런데 어리석은 사람은 그것을 모르고 곧 거기에 집착하므로 顚倒되고 마는데 이와 같은 자들이 적지 않다. 이와 같은 경우는 형상에 집착하는 가르침이다. 그 때문에 그것은 크게 잘못된 줄을 알아야 한다." 및 第八 頓漸品의 "지성이 말했다. '대중에게 항상 '마음을 불성에 집중하여 조용히 관찰하라. 항상 좌선을 하여 눕지 말라.'고 가르칩니다.' 조사가 말했다. '마음을 불성에 집중하여 조용히 관찰하라는 것은 잘못된 가르침으로 진정한 선이 아니다. 그리고 항상 좌선만 하는 것은 몸을 구속하는 것이다. 그러니 그런 방식으로 어찌 깨침에 도움이 되겠는가.'"참조.

柳爲官 又云 吾去七十年 有二菩薩 從東方來 一出家 一
在家 同時興化 建立吾宗 締緝伽藍 昌隆法嗣

혜능대사는 7월 8일에 홀연히 문인들에게 말했다.
"나는 신주로 돌아가고자 한다. 그러니 그대들은 어서
가는 배편을 준비하거라.593)"
　　대중은 슬퍼하면서 더 머물러 주실 것을 간곡하게 바
랬다.594) 조사가 말했다.
"제불은 출현하였지만 또한 열반도 보여주었다.595) 왔
으면 반드시 돌아가는 도리 또한 상도(常道)이다. 그러
니 나의 이 육신이 돌아가는 경우에도 반드시 정해진
장소가 있다."
　　대중이 말했다.
"대사께서 지금 이 길로 떠나시면 언제쯤이나 돌아올
수 있습니까."596)
　　조사가 말했다.

---

593) 速理舟楫에서 速理는 지체하지 않고 빨리 무엇을 준비한다 내지
　　처리한다는 뜻이다. 위에서 이전 해(712년 7월) 이미 신주로 돌아
　　와 주석하고 있었다. 그리고 다시 713년 7월 1일에 이미 다음 달
　　곧 8월에 입멸할 것이라고 예언한 법문이 있었다. 따라서 '혜능대
　　사는 7월 8일에 홀연히 문인들에게 말했다.'는 이 대목은 위에서
　　언급한 바처럼 후인이 『단경』의 내용을 보입하는 과정에서 생긴
　　오류이다.
594) 신주로 돌아가겠다는 것은 혜능 자신의 고향으로 돌아가는 것이
　　면서 입멸하겠다는 의미이기도 하다. 이에 대중은 세상에 좀더 오
　　랫동안 머물러 주실 것을 간절하게 바란다는 내용이다.
595) 『鎭州臨濟慧照禪師語錄』, (大正藏47, p.498中) "佛出于世 轉大
　　法輪 卻入涅槃" 참조.
596) 早晚은 언젠가·멀지 않아·작금·요사이 등의 뜻이다. 질문의 형태
　　이지만 실은 다시 환생하여 설법해달라는 悲願을 담고 있는 부탁
　　이다.

"나뭇잎은 떨어져 뿌리로 돌아간다. 그러나 올 때는 말이 없다."597)

대중이 또 물었다.

"정법안장은 누구한테 부촉하는 것입니까."

조사가 말했다.

"깨친 자는 얻고 무심한 자는 통한다.598)"

대중이 또 물었다.

"그렇다면 후에 어떤 법난이 일어난다는 것 아니겠습니까."

조사가 말했다.

"내가 입멸한 후 오륙 년 무렵에 반드시 어떤 사람이 와서 내 머리를 훔쳐갈 것이다.599) 자, 내가 말하는 현기(玄記)를 들어 보거라.

---

597) 진여자성을 상징하는 혜능 자신은 여래의 경우처럼 法爾然하게 떠나가고 法爾然하게 돌아온다는 것을 뜻한다. 그 때문에 떠난다고 해서 죽는 것이 아니고 온다고 해서 태어나는 것이 아니다. 다만 진여의 입장에서 여법하게 오고 여법하게 갈 뿐이다. 진여자성의 不生不滅을 보여준 대목이다. 鳩摩羅什 譯,『金剛般若波羅蜜經』, (大正藏8, p.752中) "若有人言 如來若來若去若坐若臥 是人不解我所說義 何以故 如來者無所從來 亦無所去 故名如來";『信心銘』, (大正藏48, p.376下) "근본 찾으면 종지를 얻고, 반연 따르면 종지를 잃네. 歸根得旨 隨照失宗";『黃檗斷際禪師宛陵錄』, (大正藏48, p.387上) "眞佛無口 不解說法 眞聽無耳 其誰聞乎" 참조.

598) 자성의 도리를 깨친 자는 정법안장을 얻고 일체법에 분별심이 없는 자는 정법안장에 통한다는 말이다.

599) 五六年은 五와 六을 나란히 합한 수를 뜻하여 11년으로 계산하기도 하고, 5년 혹은 6년으로 해석하기도 하며, 서로 곱하여 30년으로 해석하기도 한다.『祖堂集』卷18, (高麗大藏經45, p.348中)에서는 30년으로 해석하였다. 가령 開元 10년(722) 신라의 金大悲스님과 三法和尙이 開元寺에 머물면서 汝州 출신(혹은 신라인이라는 기록도 있다) 張淨滿을 시켜서 혜능의 頂相을 훔치려는 사건이 있었는데 이것을 玄記한 것이다.

머리 위에다 부모를 봉양하고
입안 가득히 음식을 먹여주네
만이 일으킨 법난을 당하는데
양씨와 유씨는 벼슬자리 얻네600)"

조사가 또 말했다.
"내가 떠난 지 70년 후에 어떤 두 보살이 동방에서 찾
아올 것이다. 한 사람은 출가인이고, 또 한 사람은 재가
인이다.601) 그 두 사람이 함께 교화를 일으키는데 혜능
의 종지(宗旨)를 건립하고 가람602)을 구축하며 법손[法
嗣]이 창성할 것이다."

問曰 未知從上佛祖 應現已來 傳授幾代 願垂開示 師云

---

600) 이 玄記 및 玄記에 대한 구체적인 해석은『祖堂集』卷18, (高麗
大藏經45, p.348中)에 있다. 오륙 년은 30년 후를 말하고, '머리
위에다 부모를 봉양하고'는 어떤 효자를 만난다는 것이며, '입안
가득히 음식을 먹여주네'는 자주 재를 지낸다는 것이고, '滿이 일
으킨 법난을 당하는데'는 汝州의 張淨滿이 신라의 金大悲 스님에
게 매수되어 육조의 頂相을 잘라가지만 의발은 훔치지 못한다는
것이며, '楊씨와 柳씨는 벼슬자리 얻네'는 楊씨는 소주의 刺史이고
柳씨는 소주 曲江縣에 내려진 令인데 그 사건 소식을 듣고는 깜짝
놀라서 石角臺에서 張淨滿을 붙잡아 공훈을 세운다는 것이다.
601) 혜능 입멸 이후 70년은 781년으로『曹溪大師別傳』이 출현한 해
이기도 하다. 그런데 마침『曹溪大師別傳』에는 입멸 70년 후의 玄
記에 대한 자세한 기록이 수록되어 있다. 동방에서 온 두 보살은
馬祖道一과 龐居士, 혹은 黃檗希運과 裴休居士, 혹은 신라에서 品
日과 無染國師가 入唐求法한 사실 등 여러 가지 설이 있다. 특히
신라의 品日과 無染國師에 대한 설은 李能和의『朝鮮佛敎通史』
卷上의「佛敎時處」대목 참조.
602) 伽藍은 범어 僧伽藍摩인데 달리 僧伽藍이라고도 하는데 衆園으
로 번역된다. 곧 衆僧이 거주하는 莊園으로서 후세에는 사찰 및
사찰의 건축물을 가리키는 말로 쓰였는데, 오늘날에도 마찬가지이
다.

古佛應世 已無數量 不可計也 今以七佛爲始 過去莊嚴劫
毘婆尸佛·尸棄佛·毘舍浮佛 今賢劫 拘留孫佛·拘那含牟尼佛·
迦葉佛·釋迦文佛 是爲七佛 釋迦文佛首傳 摩訶迦葉尊者
第二阿難尊者 第三商那和修尊者 第四優波鞠多尊者 第五
提多迦尊者 第六彌遮迦尊者 第七婆須蜜多尊者 第八佛馱
難提尊者 第九伏馱蜜多尊者 第十脅尊者 十一富那夜奢尊
者 十二馬鳴大士 十三迦毘摩羅尊者 十四龍樹大士 十五
迦那提婆尊者 十六羅睺羅多尊者 十七僧伽難提尊者 十八
伽耶舍多尊者 十九鳩摩羅多尊者 二十闍耶多尊者 二十一
婆修盤頭尊者 二十二摩拏羅尊者 二十三鶴勒那尊者 二十
四師子尊者 二十五婆舍斯多尊者 二十六不如蜜多尊者 二
十七般若多羅尊者　　二十八菩提達磨尊者(此土是爲初祖)
二十九慧可大師 三十僧璨大師 三十一道信大師 三十二弘
忍大師 慧能是爲三十三祖 從上諸祖 各有稟承 汝等向後
遞代流傳 毋令乖悞

　　대중이 물었다.
"지금까지 부처님과 조사들께서 세상에 출현한 이래로
몇 대를 전수하였는지 모르겠습니다. 바라건대, 부디 가
르쳐 주십시오."
　　조사가 말했다.
"고불이 세상에 출현한 것은 이미 셀 수도 없고 헤아릴
수도 없다. 이제 칠불(七佛)로부터 시작하면 과거의 장
엄겁(莊嚴劫)에는 비바시불 · 시기불 · 비사부불이 있고,
현재의 현겁(賢劫)에는 구류손불 · 구나함모니불 · 가섭
불 · 석가모니불이 있는데 이것이 칠불이다.603)
　　이것이 석가모니불을 비롯하여 마하가섭 존자에게 전

승되었다. 제이 아난 존자, 제삼 상나화수 존자, 제사 우바국다 존자, 제오 제다카 존자, 제육 미차카 존자, 제칠 바수밀다 존자, 제팔 불타난제 존자, 제구 복태밀다 존자, 제십 협 존자, 제십일 부나야사 존자, 제십이 마명 대사, 제십삼 가비마라 존자, 제십사 용수 대사, 제십오 가나제바 존자, 제십육 라후라 존자, 제십칠 승가난제 존자, 제십팔 가야사다 존자, 제십구 구마라다 존자, 제이십 사야다 존자, 제이십일 바수반두 존자, 제이십이 마노라 존자, 제이십삼 학득나 존자, 제이십사 사자 존자,604) 제이십오 바사사다 존자, 제이십육 불여

603) 古佛은 과거세에 중생의 근기에 따라 출현하여 교화했던 부처님을 총칭한다. 『景德傳燈錄』卷1, (大正藏51, p.204上) "古佛應世綿歷無窮 不可以周知而悉數也 故近譚賢劫有千如來 曁于釋迦 但紀七佛" 참조. 또한 辟支佛의 별칭이기도 하고, 이후에는 덕이 높은 스님을 일컫는 高僧의 존칭으로도 활용되었다. 三世諸佛은 三世三千佛로서 過去 莊嚴劫의 一千佛, 現在 賢劫의 一千佛, 未來 星宿劫의 一千佛이다. 이 가운데 과거 장엄겁의 장엄은 一千佛이 그 劫을 장엄한다는 뜻이다. 三大劫 가운데 最古의 大劫으로 여기에는 成·住·壞·空의 80增小劫이 있으며, 그 住劫의 20小劫 동안에 제일의 華光佛을 비롯하여 千佛이 출현한다. 過去七佛 가운데 비바시불은 그 제998佛이고, 시기불은 그 제999佛이며, 비사부불은 그 第千佛에 해당한다. 現在 賢劫의 제일은 拘留孫佛로부터 시작된다. 이로써 과거칠불 가운데 앞의 三佛은 과거 장엄겁에 해당하고, 뒤의 四佛은 현재 현겁에 해당한다. 여기에서 비바시불 등 과거칠불에 대해서는 『長阿含經』卷1의 『大本經』, (大正藏1, pp.1下 이하) ; 『佛說七佛經』, (大正藏1, pp.150上 이하) ; 『七佛父母姓字經』, (大正藏1, pp.159上 이하) ; 僧祐 撰, 『釋迦譜』卷1, (大正藏50, pp.8下 이하) ; 道世, 『法苑珠林』卷8, (大正藏53, pp.333上 이하) 참조. 여기 덕이본 『단경』의 기록은 『景德傳燈錄』卷1, (大正藏51, pp.204中 이하)에 의거한 것이다.

604) 석가모니불 이하 제이십사 師子尊者(師子比丘)까지는 吉迦夜, 曇曜 共譯, 『付法藏因緣傳』6권, (大正藏50, pp.297上-322中) 및 天台智者大師 說, 灌頂 記, 『摩訶止觀』卷1, (大正藏46, p.1上-中)의 기록에 의한 것이다. 특히 『付法藏因緣傳』에 의하면 제이십사 사

밀다 존자,605) 제이십칠 반야다라 존자, 제이십팔 보리
달마 존자(중국에서는 보리달마가 초조이다) 제이십구
혜가 대사, 제삼십 승찬 대사, 제삼십일 도신 대사, 제
삼십이 홍인 대사이고, 혜능은 곧 제삼십삼조이다.606)

종상(從上)의 제조사들은 각각 정법안장을 품승하였
다.607) 그대들은 이후로 대대로 계승하고 유전(流傳)시
켜 잘못되거나 단절되지 않도록 하라.608)"

자 존자 시대에 正法眼藏의 단절과 관련된 法難이 있었다. 이것은
北魏 太武帝의 폐불사건이 발생하자 불법의 단절이라는 위기의식
에서 등장한 사건으로 太武帝 치하에서 曇曜法師가 서역의 스님
吉迦夜와 더불어 번역한 경전의 형태를 취하여 만들어낸 것이다.
그 때문에 『付法藏因緣傳』에 등장하는 법난의 주체인 罽賓國의 彌
羅掘王은 실제로는 太武帝를 상징하고, 師子尊者는 曇曜 자신을
상징한다. 이 『付法藏因緣傳』은 이후에 佛陀跋陀羅 譯, 『達摩多羅
禪經』卷上, (大正藏15, pp.301上 이하) "佛滅度後 尊者大迦葉 尊
者阿難 尊者末田地 尊者舍那婆斯 尊者優波崛 尊者婆須蜜 尊者僧
伽羅叉 尊者達摩多羅 乃至 尊者不若蜜多羅 諸持法者以此慧燈次第
傳授"에서 말하는 大迦葉 - 阿難 - 末田地 - 舍那婆斯 - 優婆崛
- 婆須蜜 - 僧伽羅叉 - 達摩多羅 - 不若蜜多羅의 西天 九祖說과
합산된 33祖 가운데서 선별된 또 다른 서천의 28조설이 등장한다.
다만 특별히 達摩多羅를 서천의 제28조로 간주하는 경우에는 제9
조인 不若蜜多羅를 제외하고 합산된 32조 가운데서 서천의 28조
설을 내세운 것으로 간주된다.
605) 제25 바사사다 이하부터 제26 불여밀다 존자까지는 『雙峰山曹
溪後寶林傳』 卷6 이하, (『寶林傳』·『傳燈玉英集』 pp.116-131. 柳
田聖山 主編, 『禪學叢書』之五. 中文出版社. 1975) 참조.
606) 혜능을 제33조로 간주하는 경우는 과거칠불은 별도로 치고 마하
가섭으로부터 혜능에 이르는 계보를 가리킨다. 돈황본 『단경』에서
는 과거칠불을 포함하여 혜능을 제40대 조사로 간주한다. 『南宗頓
教最上大乘摩訶般若波羅蜜經六祖惠能大師於韶州大梵寺施法壇經一
卷』, (大正藏48, p.344中-下) "初傳受七佛 釋迦牟尼佛第七 大迦葉
第八 弘忍第三十九 惠能自身當今受法第十四" 참조.
607) 혜능 이전까지는 正法眼藏 및 衣鉢이 모두 전승되었음을 가리킨
다.
608) 汝等向後 遞代流傳 毋令乖誤의 내용은 혜능을 비롯하여 항상
佛祖慧命의 계승을 당부하는 전형적인 표현으로 등장한다.

大師開元元年癸丑歲 八月三日於國恩寺齋罷 謂諸徒衆曰
汝等各依位坐 吾與汝別 法海白言 和尙 留何敎法 令後代
迷人得見佛性 師言 汝等諦聽 後代迷人 若識衆生 卽是佛
性 若不識衆生 萬劫覓佛難逢 吾今敎汝 識自心衆生 見自
心佛性 欲求見佛 但識衆生 只爲衆生迷佛 非是佛迷衆生
自性若悟 衆生是佛 自性若迷 佛是衆生 自性平等 衆生是
佛 自性邪險 佛是衆生 汝等心若險曲 卽佛在衆生中 一念
平直 卽是衆生成佛 我心自有佛 自佛是眞佛 自若無佛心
何處求眞佛 汝等自心是佛 更莫狐疑 外無一物而能建立
皆是本心生萬種法 故經云 心生種種法生 心滅種種法滅

대사는 개원 원년 계축세(713) 8월 초사흘에 국은사
에서 재609)를 마치고 모든 대중에게 다음과 같이 말했
다.610)

"그대들은 각자 정해진 자리에 앉거라. 나는 이제 그대
들과 결별해야 한다."

법해가 사뢰어 말씀드렸다.

"화상께서는 후대의 미혹한 사람을 견불성(見佛性)611)

---

609) 齋는 범어 烏浦沙他로서 淸淨·肅靜·增長·齋戒·潔齋 등으로 번역
   된다. 죄를 참회하는 것으로 身·口·意의 삼업을 삼가고 潔齋하는
   것이다. 본래 불교 이전부터 인도에서 사용되던 용어로서 여러 가
   지 뜻이 있다. 첫째는 재가신자가 매월 1·8·14·15·23·30의 六齋日
   에 八齋戒를 지키는 행위이다. 둘째는 정오를 지나면 공양을 하지
   않는 것이다. 셋째는 齋日 및 忌日 등에 스님에게 施食供養하는
   것이다. 넷째는 총림에서 아침에 粥을 먹는 것에 상대하여 저녁에
   먹는 밥을 齋라고 한다.
610) 국은사에서 했던 이 설법이 혜능의 최후설법으로서 그 遺誠에
   해당한다.
611) 見佛性은 明見佛性으로서 佛性을 설명하고 해명하며 터득하고
   이어주는 것을 말한다. 曇無讖 譯,『大般涅槃經』 卷30, (大正藏

하도록 해주는데 어떤 가르침을 남겨두는 것입니까."

조사가 말했다.

"그대들은 잘 들어라. 후대의 미혹한 사람이 만약 자신이 중생인 줄 알면 그것이 곧 불성이지만, 만약 자신이 중생인 줄 모르면 만 겁토록 부처를 찾아도 만나지 못한다.612) 나는 지금 그대들한테 자심(自心)의 중생을 알라고 가르치고, 자심(自心)의 불성을 보라고 가르치는 것이다. 부처를 보고자 하면 무릇 자신이 중생인 줄을 알아야 한다. 다만 중생이 부처에 대하여 미혹할 뿐이지, 부처가 중생에 대하여 미혹한 것은 아니다. 그러므로 만약 자성을 깨치면 중생이 곧 부처이지만, 만약 자성에 미혹하면 부처도 곧 중생이다. 자성은 평등하기 때문에 중생이 곧 부처이다. 그래서 자성이 삿되고 비뚤어지면 부처라 할지라도 중생이다. 만약 그대들의 마음이 비뚤어지고 왜곡되면 곧 부처가 중생 가운데 숨어 있지만, 찰나613)만이라도 평직하면 곧 그 중생이 그대로 부처가 된다. 자기의 마음에 본래부터 부처가 들어

12, p.547上) "諸佛世尊 定慧等故 明見佛性 了了無礙 如觀掌中菴摩勒果 見佛性者 名爲捨相" 참조. 여기에서 혜능이 말하는 見佛性의 경우 불성을 보는 행위라기보다는 이미 본 불성이라는 본래적인 의미가 강하다. 곧 불성이 이미 자신에게 체득되어 있기 때문에 달리 불성을 본다든가 터득한다든가 하는 理佛性의 행위가 아니라 行佛性의 행위이다. 그 때문에 見佛性은 見自性이고 見本性으로서 無造作이고 無功用의 입장으로서 제일 오법전의품에서 말한 '菩提自性 本來淸淨 但用此心 直了成佛'에 통한다.

612) 曇無讖 譯,『大般涅槃經』卷20, (大正藏12, p.480下) "若見佛性 我終不爲久住於世 何以故 見佛性者 非衆生也" 참조.

613) 一念은 다양한 뜻이 있다. 지극히 짧은 시간에 일어나는 마음의 작용으로 瞬息間이나 刹那의 마음을 의미하고, 또 분별심을 의미하며, 또 專一하게 집중하는 마음을 의미한다. 여기에서는 찰나의 의미로 해석한다.

있으므로 자기의 부처야말로 곧 진불(眞佛)이다.614) 그
때문에 만약 자기한테 불심이 없다면 어디에서 진불을
찾겠는가. 그대들의 자심이 곧 부처인 줄을 다시는 추
호도 의심하지 말라. 밖에는 어떤 법도 건립할 수가 없
다. 모두 곧 본심에서 온갖 종류의 법이 생겨난다. 그
때문에 경전에서는 '마음이 발생하니 갖가지 법이 발생
하고, 마음이 소멸하니 갖가지 법이 소멸한다.'615)고 말
한다.

吾今留一偈 與汝等別 名自性眞佛偈 後代之人 識此偈意
自見本心 自成佛道 偈曰 眞如自性是眞佛 邪見三毒是魔
王 邪迷之時魔在舍 正見之時佛在堂 性中邪見三毒生 卽
是魔王來住舍 正見自除三毒心 魔變成佛眞無假 法身報身
及化身 三身本來是一身 若向性中能自見 卽是成佛菩提因
本從化身生淨性 淨性常在化身中 性使化身行正道 當來圓
滿眞無窮 婬性本是淨性因 除婬卽是淨性身 性中各自離五
欲 見性刹那卽是眞 今生若遇頓教門 忽悟自性見世尊 若
欲修行覓作佛 不知何處擬求眞 若能心中自見眞 有眞卽是
成佛因 不見自性外覓佛 起心總是大癡人 頓教法門今已留

614) 自佛是眞佛은 자성불을 천진불로 간주하는 것은 本來成佛을 바
탕으로 하는 祖師禪의 입장이다. 특히 혜능은 이 自性法門에 투철
하여 발심하고 수행하며 깨치고 교화하며 전승하였다. 天親 造,『
金剛般若論』 卷上, (大正藏25, p.784中) "응신과 화신은 진불도
아니고, 또한 설법하는 사람도 아니네. 설법을 취함도 설함도 못함
은, 설법의 언상 초월한 까닭이네. 應化非眞佛 亦非說法者 說法不
二取 無說離言相"참조.
615) 菩提留支 譯,『入楞伽經』卷9, (大正藏16, p.568下) "種種隨心
轉 惟心非餘法 生心種種生 心滅種種滅"; 眞諦 譯,『大乘起信論』,
(大正藏32, p.577中) "是故一切法 如鏡中像無體可得 唯心虛妄 以
心生則種種法生 心滅則種種法滅故"참조.

救度世人須自修 報汝當來學道者 不作此見大悠悠

　내가 이제 게송 하나를 남겨 그대들과 결별하겠다. 자성진불게(自性眞佛偈)616)라는 게송이다. 후대 사람들이 이 게송의 뜻을 알면 자기의 본심을 보아 몸소 불도를 성취할 것이다. 게송은 다음과 같다.

진여의 자성이야말로 진불이고617)
사견의 세 가지 독 마왕이라네
사미의 경우 마왕이 집에 있고
정견의 경우 부처가 집에 있네618)
자성이 사견 때 삼독 발생하면
곧 그것이 마왕이 머문 집이고
자성이 정견 때 삼독심 흩어져
마왕이 부처되면 곧 가는 없네619)
법신과 보신과 그리고 또 화신
이 삼신은 본래 동일한 몸이네
만약 자성 속에서 스스로 보면
그야 곧 부처 되는 보리인이네

---

616) 돈황본 『壇經』에서는 自性眞佛解脫頌이라 하였다.
617) 진여의 청정한 성품으로서 자성청정심을 가리킨다. 여기에서 혜능은 진여법신을 곧 이미 그렇게 갖추어져 있는 자신의 마음으로 보고 있다.
618) 舍와 堂은 자성을 가리킨다. 魔는 범어 魔羅로서 殺者·害者·能奪命者라고 번역된다. 수행과 깨침을 방해하는 번뇌를 총칭한 말이다. 『臨濟錄』, (大正藏47, p.498中) "問 如何是佛魔 師云 爾一念心疑處是魔 爾若達得萬法無生 心如幻化 更無一塵一法 處處清淨是佛" 참조.
619) 자성은 공하여 번뇌와 청정의 분별이 없다. 다만 자성의 작용을 따라 魔가 되고 佛이 되는 것이 곧 중생이고 부처가 된다.

본래 화신 그 자체 청정신이고
청정자성 항상 화신 속에 있네[620]
자성이 화신 통해 정도 행하면
장차 원만한 보신 끝이 없다네[621]
음성이 본래 정성의 인이 되니
음성 없애야 곧 청정자성 되네[622]
자성 속에 각자 오욕 벗어나면[623]
견성하는 찰나 곧 진실이 되네[624]
금생에 돈교법문을 터득한다면
곧 자성 깨쳐 세존을 친견하네[625]

---

620) 청정법신과 천백억화신은 다른 것이 아니라 본래부터 법신불이
    화신불로 나타나고 화신불은 법신불로 존재한다는 것을 가리킨다.
    곧 삼신일체를 주장하는 혜능의 자성법문의 표현이다.
621) 性使化身行正道 當來圓滿眞無窮은 自性法身과 現成化身과 成就
    報身이 모두 동일한 것임을 썩 구체적으로 그려내고 있다. 곧 청
    정한 자성의 법신이 일상의 생활을 통하여 正道를 실천하면 그것
    이야말로 그대로 공덕이 원만한 보신임을 가리킨다.
622) 婬性本是淨性因 除婬卽是淨性身에 해당하는 돈황본 『단경』의
    경우 婬性本身淸淨因 除卽婬無淨性身이다. 덕이본 『단경』의 경우
    는 婬性이 그대로 청정자성이지만 婬性의 작용을 벗어나야 바야흐
    로 청정자성이 드러난다는 의미이고, 돈황본 『단경』의 경우는 婬性
    이 그대로 청정자성이므로 婬性을 없애면 청정자성도 없어진다는
    의미이다. 따라서 덕이본 『단경』의 是와 돈황본 『단경』의 無는 각
    각 자성에 대하여 긍정[是]과 부정[無]이 아니라 오히려 각각 자성
    에 대하여 부정[是]과 긍정[無]의 뜻으로 활용되었다. 鳩摩羅什 譯,
    『諸法無行經』 卷下, (大正藏15, p.759下) "貪欲是涅槃 恚癡亦如是
    如此三事中 有無量佛道"; 僧肇, 『注維摩經』 卷3, (大正藏38,
    p.350上) "斷婬怒癡聲聞也 婬怒癡俱凡夫也 大士觀婬怒癡 卽是涅
    槃 故不斷不俱" 참조.
623) 五欲은 色·聲·香·味·觸의 욕망, 혹은 재욕·색욕·식욕·명예욕·수면
    욕을 가리킨다.
624) 오욕을 벗어나서 다시 見佛性하는 것이 아니라 오욕을 벗어나는
    그대로가 곧 見佛性임을 말한다.
625) 世尊은 自心佛로서 돈교법문을 만나서 자성을 깨치는 그것을 가

만약 수행 통해 부처를 찾으면
어느 곳에도 진불 있지 않다네626)
자심에서 진여자성 파악한다면
그것이 진실로서 성불인이라네
자성 떠나 밖에서 부처 따르면
모든 용심 다 어리석을 뿐이네
돈교 법문이 여기 놓여 있으니
자심 닦아 곧 세인을 제도하라
그대 도를 닦는 자라고 말하니
교법에 집착말고 유유자적하라627)

師說偈已 告曰 汝等好住 吾滅度後 莫作世情悲泣雨淚 受
人弔問 身著孝服 非吾弟子 亦非正法 但識自本心 見自本
性 無動無靜 無生無滅 無去無來 無是無非 無住無往 恐
汝等心迷 不會吾意 今再囑汝 令汝見性 吾滅度後 依此修
行 如吾在日 若違吾敎 縱吾在世 亦無有益 復說偈曰 兀
兀不修善 騰騰不造惡 寂寂斷見聞 蕩蕩心無著

　　조사가 게송을 설하여 마치고 대중에게 말하였다.628)
"그대들은 잘들 있거라.629) 내가 멸도한 후에는 세정

　　리킨다.
626) 자성을 떠난 밖에서는 제아무리 부처를 찾는다고 해도 결국 假
　　相佛에 불과하므로 眞佛을 찾지 못한다는 것으로 진정한 수행은
　　自性定慧門이어야지 隨相定慧門이어서는 안 된다는 말이다.
627) 지금까지 혜능 자신이 일러준 가르침에도 결코 집착하지 말라.
　　그것은 곧 밖에서 부처를 추구하는 격이다. 자성법문에 입각하여
　　집착하지 말고 悠悠自適하고 蕩蕩無碍하게 살아가라는 말이다.
628) 이 대목은 혜능의 末後句 설법에 해당한다.
629) 好住는 그대들 제각기 자기의 본분을 지키면서 열심히 정진하라

(世情)을 따라서 슬피 울거나 눈물을 보이지 말라. 조문을 받거나 몸에 상복을 걸치는630) 자는 내 제자도 아닐뿐더러631) 또한 정법도 아니다. 무릇 자기의 본심을 알고 자기의 본성을 보라. 거기에는632) 동(動)도 없고 정(靜)도 없으며, 생(生)도 없고 멸(滅)도 없으며, 거(去)도 없고 래(來)도 없으며, 시(是)도 없고 비(非)도 없으며, 주(住)도 없고 왕(往)도 없다. 다만 그대들의 마음이 미혹하여 내 뜻을 이해하지 못할까 염려될 뿐이다.

　이제 다시금 그대들에게 부촉하여 그대들로 하여금 견성토록 하겠다. 내가 멸도한 후에 내 가르침을 따라서 수행하면 내가 살아 있는 것과 같다. 그러나 만약 내 가르침을 벗어나면 설령 내가 세상에 살아 있다손 치더라도 또한 아무런 이익도 없다.633)"

　그리고는 다시 게송을 설하여 말했다.

올올하게 선을 닦지도 말고
등등하게 악을 짓지도 말라634)

는 것이다. 일종의 인사말로 안녕하라는 뜻이다.
630) 孝服은 상복으로서 화려하게 꾸미거나 치장하지 말라는 뜻이다.
631) 『舍利弗問經』, (大正藏24, p.899下) "如寶事比丘 聞佛所說諸行無常 卽觀生滅斷諸有漏 眞吾弟子 是行法者 其傳聞者 如觀身比丘 聞汝說 迦留陀夷說 飮酒者開放逸門 於行道者作大留難 卽入無諍三昧 得見道斷集 行我法者不行非法 行非法者是名不行是非法人 非吾弟子"참조.
632) 自本心과 自本性을 가리킨다.
633) 鳩摩羅什 譯, 『佛遺敎經』, (大正藏12, p.1110下) "汝等比丘 於我滅後 當尊重珍敬波羅提木叉 如闇遇明貧人得寶 當知 此則是汝大師 若我住世無異此也"참조.
634) 兀兀은 아무것도 하지 않고 우두커니 있는 모습이고, 騰騰은 아

적적하게 견문을 모두 끊고

탕탕하게 마음에 집착 말라635)

師說偈已端坐 至三更 忽謂門人曰 吾行矣 奄然遷化 于時
異香滿室 白虹屬地 林木變白 禽獸哀鳴 十一月 廣韶新三
郡官僚 洎門人僧俗 爭迎眞身 莫決所之 乃焚香禱曰 香煙
指處 師所歸焉 時香煙直貫曹溪 十一月十三日 遷神龕幷
所傳衣鉢而回

　　조사가 게송을 설하여 마쳤다. 단정하게 앉아서 삼경
에 이르자, 홀연히 문인들을 불러놓고 말했다.
"나는 이제 떠난다."
　　그리고는 조용하게 천화(遷化)636)하였다. 이때 기이
한 향기가 방안에 가득하였고, 흰 무지개가 땅에서 뻗
쳐올랐으며,637) 숲의 나무가 하얗게 변하였고,638) 금수

무런 근심과 걱정도 없이 무심결의 행동을 나타내는 말이다. 『景
德傳燈錄』 卷30 「南嶽懶瓚和尚歌」, (大正藏51, p.461中) "兀然無
事無改換 無事何須論一段"; 「騰騰和尚了元歌」, (大正藏51, p.461
中) "今日任運騰騰 明日騰騰任運 心中了了總知 且作佯癡縛鈍" 참
조.

635) 寂寂은 마음이 고요하여 어떤 대상에도 국집되지 않는 모습이
고, 蕩蕩은 어떤 것에도 얽매이지 않고 훤칠하게 벗어나 있는 모
습이다. 위의 兀兀·騰騰·寂寂·蕩蕩 모두 대자유인의 걸림이 없는
행동을 나타낸다.

636) 遷化는 다른 세상으로 옮겨서 교화한다는 뜻으로 승려의 죽음을
말한다. 釋道誠 述, 『釋氏要覽』 卷下, (大正藏54, p.307中-下) "釋
氏死 謂涅槃·圓寂·歸眞·歸寂·滅度·遷化·順世 皆一義也 隨便稱之 蓋
異俗也" 참조.

637) 『禮記』에 "군자의 덕은 玉과 같고 氣는 白虹과 같다."는 말이
있다. 이 말이 王維가 쓴 「六祖能禪師碑銘」에 기록되어 있다.

638) 林木變白은 부처님께서 입적하실 때 二雙의 沙羅樹가 枯死하여
白鶴처럼 하얗게 변하였다는 故事에서 연유한다. 若那跋陀羅 譯,

들이 슬피 울었다.

11월에 광주(廣州), 소주(韶州), 신주(新州)의 삼군의 관료들 및 승속의 문인들이 앞을 다투어 혜능의 법체 (法體)639)를 모시려고 하였기 때문에 어디에다 모셔야 할지 결정할 수가 없었다. 이에 향을 사르고 기도하면서 말했다.

"향 연기가 가리키는 곳이야말로 대사께서 돌아가야 할 곳이다."

그때 향 연기가 곧바로 조계로 뻗쳤다. 그리하여 11월 13일 위패를 감(龕)에다 모셔두고640) 아울러 전승된 의발(衣鉢)도 함께 조계로 모셔왔다.

次年七月出龕 弟子方辯以香泥上之 門人憶念取首之記 仍以鐵葉漆布 固護師頸入塔 忽於塔內白光出現 直上衝天三日始散

이듬해(714) 7월에 감실을 개봉하여 제자 방변(方辯)641)이 향기로운 흙으로 법체를 발랐다. 문인들은 수급(首級)을 훔쳐갈 것이라는 현기(玄記)642)를 억념하고

『涅槃經後分』卷上, (大正藏12, p.905上) "大覺世尊 入涅槃已 其娑羅林東西二雙 合爲一樹 南北二雙合爲一樹 垂覆寶床蓋於如來 其樹卽時慘然變白猶如白鶴 枝葉花果皮幹 悉皆爆裂墮落 漸漸枯悴摧折無餘" 참조.

639) 혜능의 眞身 곧 遺體를 가리킨다.

640) 遷神龕의 神은 魂魄 및 神主이고, 龕은 탑 안에 모셔두는 箱子나 函이다.

641) 方辯에 대한 기록은 『景德傳燈錄』卷6, (大正藏51, p.236中) 혜능장 참조.

642) 위에서 "내가 입멸한 후 오륙 년 무렵에 반드시 어떤 사람이 와서 내 머리를 훔쳐갈 것이다."라는 玄記를 말한다.

는 이에 철엽칠포로써 대사의 머리를 몇 겹으로 감싸
고643) 단단히 대사의 목 부분에 덧대어 탑에 안치하였
다. 그러자 홀연히 탑 속에서 흰 광명이 출현하여 곧바
로 하늘로 치솟더니 사흘 만에 겨우 사라졌다.

韶州奏聞 奉敕立碑 紀師道行 師春秋七十有六 年二十四
傳衣 三十九祝髮 說法利生 三十七載 嗣法四十三人 悟道
超凡者莫知其數 達磨所傳信衣(西域屈眴布也)中宗賜磨衲
寶鉢 及方辯塑師眞相 幷道具 永鎭寶林道場 留傳壇經 以
顯宗旨 興隆三寶 普利群生者

소주에서 상주(上奏)하여 칙을 받들어 비를 건립하
고,644) 대사의 도행(道行)을 다음과 같이 기록하였다.
"대사의 춘추는 76세이다. 24세 때 의발을 전의(傳衣)
하였고,645) 39세 때 축발(祝髮)하였으며, 설법하여 중

---

643) 仍以鐵葉漆布에서 仍는 거듭하여 몇 겹으로 덧대는 것이고, 鐵
葉漆布는 인도에서 생산된 布에다 옻칠을 한 것이다.
644) 소주의 자사 韋據가 朝庭에 上奏하여 칙명을 받아서 碑를 건립
한 것을 가리킨다. 『神會和尙禪語錄』에는 殿中丞 韋據가 碑文을
지었다고 한다. (『神會和尙禪語錄』, 楊曾文 編校, 中國佛敎典籍選
刊. 1990년. p.111) "殿中丞 韋據 造碑文 至開元七年 被人磨改
別造文報鑴 略叙六代師資授 及傳袈裟所由 其碑今見在漕溪" 참조.
또한 『菩提達摩南宗定是非論』에는 북종의 문도 武平一 등이 韶州
大德의 碑를 磨却하였기 때문에 별도로 文報를 짓고 이전의 能禪
師碑를 새겼다고 한다. 『菩提達摩南宗定是非論』, (『神會和尙禪語
錄』, 楊曾文 編校. 中國佛敎典籍選刊. 1990년. p.31) "又使門徒武
平一等 磨却韶州大德碑銘 別造文報 鑴向能禪師碑 上立秀禪師爲第
六代 師資相授 及傳袈裟所由" 참조.
645) 혜능이 황매의 법을 이은 나이에 대해서는 22세, 24세, 34세,
37세 등의 설이 있지만, 여기에서는 제일 오법전의품에도 나왔듯
이 24세로 해석한다.

생을 제도한 것이 37년이었다. 사법(嗣法) 제자가 43인
이었고,646) 도를 깨쳐 범부를 벗어난 자는 그 수를 헤
아릴 수가 없다. 달마가 전수한 신의[信衣. 서역의 굴순
포(屈眴布)이다],647) 중종(中宗)이 하사한 마납가사(磨
衲袈裟)와 보발(寶鉢), 그리고 방변(方辯)이 만든 대사
의 소상(塑像), 기타 도구(道具)648) 등을 영원히 보림
사(寶林寺)의 도량에 남겨두었다. 『단경』을 유전(留傳)
하여 종지를 현창하였고, 삼보를 흥륭하였으며, 널리 군

---

646) 道原 撰, 『景德傳燈錄』 卷5, (大正藏51, p.235上-中)의 목록 및
契嵩 編修, 『傳法正宗記』 卷7, (大正藏51, p.749上-中) 등에 의거
한 것이다.

647) 屈眴布는 아라비아어로 綿布를 뜻하는 kassam의 음사로서 발
음은 굴순포이고 大細布라 의역된다. 木綿 곧 廣木으로 길쌈을 해
서 거기에 꽃술[華心]을 집어넣어 베를 짜서 만든 것으로 색깔은
靑黑이다. 『翻譯名義集』 卷7, (大正藏24, p.1172上) "屈眴(音舜)
此云大細布 絹木綿華心織成 其色靑黑 卽達磨所傳袈裟睒婆 上或染
切此云木綿劫波育 或言劫具 卽木綿也 正言迦波羅 此樹華名也 可
以爲布 高昌名氍 罽賓國南 大者成樹已北形小 狀如土蔡 有殼剖以
出華如柳絮 可紐(女眞)以爲布迦鄰陀衣 細錦衣也"참조. 달마가 신
표로 전한 袈裟의 재료가 서역의 屈眴布였다는 기록은 『祖堂集』
卷2, (高麗大藏經45, p.248中) ; 『宋高僧傳』 卷8, (大正藏50,
p.755中) ; 『景德傳燈錄』 卷5, (大正藏51, p.236下) 및 기타 『義
楚六帖』 卷22, 『釋門正統』 卷8, 『祖庭事苑』 卷8 등에도 보인다.
본 가사에 대하여 『壇經』제육 참청기연품에서는 "方辯是西蜀人
昨於南天竺國 見達磨大師 囑方辯速往唐土 吾傳大迦葉 正法眼藏
及僧伽梨 見傳六代於韶州曹溪 汝去瞻禮 方辯遠來 願見我師傳來衣
鉢"로서 僧伽梨로 설명하는데, 『祖堂集』 卷2, (高麗大藏經45,
p.248中) "達磨大師傳袈裟一領 是七條屈眴布靑黑色碧絹爲裏 幷鉢
一口"라고 하여 달마로부터 혜능에게 전승된 가사를 7조라고 말하
였고, 贊寧 撰, 『宋高僧傳』 卷8, (大正藏50, p.755中) "其塔下葆藏
屈眴布鬱多羅僧 其色靑黑碧縑複袷 非人間所有物也"이라 하여 鬱
多羅僧으로 기록하고 있다. 屈眴에 대해서는 岩村忍, 「堪然居士文
集禮記」, (『塚本博士頌壽記念佛教史學論集』 pp.96-97. 1961) 참
조.

648) 혜능조사가 일상생활에서 사용한 갖가지 法具를 가리킨다.

생을 제도하였다.649)"

六祖大師法寶壇經(終)

『육조대사법보단경』을 마치다

---

649) '留傳壇經 以顯宗旨 興隆三寶 普利群生者'의 대목은 경전의 형
식으로는 流通分에 해당한다.

[부록]

令韜 錄
師入塔後　至開元十年壬戌八月三日　夜半忽聞塔中如拽鐵
索　群衆僧驚起見一孝子從塔中走出　尋見師頸有傷　具以賊
事聞于州縣令楊侃刺史柳無忝　得牒切加擒捉　五日於石角
村捕得賊人　送韶州　鞠問　云姓張名淨滿　汝州梁縣人也　於
洪州開元寺　受新羅僧金大悲錢二十千　令取六祖大師首　歸
海東供養　柳守聞狀　未卽加刑　乃躬至曹溪　問師上足令韜
曰　如何處斷　韜曰　若以國法論理須誅夷　但以佛敎慈悲冤
親平等　況彼求欲供養　罪可恕矣　柳守加歎曰　始知佛門廣
大　遂赦之　上元元年　肅宗遣使　就請師衣鉢歸內供養　至永
泰元年五月五日　代宗夢六祖大師請衣鉢　七日敕刺史楊緘
云　朕夢感能禪師請傳衣袈裟卻歸曹溪　今遣鎭國大將軍劉
崇景　頂戴而送　朕謂之國寶　卿可於本寺如法安置　專令僧
衆親承宗旨者嚴加守護　勿令遺墜　後或爲人偸竊皆不遠而
獲　如是者數四　憲宗謚大鑒禪師　塔曰元和靈照　其餘事蹟
係載唐尙書王維　刺史柳宗元　刺史劉禹錫等碑　守塔沙門令
韜 錄

1. 「영도록」

조사의 입탑 이후 개원 10년 임술(722) 8월 3일 밤
중에 홀연히 탑에서 쇠고랑이 풀리는 소리가 들렸
다.650) 대중이 깜짝 놀라서 일어났는데 어떤 효자가 탑

---

650) 본 사건은 제십 부촉유통품의 "내가 입멸한 후 오륙 년 무렵에
　　반드시 어떤 사람이 와서 내 머리를 훔쳐갈 것이다."는 내용을 설

247

에서 뛰쳐나와 도망치는 것을 보았다.651) 그런데 조사의 목 부분에 상처가 있는 것을 보았다. 상황을 파악하고서 도난사건으로 주현(州縣)652)에 알렸다. 현령 양간(楊侃)과 자사 유무첨(柳無忝)이 첩지를 받고는 엄하게 명령을 내려서 체포하도록 하였다.653) 마침내 5일 석각촌(石角村)에서 도적을 체포하여 소주로 압송하여 국문하였다.

도적이 말했다. "저의 성은 장(張)씨이고 이름은 정만(淨滿)인데 여주 양현 사람입니다. 홍주 개원사 신라 승려 김대비(金大悲) 스님이 돈 2만 냥을 주면서 육조 대사의 정상(頂相)을 훔쳐달라고 하였습니다. 그는 해동으로 가지고 돌아가 공양하고자 한다는 것이었습니다."654)

태수 유무첨은 송장을 접수했지만, 아직 형벌을 가하지는 않았다. 이에 몸소 조계를 찾아가 조사의 상족인 영도(令韜)655)스님에게 물었다. "어떻게 처단할까요."

한 것이다. 또한 육조의 眞身을 龕室에서 꺼내어 入塔했던 상황은 "개원 2년(714) 7월에 감실을 개봉하여 제자 方辯이 향기로운 흙으로 법체를 발랐다. 문인들은 首級을 훔쳐갈 것이라는 玄記를 억념하고는 이에 鐵葉漆布로써 대사의 머리를 몇 겹으로 감싸고 단단히 대사의 목 부분에 덧대어 탑에 안치하였다."는 것을 가리킨다.
651) 孝子는 상복을 걸친 사람으로서 張淨滿이 아직 喪中에 있었음을 가리킨다. 위에서 말한 "머리 위에다 부모를 봉양하고 입안 가득히 음식을 먹여주네 頭上養親 口裏須餐"의 내용을 가리킨다.
652) 州는 韶州이고 縣은 曲江縣이다.
653) 得牒切加擒捉에서 牒은 공문서로서 訟狀이고, 切은 엄격하다는 뜻이며, 加는 어떤 상황에 처하다는 뜻이며 擒捉는 구속 내지 체포하다는 뜻이다. 楊侃과 柳無忝에 대한 기록은 不明하다.
654) 위에서 말한 "滿이 일으킨 법난을 당하는데 楊씨와 柳씨는 벼슬자리 얻네 遇滿之難 楊柳爲官"의 내용을 가리킨다.

영도가 말했다.

"만약 국법의 논리라면 반드시 처형해야 할 것입니다. 그러나 무릇 불교의 자비로 말하면 불문에서는 원수나 친지에 평등합니다. 하물며 그는 공양하려는 뜻에서 저지른 것이니 그 죄를 용서해주는 것이 당연합니다."

유무첨 태수는 찬탄하여 말했다. "불가문중의 자비가 이토록 광대한 줄을 비로소 알았습니다." 그리고는 장정만(張淨滿)을 사면해 주었다.

상원(上元) 원년(760) 3월에 숙종이 사신을 보내서 조사의 의발을 청하여 궁궐에서 공양하였다.656) 영태(永泰) 원년(765) 5월 5일에 이르러 대종은 육조대사가 나타나 의발을 청하는 것을 꿈을 꾸었다. 7일에 자사 양함(楊緘)657)에게 다음과 같은 칙명을 내렸다.

"짐은 꿈속에서 혜능선사가 나타나서 전의(傳衣)한 가사를 청하여 조계로 돌아가는 꿈을 꾸었다. 이제 진국대장군 유숭경(劉崇景)658)을 시켜서 정대하여 보내는

---

655) 令韜 혹은 令韜에 대한 기록은 『曹溪大師別傳』; 『景德傳燈錄』 卷5, (大正藏51, p.244上) "曹谿令韜禪師者吉州人也 姓張氏 依六祖出家 未嘗離左右 祖歸寂遂爲衣塔主 唐開元四年玄宗聆其德風詔令赴闕 師辭疾不起 上元元年 肅宗遣使取傳法衣入內供養 仍敕師隨衣入朝 師亦以疾辭 終于本山 壽九十五 敕謚大曉禪師"; 『大宋僧史略』 卷下, (大正藏54, p.251下) "肅宗上元元年三月八日 降御札 遣中使劉楚江 請曹谿六祖所傳衣鉢入內 幷詔弟子令韜 韜表辭年老 遣弟子明象 上表稱臣 見于史傳 自此始也" 등 참조. 令韜는 숙종 원화 원년(760) 무렵에 95세의 나이로 입적하였다.

656) 숙종황제가 760년 3월에 궁궐에서 조사의 衣鉢을 청하여 공양했다는 기록은 『曹溪大師別傳』에 의한다.

657) 『全唐文』 卷48에 대종황제의 「遣送六祖衣鉢諭刺史楊緘勅」이 수록되어 있다. 『曹溪大師別傳』에서는 楊緘을 量感이라 하였다.

658) 『曹溪大師別傳』에는 劉崇景이 楊崇景으로 기록되어 있다. 鎭國大將軍은 鎭國軍의 武官을 가리킨다.

바이다. 짐은 가사를 국보로 간주한다.659) 그러니 경
(卿, 진국대장군 유숭경)은 본사(本寺)에 여법하게 안
치하라. 대중 가운데 육조의 종지를 친히 계승한 사람
에게만 엄하게 수호토록 하니 결코 유추(遺墜)되지 않
도록 하라."

이후에도 어떤 사람들에게 절도를 당했지만 모두 머
지않아 붙잡혔는데, 이와 같은 자가 네 명이나 되었
다.660)

헌종은 대감선사라는 시호를 내리고, 탑은 원화영조
(元和靈照)라고 하였다.661) 기타의 사적에 대해서는 당
나라의 상서 왕유(王維),662) 자사 유종원(柳宗元),663)

---

659) 『高僧傳』 卷9, (大正藏50, p.384下)에는 佛圖澄에게 後趙의 石
勒이 국가의 大寶라 말했다는 기록이 있다. "迺下書曰 和上國之大
寶"

660) 六祖頂相의 절취사건이 자주 일어났음을 말한다. 그 가운데 신
라의 金大悲 스님과 관련된 내용이 있는데, 중국의 몇 가지 자료
에는 모두 실패한 것으로 기록되어 있다. 그러나 한국의 자료에는
그 절취사건이 성공하여 六祖頂相을 해동에 들여와 공양했다고 한
다. 『智異山雙溪寺記』 참조.

661) 唐의 제11대 황제로서 시호를 내린 것은 元和 10년(815)이다.
이때 柳宗元의 「賜諡大鑑禪師碑」와 劉禹錫의 「大監禪師第二碑」
및 「佛衣銘」이 건립되었다. (『景德傳燈錄』 卷5, 大正藏51, p.237
上)

662) 王維(699-759)는 시인, 화가, 서예가 등으로 저명하였다. 山西省
太原祁 출신으로 字는 維摩詰을 본떠서 지은 摩詰이다. 721년 進
士에 올랐다. 이후 監察御使, 給事中, 尙書右丞에 이르렀다. 그의
시풍은 精緻하고 巧妙하였으며, 특히 律詩에 뛰어났다. 詩仙 李白,
詩聖 杜甫, 詩鬼 굴원, 詩佛 王維 등으로 병칭되었다. 북종의 普寂
과 친분이 있었는데, 특히 남종의 神會한테 귀의하였다. 신회의 요
청으로 「六祖能禪師碑銘」, (『全唐文』 卷327)을 지었고, 기타 「大
薦福寺大德道光禪師塔銘」, 「大唐大安國寺故大德淨覺師碑銘」, (『全
唐文』 卷327) 등을 지었다. 建元 2년(759) 7월 示寂하였다.

663) 柳宗元은 字는 子厚이고 任地에 따라서 柳河東 또는 柳柳州라
고 불렸다. 韓愈와 더불어 문학을 복고하려는 운동을 벌였던 사람

자사 유우석(劉禹錫)664) 등의 비문 및 수탑사문(守塔沙門) 영도(슈韜)의 기록 등에 실려 있다.665)

으로 『唐宋八家文』의 작가 가운데 한 사람이기도 하다.

664) 中唐 시대 사람으로 字는 夢得이다. 韓愈, 柳宗元 등과 더불어 古文派 시인에 속한다. 圭峯宗密과도 친교가 깊었다.

665) 본 내용 전체를 슈韜 혹은 슈韜의 기록으로 보는 견해도 있다. 그러나 여기에서는 헌종이 내린 시호(815년) 등이 있어서 연대가 맞지 않는다. 후대 어떤 사람이 보입한 것으로 간주된다.

六祖法寶壇經跋

泰和七年 十二月日 社內道人湛黙 持一卷文 到室中曰 近得 法寶記壇經 將重刻之 以廣其傳 師其跋之. 予欣然對曰 此予平生宗承修學之龜鑑也. 子期彫印流行 以壽後世 甚愜老僧意. 然此有一段疑焉. 南陽忠國師謂禪客曰「我此間身心一如 心外無餘 所以 全不生滅. 汝南方 身是無常 神性是常 所以半生半滅 半不生滅.」 又曰「吾比遊方 多見此色近尤盛矣. 把他壇經云 是南方宗旨 添糅鄙談 削除聖意 惑亂後徒.」 子今所得正是本文 非其沾記 可免國師所訶. 然細詳本文 亦有身生滅心不生滅之義. 如云「眞如性自起念 非眼耳鼻舌能念」等 正是國師所訶之義. 修心者到此 不無疑念 如何逍遣 令其深信 亦令聖敎流通耶. 黙曰 然則會通之義 可得聞乎. 予曰 老僧曩者 依此經 心沕味忘歎 故得祖師善權之意. 何者祖師爲懷讓行思等 密傳心印外 爲韋據等 道俗千餘人 說無相心地戒 故不可以一往談眞而逆俗 又不可一往順俗而違眞. 故半隨他意半稱自證 說「眞如起念 非眼耳能念」等語 要令道俗等 先須返觀身中見聞之性 了達眞如 然後方見祖師身心一如之密意耳. 若無如是善權 直說身心一如 則緣目覩身生滅 故出家修道者尙生疑惑 況千人俗士 如何信受 是乃祖師隨機誘引之說也. 忠國師訶破南方佛法之病 可謂再整頹綱 扶現聖意 堪報不報之恩. 我等雲孫 既未親承密傳 當依如此顯傳門誠實之語 返照自心本來是佛 不落斷常 可爲離過矣. 若觀心不生滅 而見身有生滅 則於法上 以生二見 非性相融會者也. 是知 依此一卷靈文 得意恭詳 則不歷僧祇 速證菩提. 可不彫印流行 作大利益耶. 黙曰 唯唯. 於是乎書.

海東曹溪山修禪社沙門 知訥 跋

2. 「육조법보단경발」

태화 7년(1207) 12월 어느 날 수선사 내에 있던 고
인 담묵(湛默)이 한 권의 책을 들고 내(지눌) 방에 들
어와 말했다.
"근래에 얻은 『법보기단경』을 장차 중각(重刻)하여 널
리 전승하고자 합니다. 스님께서 발문을 붙여주십시오."
내(지눌)가 흔연하게 대답하여 말했다.
"그것은 내가 평생토록 종지를 계승하여 수행해 온 귀
감이다. 그대가 조인(彫印, 판목에 새겨 인쇄함)하여 유
행시켜 후세에 펴려고 마음먹었다니, 노승의 마음이 대
단히 흐뭇하다. 그러나 일단의 의문이 있다. 남양혜충
(南陽慧忠: ?-775) 국사가 선객들에게 말했다.
'나는 요즈음 몸과 마음이 일여하여 마음밖에는 아무것
도 없다. 그러므로 전혀 생멸이 없다. 그런데 그대들 남
방에서는 <몸은 무상하고 마음[神性]은 영원하다. 그러
므로 절반[身]은 생멸하고 절반[神性]은 생멸하지 않는
다.>라고 말한다.'666)

---

666) 여기에서 남양혜충이 비판한 남방의 불법이란 중국의 남방에서
활동하고 있던 선객들이 身滅心不滅論을 내세워 그것이 바로 불법
의 가르침이라고 주장하는 견해를 말한다. 혜충은 이들 선객들의
견해는 先尼外道(Senika)들의 견해와 같아서 似而非佛法의 소유자
들이라도 비판하고, 그들이 『단경』에 대하여 혜능의 의도를 왜곡하
여 전승하는 것에 대하여 비판을 가하였다. 『景德傳燈錄』 卷28,
(大正藏51, pp.437下-438上) "남양혜충 국사가 선객에게 물었다.
'어느 지방에서 왔습니까.' 선객이 말했다. '남방에서 왔습니다.' 국
사가 말했다. '남방에는 선지식이 얼마나 있습니까.' 선객이 말했
다. '선지식이 파다합니다.' 국사가 말했다. '그들은 사람들에게 무
엇을 가르칩니까.' 선객이 말했다. '남방의 선지식들은 단적으로 학
인들에게 다음과 같이 제시합니다. <마음에 卽하면 곧 부처이다.

국사가 또 말했다.

부처는 곧 覺의 뜻이다. 그대들은 지금 보고 들으며 느끼고 아는 자성을 갖추고 있다. 그 자성이 몸 전체에서 눈썹을 치켜올리고 눈을 깜박이며, 오고 가며, 온갖 작용을 하므로 머리를 만지면 머리인 줄 알고 다리를 만지면 다리인 줄 안다. 그 때문에 正遍知라고 말한다. 그 자성의 밖을 벗어나서 다시 별도의 부처가 없다. 이 몸에는 곧 생멸이 있지만 심성은 무시이래로 일찍이 생멸이 없다. 몸이 생멸하는 것은 마치 용이 환골하는 것과 같고, 뱀이 탈피하는 것과 같으며, 사람이 헌 집을 나서는 것과 같다. 그래서 몸은 곧 무상하고 그 자성은 영원하다.> 남방에서는 대략 이와 같이 설합니다.' 국사가 말했다. '만약 그렇다면 선니외도와 차별이 없습니다. 선니외도는 말합니다. <우리의 이 몸에는 하나의 神性이 있다. 이 신성은 아프고 가려움을 안다. 몸이 죽을 때는 神은 곧 빠져나간다. 마치 집과 같아서 집이 불에 타도 주인은 빠져나간다. 집은 곧 무상하지만 집의 주인은 영원하다.> 이것으로 판단하자면 邪와 正을 판별할 수가 없는데, 어느 쪽이 옳단 말입니까. 내(국사)가 이전에 유행할 때도 그런 모습을 많이 보았는데, 최근에는 더욱 번성합니다. 그들은 삼백 내지 오백의 대중을 모아놓고 눈으로 하늘을 바라보며 <이것이야말로 남방의 종지이다.>고 말합니다. 그들은 『단경』을 개환하고 야비한 말을 뒤섞어서 성인[혜능]의 의도를 삭제하고 후세 사람들을 혹란시킵니다. 그런데 어찌 그것이 (혜능의) 가르침이 되겠습니까. 애닯게도 우리의 종지가 사라지는 것입니다. 만약 보고 들으며 느끼고 아는 것을 그대로 불성이라고 한다면, 유마는 <불법은 보고 들으며 느끼고 아는 것을 벗어나지 않는다.>고 말하지 않았을 것입니다. 만약 보고 들으며 느끼고 아는 것을 행한다면 그것은 단지 보고 들으며 느끼고 아는 것일 뿐이지, 진정으로 불법을 추구하는 것이 아닙니다.' 南陽慧忠國師問禪客。從何方來。對曰。南方來。師曰。南方有何知識。曰知識頗多。師曰。如何示人。曰彼方知識直下示學人。即心是佛佛是覺義。汝今悉具見聞覺知之性。此性善能揚眉瞬目去來運用遍於身中。挃頭頭知挃脚脚知。故名正遍知。離此之外更無別佛。此身即有生滅。心性無始以來未曾生滅。身生滅者。如龍換骨。蛇脫皮人出故宅。即身是無常其性常也。南方所說大約如此。師曰。若然者與彼先尼外道無有差別。彼云。我此身中有一神性。此性能知痛癢。身壞之時神則出去。如舍被燒舍主出去。舍即無常。舍主常矣。審如此者。邪正莫辨孰為是乎。吾比遊方多見此色近尤盛矣。聚却三五百眾。目視雲漢云。是南方宗旨。把他壇經改換。添糅鄙譚削除聖意惑亂後徒。豈成言教。苦哉吾宗喪矣。若以見聞覺知是佛性者。淨名不應云法離見聞覺知。若行見聞覺知是則見聞覺知非求法也”참조.

'나는 제방을 유행하는 곳마다 이런 모습을 자주 보았는데, 근래에 더욱 심각하다.'

그리고는 국사가 그들의 『단경』을 들고 말했다.

'이것이 남방의 종지라고들 말하지만, 야비한 말을 덧칠하여 성인(혜능)의 의도를 깎아내어 후세 사람들을 미혹시킨 것이다.'

그대[담묵]가 지금 얻은 것은 바로 그러한 책[本文]이니, 그것을 기록해두었다가는 가히 혜충국사의 비판을 벗어나지 못한다. 그렇지만 그 책[본문]을 자세히 살펴보면, 거기에도 또한 몸은 생멸하고 마음은 생멸하지 않는다는 뜻이 들어있다. 가령 <진여자성이 망념을 일으킨 것이지, 안·이·비·설이 망념을 일으킨 것이 아니다.>는 대목인데, 이것이 바로 혜충국사가 비판한 뜻이다. 수심자라면 이 대목에 이르러 의념이 없을 수가 없다. 그러면 어찌해야 그러한 의심을 없애고 남방의 그들에게 깊이 믿게 하고 또한 성인[혜능]의 가르침을 유통시키도록 하겠는가."

담묵이 말했다.

"그렇다면 회통(會通)667)할 수 있는 뜻을 들려주시기 바랍니다."

내[지눌]가 말했다.

"노승은 예전에 이 『단경』에 의지하여 마음으로 완미하면서 싫증을 내지 않았다. 그 때문에 조사[혜능]가 보여준 훌륭한 방편[善權]의 의미를 터득하였다. 왜냐하면 조사께서는 남악회양(南嶽懷讓: 677-744)과 청원행

---

667) 會通은 글의 내용을 제대로 이해하여 정통할 수 있는 것을 가리킨다.

사(靑原行思: ?-740) 등에게 심인을 밀전하였는데, 그 밖에 위거(韋據) 등 출가 및 재가 천여 명에게도 무상심지계(無相心地戒)668)를 설법해주었기 때문에, 가히 오로지 진제(眞諦)만 담론하고 속제(俗諦)를 거슬러서도 안 되고, 오로지 속제만 따르고 진제를 위반해서도 안 된다. 그 때문에 절반은 타인의 의도를 따르고, 절반은 스스로 증득한 것에 계합하여 <진여가 망념을 일으킨 것이지, 안·이·비·설이 망념을 일으키는 것이 아니다.>는 등의 법어를 설한 것이다. 요컨대, 출가인 및 재가인들로 하여금 먼저 반드시 자기 몸속에서 보고 듣는 자성을 돌이켜 관찰하여 진여를 요달한 연후에, 바야흐로 조사가 말한 몸과 마음은 일여하다는 밀의를 보게끔 해준 것이다.

만약 이와 같은 훌륭한 방편이 없이 곧장 몸과 마음은 일여하다고 설해준즉, 몸이 생멸하는 모습을 직접 목도한 까닭에 출가수도자라 할지라도 오히려 의혹을 일으킬 것이다. 하물며 천여 명의 재가인이 이에 조사가 근기에 따라 끌어들인 설법을 어떻게 믿고 받아들일 수 있겠는가.

혜충국사가 남방불법의 잘못을 비판한 것은 가히 무너진 기강을 다시 정비하고 성인[혜능]의 의도를 바쳐드러냄으로써 보답하기 어려운 은혜에 보답하도록 감당해준 것이다. 그러므로 우리들 후손은 이미 그 밀전을 친히 계승하지는 못했지만, 장차 이와 같은 현전문(顯傳門)의 성실한 법어에 의지하여 자기의 마음이 본래부

---

668) 無相心地戒는 제법에 **대하여** 분별상이 없는 마음을 계로 삼아 수행하는 것을 가리킨다.

터 부처였음을 반조하여 단멸과 상주에 빠지지 않는다면 가히 허물을 벗어난 것이라고 말할 수 있을 것이다. 만약 마음은 생멸이 없다고 관찰하고, 몸은 생멸이 있다고 본즉, 그것은 제법에 대하여 분별견해를 일으킨 것이므로 법성과 법상을 자세하게 이해한 것[性相融會]이 아니다.

그러므로 이 한 권의 훌륭한 책[단경]에 의지하여 의미를 터득하여 자세하게 참구한즉 아승지겁을 경력하지 않고 속히 보리를 증득할 것이다. 그러므로 조인(彫印)하여 유행시킴으로써 큰 이익을 짓지 않을 수 있겠는가."

담묵이 말했다.

"예, 그렇습니다."

이에 발문을 쓴다.

해동 조계산 수선사의 사문 지눌이 발문을 붙인다.

[색인]

(葉)
葉落歸根 228

(只)
只到門外 未入門內 32

(寂)
寂滅爲樂 144

(念)
念經僧 134

(是)
是生滅法 144

(有)
有情來下種 38

(生)
生滅滅已 144

(肉)
肉邊菜 47

(菩)
菩提本無樹 35

(諸)
諸行無常 144

(身)
身是菩提樹 29

(非)
非風動非旛動 11

(ㄱ)
가사 167
가섭불 232
각지견 127
간명직절 49
감로법 12
개각지견 127
개불지견 128
견문각지 136
견불성 235
견성 181
견성법문 70
견성성불 10, 60, 140
계향 100
고귀덕왕보살 50
공봉 30
공심 55
교수사 29
구강역 42
구나발타라(求那跋陀羅) 11
구나함모니불 232
구류손불 232
국은사 207
굴순포 245

금강경	23	도명		47
금강반야경	60	도피안		58
금바라꽃	10	돈교		40
기덕	118	돈교법문		68
김대비	248	동산법문	11,	51
		동산양개		13
(ㄴ)		동선사		24
낙양	196			
난야	18	(ㅁ)		
남능 · 북수	173	마납가사	206,	245
남악회양	12, 256	마조도일		12
남양혜충	253	마하가섭		168
남해	23	마하반야바라밀		59
노진	30	마하반야바라밀법	21,	53
녹거	131, 203	망치[錘]		13
능가경	30, 135	몰의지		36
		묘관찰지		138
(ㄷ)		무기공		55
다자탑	9	무념		67
단경	255	무념법		68
달마대사	75	무사지		174
담묵	253	무상게		35
대감선사	250	무상법보		19
대근지인	181	무상선근		51
대대상전	41	무상송		115
대범사	21	무상신속		160
대사	202	무상참회	102,	103
대열반경	118	무여열반		70
대원각해	15	무제		75
대원경지	137	무진장	118,	186
대유령	44, 46	무파비(無把鼻)		12
대통화상	140	미륵보살		14
대회재	74			

(ㅂ)

바라밀	58
반야경	61
반야다라	155
반야법	58
반야삼매	60
반야지혜	57
반야행	57
방변	168, 243
방장실	140
백우거	131, 132
범우	119
법달	122, 208
법보기단경	253
법보단경	11, 224
법성사	48
법안문익	13
법여	208
법왕자	134
법진	208
법해	120, 208
법해(法海)	11
법화경	123, 125
변상도	30
별가	36
보리달마	10
보림사	16, 18, 19, 119
보발	245
보방	119
보살계경	96
보현보살	14
복전	26, 28
부용거사	11

부촉	28
분별사식	138
불사선	46
불사악	46
불이법	50
불종성	68
불지견	126, 131
비바시불	232
비사부불	232

(ㅅ)

사냥꾼	47
사미	193
사상심	106
사승	143
사업	123
사중금	50
사지	135, 136
사품장군	45
사홍서원	104
사회	47
삼거	131
삼과법문	208, 209
삼귀의계	107
삼무루학	59
삼신	135
삼십육대	208
삼장	70
삼학법	177
상상인	36
상상지	36
상선근	51
상설	179

상원일	198	양거	131, 203
상정	164	양구	164
상주불천	204	양궁	202
상지	203	양함	249
생사사대	160, 177	여래청정선	201
석가모니불	232	열반경	48, 145, 185
석두희천	12, 13	열반요의교	188
석장	159	영가현각	157
선상	165	영도	251
선재	14	영도록	247
선적	165	영취산	9
선종	156	오각지견	127
선종오가	13	오대조사	30
설간	202	오랑캐	25
성소작지	138	오분법신향	100
성제	152	오분향	102
세작	175	오양(五羊)	12
소근지인	181	오역죄	50
소상	169	오온	51
수선사	257	오조홍인	24
수정발우	206	옥천사	172, 175
수탑사문	251	와륜	170
승가리	168	왕유	250
시각지견	127	우거	131
시기불	232	우요삼잡	159
신수대사	172, 198	운문문언	13
신수상좌	29	원만보신	113, 135
신회	191, 208	원화영조	250
십이부경	63	위거(韋據)	11
십팔계	51	위거자사	74
		위산영우	13
(ㅇ)		위음왕불	158
앙산혜적	13	위자사	21

유무첨	248
유숭경	249
유우석	251
유종원	250
유지략	118
육조법보단경발	253
의발	40
의법	28, 224
인종(印宗)	11
인종법사	16
일거	131
일물	122, 155
일불승	133
일상삼매	226
일숙각	162
일용	36
일찰나	66
일체삼신	109
일체종지	226
일행삼매	226
임제의현	13
입각지견	127
(ㅈ)	
자견성	24
자성계	179
자성불	109
자성정	179
자성진불게	238
자성혜	179
장정만	249
전등록	12
전법게	40

전의	249
전의부법	183
정만	248
정명경	64
정법안장	10, 168
정상	248
정향	101
제삼십삼조	234
조산본적	13
조숙량	118
조어장부	39
조후촌	117
좌선	95
주장자	193
중종	198
즉심즉불	120
증도가	162
지관법문	157
지눌	253
지도	145, 208
지상	140, 208
지성	208
지약삼장	18
지철	183, 208
지통	135, 208
지황	163
직지인심	10
진가동정게	220, 223
진아선	17
(ㅊ)	
천백억화신	112, 135
천연외도	158

천왕령	17	현기		243
천인사	39	현종기		196
천화	242	현책	158,	163
철엽칠포	244	혈맥도		30
청원산	153	혜가		10
청원행사	12, 256	혜능		23
청정법신	135	혜능선사		199
청정법신불	111	혜명		44
최상승법	65	혜안국사		154
측천	198	혜안대사		198
칠불	232	혜향		101
		호궤합장		100
(ㅌ)		홍인화상		65
타심통	184	화과원		18
태골	20	황매	10,	117
통응율사	16	황매조사		46
		회양		153
(ㅍ)		회회지장		119
팔도	188	후경중		19
평등성지	137	후촌		19
표주	205	휴휴암		14
풀무[爐]	13			
피난석	119			
(ㅎ)				
하삭	163			
하하인	36			
함장식	210			
해탈지견향	101			
해탈향	101			
행사	152			
행창	183			
허망심	106			

육조법보단경(몽산덕이본)

1판 1쇄   인쇄 / 2024년 7월   7일

1판 1쇄   발행 / 2024년 7월   7일

지은이 / 김호귀

발행인 / 향덕성

발행처 / 토파민출판

주 소 / 서울 중랑구 용마산로 118길 109

이메일 / gsbus2003@hanmail.net

등 록 / 제 2023-000032호

ISBN / 979-11-985395-1-9

값 20,000원